气动与液压技术

第 3 版

主编　潘玉山
参编　于跃忠　方四清　倪晓清

机械工业出版社

本书是"十四五"职业教育国家规划教材,是根据职业院校相关专业教学标准,贯彻《国家职业教育改革实施方案》,在第2版的基础上修订而成的。本书主要内容包括气压传动与液压传动系统认知、工作介质及流体传动技术基础认知、气源系统与气动执行元件认知、气动控制元件及控制回路的组建与调试、气压传动系统的识读与维护、液压源系统与液压执行元件认知、液压控制阀及基本回路的组建与调试、液压传动系统的识读与维护。

本书以项目实践课题为主线,打破传统教材的知识体系,基于项目、任务去整合相关知识点和技能点,让学生在回路或系统中认识气动与液压元件,力求贯彻少而精的原则,体现实用性、先进性和实践性。本书精选部分教学资源,以二维码的形式嵌入书中,读者可扫码学习。

本书可作为中等职业学校机械制造技术、机械加工技术、机电技术应用等专业的教材,也可作为机械行业相关技术人员的岗位培训教材及工程技术人员自学用书。

为便于教学,本书配有习题册,独立成册并配套有习题答案、电子课件、电子教案、教学视频等教学资源,选择本书作为教材的教师可来电(010-88379375)索取,或登录 www.cmpedu.com 网站,注册、免费下载。

使用本书的师生均可利用上述资源在机械工业出版社旗下的"机工云网校"平台上进行在线教学、学习,实现翻转课堂与混合式教学。

图书在版编目(CIP)数据

气动与液压技术 / 潘玉山主编. -- 3 版. -- 北京:机械工业出版社,2025. 3(2025. 8 重印). --("十四五"职业教育国家规划教材). -- ISBN 978-7-111-77740-3

Ⅰ. TH138;TH137

中国国家版本馆 CIP 数据核字第 2025T2U662 号

机械工业出版社(北京市百万庄大街 22 号 邮政编码 100037)
策划编辑:赵文婕　　　　　　责任编辑:赵文婕
责任校对:韩佳欣　张　薇　　封面设计:王　旭
责任印制:张　博
北京铭成印刷有限公司印刷
2025 年 8 月第 3 版第 2 次印刷
210mm×285mm・20.25 印张・455 千字
标准书号:ISBN 978-7-111-77740-3
定价:59.80 元(含习题册)

电话服务　　　　　　　　　　网络服务
客服电话:010-88361066　　机 工 官 网:www.cmpbook.com
　　　　　010-88379833　　机 工 官 博:weibo.com/cmp1952
　　　　　010-68326294　　金 书 网:www.golden-book.com
封底无防伪标均为盗版　机工教育服务网:www.cmpedu.com

关于"十四五"职业教育
国家规划教材的出版说明

为贯彻落实《中共中央关于认真学习宣传贯彻党的二十大精神的决定》《习近平新时代中国特色社会主义思想进课程教材指南》《职业院校教材管理办法》等文件精神，机械工业出版社与教材编写团队一道，认真执行思政内容进教材、进课堂、进头脑要求，尊重教育规律，遵循学科特点，对教材内容进行了更新，着力落实以下要求：

1. 提升教材铸魂育人功能，培育、践行社会主义核心价值观，教育引导学生树立共产主义远大理想和中国特色社会主义共同理想，坚定"四个自信"，厚植爱国主义情怀，把爱国情、强国志、报国行自觉融入建设社会主义现代化强国、实现中华民族伟大复兴的奋斗之中。同时，弘扬中华优秀传统文化，深入开展宪法法治教育。

2. 注重科学思维方法训练和科学伦理教育，培养学生探索未知、追求真理、勇攀科学高峰的责任感和使命感；强化学生工程伦理教育，培养学生精益求精的大国工匠精神，激发学生科技报国的家国情怀和使命担当。加快构建中国特色哲学社会科学学科体系、学术体系、话语体系。帮助学生了解相关专业和行业领域的国家战略、法律法规和相关政策，引导学生深入社会实践、关注现实问题，培育学生经世济民、诚信服务、德法兼修的职业素养。

3. 教育引导学生深刻理解并自觉实践各行业的职业精神、职业规范，增强职业责任感，培养遵纪守法、爱岗敬业、无私奉献、诚实守信、公道办事、开拓创新的职业品格和行为习惯。

在此基础上，及时更新教材知识内容，体现产业发展的新技术、新工艺、新规范、新标准。加强教材数字化建设，丰富配套资源，形成可听、可视、可练、可互动的融媒体教材。

教材建设需要各方的共同努力，也欢迎相关教材使用院校的师生及时反馈意见和建议，我们将认真组织力量进行研究，在后续重印及再版时吸纳改进，不断推动高质量教材出版。

机械工业出版社

第3版前言

为贯彻落实《习近平新时代中国特色社会主义思想进课程教材指南》《国家职业教育改革实施方案》等文件精神，响应党的二十大报告提出的"职普融通、产教融合、科教融汇"，本书编者基于多年教学实践经验，紧扣专业教学标准，贴合培养对象特质，瞄准加工制造业的转型升级，对第2版进行了修订。此次修订主要体现了以下特色：

1. 融入素质教育元素，体现德技并修的育人目标。本书将职业素养要求与知识点有机融合，增强学生的家国情怀、工匠精神、科学思维、绿色理念和使命意识。

2. 加强岗赛训练，提升职业综合素质。在梳理了课程对应的职业技能大赛标准，以及相关专业1+X证书职业技能等级标准的基础上，将气动与液压行业的新技术、新标准和新规范贯穿到每个项目中，使学生了解智能制造技术发展趋势，提升技能水平和综合素质。

3. 完善知识体系，适应职教高考新要求。对接装备制造大类专业综合理论考核新要求，在注重基本理论、基本知识、基本方法的基础上，培养学生运用所学知识分析和解决问题的能力。

4. 重新梳理配套习题册内容，加强可操作性和实用性。优化了"课中项目训练"内容，调整了"课后知识巩固"部分内容。

5. 丰富教学资源，支持线上线下混合教学。本书配有电子课件、测试题、回路（系统）仿真、试题库、动画、视频以及完整的教学设计等丰富的教学资源，供师生选用。

本书由潘玉山主编，于跃忠、方四清、倪晓清参与编写。全书动画、视频和微课由许江平、陈静、方琴、陈晓阳、潘云制作。

本书在修订过程中，得到了同行老师，以及靖江市新世纪液压件制造有限公司、江苏上骐集团有限公司等企业的支持和帮助，在此一并表示感谢。

由于编者水平有限，书中疏漏和不足之处在所难免，恳请读者批评指正。

编　者

第2版前言

为进一步落实《关于深化职业教育教学改革　全面提高人才培养质量的若干意见》《加快推进教育现代化实施方案（2018—2022 年）》《国家职业教育改革实施方案》等文件精神，对接最新职业标准、行业标准和岗位规范，紧贴岗位实际工作过程，调整课程结构，更新课程内容，深化多种模式的课程改革，本书编者在吸取教学经验的基础上，依据专业课程标准，对 2015 年出版的《气动与液压技术》进行了修订。此次修订主要体现了如下特色：

1. 在保留原项目实践课题主线的基础上，在每个任务的"任务描述"后增设任务实施"思维导图"，让老师与学生从更高的视角看具体的学习任务，并给老师和学生提供学习策略；在每个项目最后增设"学习反思"，结合具体项目内容反思方法论、实践论、质量观、环保观、能源观、价值观、人生观和世界观等。

2. 重新梳理气动与液压技术相关知识点，既尊重知识的学科性，也尊重知识的应用性，保持知识点"形散而神不散"，达成理论知识与实践知识融合、经验性知识与陈述性知识融合、科学严谨性与操作规范性融合。

3. 对接职业标准和职业技能大赛要求，瞄准气动与液压技术智能化、集成化、绿色化等发展趋势，新增叠加阀、插装阀、比例阀、元件安装等学习内容，按现行标准 GB/T 786.1—2021 对本书内容进行了更新。

4. 在 FluidSIM 仿真软件的基础上，增设 Automation Studio 仿真软件，形成了融合气动技术、液压技术与电气控制技术的一体化仿真形式。

5. 由生活现象或生活实践导入问题，用任务实践成果解决实际问题，保证本书的通俗性和可读性；充实了"项目或任务描述""资料卡"以及"疑难诊断"等环节的内容。

6. 完善了课程作业形式，按作业目标不同，每个实践项目设置了"课前生活体验""课中项目训练"与"课后知识巩固"作业项。

7. 丰富了课程教学资源，配套有完整的课程教学整体设计与单元教学设计以及教学课件，并引入数字化平台作为支撑。

　　本书在修订过程中，得到了同行老师，以及江苏晨光液压件制造有限公司、凯傲宝骊（江苏）叉车有限公司、无锡市气动集团公司等液气元件的制造、使用和研究企业的支持和帮助，在此一并表示衷心的感谢。

　　本书由潘玉山主编，于跃忠、方四清、倪晓清参编。

　　由于编者水平有限，书中疏漏和不足之处在所难免，恳请读者批评指正。

编　者

本书是根据教育部《关于开展中等职业教育专业技能课教材选题立项工作的通知》（教职成司函〔2012〕35号），由全国机械职业教育教学指导委员会和机械工业出版社联合组织编写的"十二五"职业教育国家规划教材，是根据教育部于2014年公布的中等职业学校相关专业教学标准编写而成的。

本书在比较全面地阐述气动与液压技术基本概念的基础上，依据"以应用为目的，以必需、够用为度，以讲清概念、强化应用为教学重点"的原则，体现职业教育教学内容的实用性、先进性和实践性，突出对学生应用能力和综合素质的培养。本书有以下特点：

1. 以项目实践课题为主线，便于理论与实践一体化教学法的应用，更具实用性。每个教学任务包括【任务描述】【实践课题】【知识链接】【疑难诊断】【总结评价】【知识拓展】【课后思考】等内容。

2. 打破传统教材的知识体系，基于项目、任务去整合相关知识点和技能点，让学生在回路或系统中认识气动与液压元件。

3. 准确定位中职层次培养要求，同时注意其与高职和本科层次相关课程的对接与区分。

4. 与传统教材相比，注重新知识、新技术的引入，如元件图形符号采用最新国家标准 GB/T 786.1—2009；新增了真空元件、液压泵站、比例阀等知识。

5. 改变传统教材单纯研究气动与液压回路的不足，引入继电控制和PLC控制技术，将气动与液压和电气控制结合起来。

6. 大量引入生活实例，增强教材的通俗性、可读性等。

7. 考虑到不同学校的特点，教材具备普适性和可操作性。

8. 为方便教学，本书配有习题册及两份试卷，供练习及考试用。

本书的学时数为56学时，各单元学时的分配见下表（供参考）。

项　　目	学　时　数	项　　目	学　时　数
项目一	2	项目五	4
项目二	6	项目六	6
项目三	4	项目七	12
项目四	18	项目八	4

本书由潘玉山担任主编，项目二、三、四、五、七由潘玉山编写；其他部分由于跃忠、方四清、倪晓清编写。

本书经全国职业教育教材审定委员会审定，评审专家对本书提出了宝贵的建议，在此对他们表示衷心的感谢！本书在编写过程中得到有关兄弟学校老师，以及江苏晨光液压件制造有限公司、无锡气动技术研究所有限公司等企业技术人员的大力支持和帮助，陈静老师对书稿进行了校对，在此一并表示感谢。

由于编者水平有限，书中不妥之处在所难免，恳请读者批评指正。

编　者

二维码索引

（续）

名称	页码	图形	名称	页码	图形	名称	页码	图形
快速排气阀的工作过程	96		钻削加工进退方向控制回路仿真	148		节流阀的工作过程	174	
延时阀的工作过程	97		液压缸锁紧控制回路仿真	149		调速阀的工作过程	175	
压料机压力控制回路(行程阀)仿真	101		普通单向阀的工作过程	150		差动回路(电磁阀)仿真	181	
压料机压力控制回路(接近开关)仿真	101		液控单向阀的工作过程	151		差动回路(行程阀)仿真	182	
射芯机气动系统的工作过程	114		手动换向阀的工作过程	153		顺序动作回路(压力开关)仿真	188	
单柱塞液压泵的工作过程	126		调压回路仿真	159		顺序动作回路(行程开关)仿真	189	
外啮合齿轮泵的工作过程	128		卸荷回路仿真	160		顺序运动回路(顺序阀)仿真	189	
双作用叶片泵的工作过程	129		直动式溢流阀的工作过程	161		直动式顺序阀的工作过程	191	
单作用叶片泵的工作过程	129		先导式溢流阀的工作过程	163		液压动力滑台的工作过程	198	
外反馈限压式变量叶片泵的工作过程	129		减压回路仿真	167		多级缸的工作过程	209	
轴向柱塞泵的工作过程	130		先导式减压阀的工作过程	168				
都江堰工程	147		节流调速回路仿真	172				

X

目录

项目 1
气压传动与液压传动系统认知

✈ 项目描述

气动与液压技术已广泛应用于日常生活和生产中，如液压挖掘机、液压千斤顶、气动风镐、公交车气动车门等设备分别利用液压或气动系统完成铲斗的各种抓取动作、物体升降动作、对混凝土的冲击动作和车门启闭动作等。图 1-1 所示为液压挖掘机和气动风镐。

a) 液压挖掘机　　　　　　　　　b) 气动风镐

图 1-1　气动与液压技术应用实例

从传动方式看，气压传动与液压传动同机械传动（如齿轮传动、带传动等）、电气传动（如伺服电动机、直流电动机驱动等）一样，都是实现原动机的能量向执行装置传递，只是能量转换或传递方式不一致。图 1-2 所示为气压传动与液压传动能量转化关系。

图 1-2　气压传动与液压传动能量转化关系

正是由于这种能量转换，使气压传动与液压传动具备了区别于其他传动方式的特点，这种传动方式也因此具有了更加广阔的应用前景。

无论是采用液压传动还是气压传动，为使执行装置完成特定的动作，必须考虑用多大的力，确定完成工作所需的时间，以及工作方向。例如，对于液压千斤顶，必须考虑它朝什么方向、以怎样的速度、举起多重的物体等问题。因此，工作力、运动速度和动作方向的调节与控制是气动和液压传动系统的关键。

本项目从实例出发，以能量传递为主线，初步介绍气压传动（气动）与液压传动（液动）系统的工作过程。

学习目标

1. 了解气动与液压技术对现代工业生产的价值，坚定国家发展这项技术的信念，树立探究和从事这项技术的信心。
2. 理解气动与液压传动的基本原理。
3. 熟悉气动与液压传动系统的组成。
4. 熟悉气动与液压传动技术的应用及特点。
5. 认识气动与液压传动系统的结构原理图和系统原理图。

任务1　通过液压千斤顶了解液压传动

利用水力

资料卡

从"铜壶滴漏"到"三峡工程"，中国人对水力的利用和开发从未停止过。

任务描述

要认识液压传动系统，必须从具体实例入手。本任务通过深入观察液压千斤顶的工作过程并进行操作，探讨液压传动系统的能量转换方式和执行装置实现动作要求的过程。在此基础上，归纳液压传动系统的主要构成，熟悉液压传动系统的应用特点。

思维导图

观察液压千斤顶的工作过程

1. 液压千斤顶及其结构原理图（图1-3）

a）实物图　　　　　　　　　b）结构原理图

图1-3　液压千斤顶

1—手柄　2—小液压缸　3—小活塞　4、7—单向阀　5、6、10—管道
8—大活塞　9—大液压缸　11—放油阀　12—油箱及液压油

2. 回路（结构）分析

从结构原理图（图1-3b）可以看出，液压千斤顶主要由手动液压泵、大液压缸、油箱、控制阀等构成。液压油被封闭于系统内部，千斤顶随着液压油的流动实现提升和复位动作。

如图1-4a所示，当手柄1向上抬起时，带动小活塞3向上运动。因为两缸体形成的连通空间为封闭空间，当小活塞3向上运动时，其下腔密封容积增大，形成局部真空，单向阀4打开，单向阀7关闭，在大气压力的作用下，油液从油箱中被吸入小液压缸2中。如图1-4b所示，当手柄1压下时，其下腔密封容积减小，油压升高，单向阀4关闭，单向阀7打开，小液压缸2中的油液被压入大液压缸9中，压入大液压缸的油液将大活塞

a）手动液压泵吸油过程　　　b）手动液压泵压油过程(重物提升过程)

图1-4　液压千斤顶的吸、压油过程

1—手柄　2—小液压缸　3—小活塞　4、7—单向阀　5、6、10—管道
8—大活塞　9—大液压缸　11—放油阀　12—油箱及液压油

液压千斤顶工作过程

8顶起，并顶起重物。这样反复多次，即可把重物提升到一定的高度。若打开放油阀11，则大液压缸9中的油液会经放油阀11流回油箱，重物复位。

3. 实施步骤

1）在教师的指导下，结合液压千斤顶实物，读懂其结构原理图。

2）教师示范液压千斤顶的工作过程。

3）实践并分析液压千斤顶的提升过程和复位过程。

4）探究影响提升力和提升速度的有关因素。

5）归纳液压千斤顶液压传动系统的构成，完成表1-1。

表1-1　液压传动系统总结

问题	实现什么动作	动力来源	如何控制提升速度	如何控制上升与下降	提升重量与手的作用力的关系
你的回答					
主要结论					

知识链接

1. 液压传动工作原理

液压传动是以液体作为工作介质，利用液体压力能进行能量传递和控制的一种传动形式。其实质就是一种能量转换装置。

例如，液压千斤顶是借助手柄的往复运动，将人力的机械能转化为液体压力能，液体压力能借助油液的流动推动重物做提升运动，即将液体压力能转化为机械能。

2. 液压传动系统的组成

把本任务中的液压千斤顶与汽车修理厂的汽车液压举升机结合在一起，可将液压传动系统的组成归纳为以下几个部分。

（1）**动力元件**　动力元件是把原动机（如人力或电动机）的机械能转换成液体压力能的装置，如千斤顶中的手动液压泵。

（2）**执行元件**　执行元件是把液体压力能转换成机械能的装置，如千斤顶中的支承液压缸。

（3）**控制元件**　控制元件是对系统中液体的压力、流量和流动方向进行控制和调节的装置，如千斤顶中的放油阀等。

（4）**辅助元件**　辅助元件是用来输送液体、储存液体、净化液体等，以保证系统可靠、稳定地工作的装置，如千斤顶中的油箱等。

（5）**工作介质**　工作介质是传递能量的液体，如千斤顶中的液压油。

3. 液压传动的优点与缺点

与机械传动和电气传动相比，液压传动有如下优点。

1）液压传动运动平稳，易实现快速起动、制动和频繁换向。

2）在运行过程中可实现无级调速且调速范围大。

3）液压传动与电气、电子控制结合，具有操作控制方便、省力等特点，易于实现自动控制、中远距离控制和过载保护。

4）在同等输出功率下，液压传动装置具有体积小、质量小、惯性小、动态性能好等特点。

液压传动有如下缺点。

1）在传动过程中，能量需经过两次转换，传动效率低。

2）液压传动的工作介质对温度的变化比较敏感，其工作稳定性易受温度变化的影响，不宜在高温和温度变化很大的环境中工作。

3）液压元件制造精度高，系统出现故障时不易诊断。

疑难诊断

问题1：液压千斤顶是如何调节提升速度的？

答：液压千斤顶通过改变手柄运动的频率来改变运动速度，即通过改变手动泵单位时间的供油量来调节提升速度。

问题2：液压千斤顶做提升运动时，物体却不运动，可能的原因是什么？

答：可能的原因如下。

1）物体太重或者作用在手柄上的力不足。

2）放油阀没有关闭。

3）单向阀被卡住，油液不能进入大液压缸。

4）液压缸存在严重内泄漏（如液压缸上、下腔密封不严）。

总结评价

通过以上学习，对任务实践的完成情况和相关知识的了解情况做出客观评价，并填写表1-2。

表1-2 通过液压千斤顶了解液压传动任务评价

序号	评价内容	达标要求	自评	组评
1	液压传动工作原理	熟悉液体压力能,并明确其与机械能等的区别		
2	液压传动系统的组成	熟悉液压传动系统的组成及各组成部分的主要作用,能结合实例描述液压传动系统的各组成部分		
3	液压传动系统的应用特点	能结合实例说出液压传动系统的主要优、缺点		
4	简单故障的排除	形成液压传动系统故障的概念		
5	文明实践活动	遵守纪律,按规程活动		
总体评价				
再学习评价记录				

注：评价结果有"A""B""C"三个等级，A为能熟练达到相关要求，B为能基本达到相关要求，C为不能达到相关要求（后同）。

液压技术发展史

液压技术是根据 17 世纪法国物理学家布莱士·帕斯卡（图 1-5）提出的液体静压力传动原理而发展起来的一门技术，并在工、农业生产中广为应用。

1795 年，英国的约瑟夫·布拉曼（Joseph Braman，1749—1814 年）在伦敦用水作为工作介质，以水压机的形式将其应用于工业上，诞生了世界上第一台水压机。1905 年，他将压力机的工作介质由水改为油，使压力机的性能得到了进一步改善。

第一次世界大战（1914—1918 年）以后，液压传动技术得到了广泛应用，特别是 1920 年以后，其发展更为迅速。液压元件大约在 19 世纪末至 20 世纪初的 20 年间，开始进入正规的工业生产阶段。1925 年，维克斯（F. Vikers）发明了压力平衡式叶片泵，为近代液压元件工业以及液压传动的逐步建立奠定了基础。第二次世界大战（1941—1945 年）期间，军事工业需要反应快、动作准确的自动化系统，也促进了液压技术的发展。

1962 年，我国第一台万吨水压机（图 1-6）诞生。

图 1-5　帕斯卡

图 1-6　我国第一台万吨水压机

20 世纪 60 年代以来，随着原子能、空间技术、计算机技术的发展，液压传动技术得到了很大提升，并渗透到各个工业领域中，开始向高压、高速、大功率、低噪声、低能耗、经久耐用和高度集成化等方向发展。新型液压元件和液压系统的计算机辅助设计、机电一体化技术、计算机仿真和优化技术等成为当前液压传动和控制发展和研究的方向。

课后思考

1. 结合工业生产中的其他液压设备，简述液压传动系统的各个组成部分，以及各部分的具体作用。

2. 除本任务提到的设备外，你还能说出哪些用于工程或工业生产的液压设备？

任务 2　通过剪切机了解气压传动

资料卡

从"风轮提水"到"风力发电"，中国人对风力的利用和开发从未停止过。

利用风力

任务描述

从本质上讲，气压传动与液压传动属于同一种类型的传动方式，即流体传动。因此，在认识气动系统时，可借助已经认识的液压传动系统，去探究气动系统的组成和应用特点。本任务主要认识一种通用的气动设备——气动剪切机。

思维导图

任务实践

观察气动剪切机的工作过程

1. 气动剪切机及其结构原理图（图1-7）

剪刀

a) 实物图　　　　b) 气动系统结构原理图

图1-7　气动剪切机

1—空气压缩机　2—后冷却器　3—排水分离器　4—气罐　5—空气过滤器　6—减压阀
7—油雾器　8—行程阀　9—气控换向阀　10—气缸　11—工料

2. 回路（结构）分析

图1-7所示气动剪切机通过剪刀做剪切运动，完成对工料的切割。剪切运动由气缸10带动，气缸运动的控制由气阀完成，气阀所需要的洁净压缩空气由气源装置提供。

在图1-7b所示的状态下，空气压缩机1产生的压缩空气经后冷却器2、排水分离器3、气罐4、空气过滤器5、减压阀6、油雾器7等气源净化装置和气控换向阀9（此时，换向阀阀芯被推到上位），进入气缸10，气缸有杆腔充气，活塞处于下位，剪切机的剪口张开。当送料机构将工料11送入剪切机并达到规定位置时，工料将行程阀8（也可采用踏板式换向阀）的阀芯推向右位，气控换向阀9阀芯下部与大气相通，阀芯在弹簧的作用下被推向下位，气缸无杆腔通气，活塞上移，并带动剪刀做向上运动，将工料切下，如图1-8所示。工料被剪下后，行程阀8复位，系统又恢复到图1-7b所示位置，准备进行下一次剪切。

图1-8　气动剪切机剪切工况

3. 实施步骤

1）学生在教师指导下进行实地观察，或者教师在实训室演示气动剪切机的工作过程，读懂其气动系统的结构原理图。

2）在教师指导下，了解剪切机气动系统的主要元件。

3）观察并分析剪切过程和复位过程。

4）明确剪切速度、剪切力的控制和调节方法。

5）归纳气动系统的构成，完成表1-3。

表1-3　气动系统总结

问题	实现什么动作	动力来源	如何控制剪刀的移动速度	如何控制剪刀的移动方向	系统压力与什么有关
你的回答					
主要结论					

📚 知识链接

1. 气压传动工作原理

气压传动与液压传动相似，只是工作介质不相同。气压传动是以空气作为工作介质，利用气体压力能进行能量传递和控制的一种传动形式。其实质也是一种能量转换装置。

2. 气压传动系统的组成

根据上述实践进行分析，并结合液压传动系统的组成，可知气压传动系统主要由气源设备、气动执行元件、控制元件、辅助元件和工作介质（空气）五部分组成。图1-9所示为气压传动系统基本构成框架图。

图1-9　气压传动系统基本构成框架图

3. 气压传动的优点与缺点

与液压传动相比，气压传动的主要优点如下。

1）工作介质为空气，来源经济且方便，用过之后可直接排入大气，几乎不污染环境。

2）由于空气流动损失小，压缩空气可以集中供气，可用作远距离输送。

3）具有动作迅速、反应快、管路不易堵塞的特点，且不存在介质变质、补充和更换等问题。

4）对环境适应性好，安全等级低，可用于易燃易爆场所。

5）气压传动装置结构简单、重量轻，安装维护方便。

6）气压传动系统能实现过载自动保护。

> **资料卡**
> 采用集中供气可以实现一个车间或一个企业内所有气动设备共用一个气源装置的目标，避免了液压传动中一台液压设备至少配备一个液压源的缺陷。这样不仅节约资源，而且给气动设备的设置、维护等带来了方便。这类似于日常用电中采用的集中供电方式。

气压传动的主要缺点如下。

1）由于空气具有可压缩性，因此气缸的动作速度受负载的影响比较大。

2）系统工作压力较低（一般为0.4～0.8MPa），系统输出动力较小。

3）工作介质（空气）没有自润滑性，一般需要另设装置进行给油润滑，自润滑元件系统除外。

疑难诊断

问题：气动剪切机做剪切动作，但不能切割工料，可能的原因有哪些？

答：可能的原因如下。

1）系统压力不足。此时可调节减压阀，提高供气系统压力。

2）工料太厚或太硬、太宽，超过系统加工范围。

总结评价

通过以上学习，对任务实践的完成情况和相关知识的了解情况做出客观评价，并填写表1-4。

表1-4　通过气动剪切机了解气压传动任务评价

序号	评价内容	达标要求	自评	组评
1	气压传动工作原理	熟悉气压能,并明确机械能、液压能等与气压能的区别		
2	气压传动系统的组成	熟悉气压传动系统的组成以及各组成部分的主要作用,能结合实例描述气压传动系统各组成部分		
3	气压传动系统的应用特点	能结合实例说出气压传动系统的主要优、缺点		
4	简单故障的排除	了解气压传动系统故障的概念		
5	文明实践活动	遵守纪律,按规程活动		
总体评价				
再学习评价记录				

知识拓展

气压传动技术发展史

2200年前，希腊人克特西比乌斯制造了一门空气弩炮，成为使用气压传动技术的第一人。我国使用气压传动技术的历史大约可以追溯到古人利用风箱产生压缩空气用于助燃（图1-10）。后来，人们懂得了用空气作为工作介质传递动力做功，如古代利用自然风力推动风车、推动水车（图1-11）提水灌溉和利用风能航海。

从18世纪的工业革命开始，气压传动逐渐被应用于各行业中，如矿山用的风钻、火车的制动装置、汽车的自动开关门装置等。然而，气压传动应用于一般工业则是近些年的事情。自20世纪60年代以来，随着工业机械化和自动化的发展，世界各国都把气压传动作为一种低成本的工业自动化手段应用于工业领域。尽管大多数气动元件由液压元件改造或演变而来，但目前气动元件的发展速度已超过了液压元件，气压传动已成为一个独立的专业技术领域,并呈现出如下发展趋势。

图1-10 古人利用风箱助燃的场景

图1-11 利用自然风力推动水车场景

(1)**小型化、节能化** 小型化是气压传动技术的主要发展趋势。微型气动元件不但被用于机械加工及电子制造业,而且被用于制药业、医疗技术、包装技术等。图1-12所示为气动机械手臂。

(2)**组合化、集成化** 最常见的组合是带阀、带开关的气缸。在物料搬运中,还使用了气缸、摆动气缸、气动夹头和真空吸盘的组合体,同时配有电磁阀、程控器,其结构紧凑、占用空间小且行程可调。

(3)**精密化** 表现在气缸的重复定位精度、过滤器的过滤精度、减压阀的灵敏度等大幅提高。

图1-12 气动机械手臂

(4)**高速化** 气缸活塞杆的运动速度进一步加快达到甚至超过国外同类产品水平,并能在运行中避免冲击。

(5)**智能化** 智能气动装置是指具有集成微处理器,并具有处理指令和程序控制功能的元件或单元。最典型的智能气动装置是内置可编程序控制器的阀岛,以阀岛和现场总线技术的结合实现的气电一体化是目前气动技术的一个发展方向。

课后思考

1. 结合工业生产中的其他气动设备,说出气压传动系统的各组成部分,以及各部分的具体作用。

2. 对比分析气压传动和液压传动的优点与缺点,并填写表1-5。

表1-5 气压传动与液压传动优缺点比较

比较方面	介质来源	传送距离	传动速度	传递载荷	环境保护	环境适应性	系统维护
气压传动							
液压传动							

3. 除了本任务所述气动剪切机外，你还能说出哪些气动设备？

学习反思

1. 从气动与液压技术的发展史来看，两种技术都是比较古老的技术，发展进程时快时慢，但每一次的进展都伴随某些技术的重大突破。如今气动与液压技术在生产实践中得以广泛运用，一方面是相关技术的日渐成熟，另一方面也得益于广大科技工作者的辛勤耕耘。作为未来的气动与液压技术实践者，我们应时刻准备着为其发展贡献力量。

2. 气动与液压技术是两种不同的技术，但它们所用的介质都是流体，因此它们之间必然存在着很多共性。运用类比法学习这两种传动技术，可以收到事半功倍的效果。

项目 2 工作介质及流体传动技术基础认知

🖅 项目描述

流体传动包括液压传动和气压传动。液压传动工作介质采用液压油或其他合成液体，气压传动所用的工作介质是空气。尽管液体和气体均属于流体，具有共性，但由于这两种流体的性质不尽相同，因此气压传动与液压传动又各有特点。因此，掌握气动与液压技术，理清传动过程中出现的现象，解决传动过程中存在的问题，首要的任务是了解工作介质，以及与工作介质相关的特性。

压力和流量是流体静力学和运动学中两个最基础的研究对象，它们也是流体传动中两个最重要的参数，直接影响传动系统执行元件的工作力和运动速度。

基于以上分析，本项目分 3 个任务分别认识液压油、空气、压力和流量，以及与其相关的知识。

📖 学习目标

1. 建立流体传动工作介质与环境保护、传动效率、设备运行的关系，强化环保意识、节能意识和质量意识。

2. 理解液压油的黏性的概念，能识别液压油的牌号，了解其类型，并能正确选用液压油。

3. 熟悉液压油污染的主要途径及其防范措施，了解液压油净化的常用方法。

4. 了解空气的性质，理解气动系统对空气质量的要求，熟悉常规空气净化措施。

5. 熟悉压力、压力特性、压力损失的概念和压力传递原理，理解工作压力取决于负载，会测定系统压力。

6. 熟悉流量、流速、小孔缝隙流量的概念，以及连续性原理，理解液压缸的运动速度取决于流量，会测定管路中工作介质的流量。

任务 1 认识液压油及其净化措施

🗒 任务描述

液压油有很多种类型和型号供选择，用手接触这些油液时，会感觉它们有的"稀"

些，有的"稠"些；人们常说"液压油的温度过低，黏度大，不利于液压泵吸入"；也常看到液压设备在长时间使用后，设备维护人员更换液压油……可见，使用或维护液压设备时，必须先了解该设备使用什么类型和型号的液压油。

　　液压油是液压系统最常见的工作介质之一，是液压设备内的"血液"，它具有传递动力、减少元件间的摩擦、隔离磨损表面、虚浮污染物、控制元件表面氧化、冷却液压元件等功能。污染物一旦混入液压系统内，会加速液压元件的磨损、烧伤，甚至破坏；引起液压阀的动作失灵；引起噪声、振动；导致液压缸动作不稳定、爬行、速度下降；或者引起液压泵吸油困难等。据有关统计，液压系统75%以上的故障与液压油有关。因此，液压油的清洁程度不仅影响液压系统的工作性能和液压元件的使用寿命，而且直接关系液压设备能否正常工作。

　　可见，认识液压油的性质，明确选用合适的液压油、净化液压油的方法等是学习液压技术的基本要求。

🌱 思维导图

多品种液压油市场
油(液体)的初步认识 —— **相关信息**
常规液体净化策略

市场油品不
具有代表性 —— **存在问题**

设备净化措施隐
蔽性，不易观察

市场调查
牌号查询 —— **任务实践1**
黏度判定　　**进度安排**
应用举例及归纳

选择液压设备
观察净化措施 —— **任务实践2**
确认使用油液　**进度安排**
归纳

认识液压油及其净化措施

目标

必要条件

- 理解黏性与黏度
- 熟悉液压油黏度与牌号
- 熟悉选择液压油合适黏度的影响因素 —— 温度／速度／压力
- 熟悉黏度的变化引起两类损失 —— 摩擦损失／泄漏损失
- 熟悉过滤器
  - 性能要求 —— 过滤精度／通流能力／其他
  - 安装位置 —— 液压泵输入口／液压泵输出口／其他
  - 类型规格
  - 引起的故障
- 了解液压油污染途径及环境保护

🌐 任务实践

任务实践1　实地了解液压油的类型和牌号

实施步骤如下：

1）在教师指导下，课前去供应液压油的商店，实地调查其可供选用液压油的型号。

2）询问或查询不同液压油的型号或牌号及其应用场合。

3）教师进行液压油黏度测定演示。

4）探讨液压油型号或牌号的含义，以及温度和压力对其的影响。

5）完成表2-1。

表 2-1　实地了解液压油的类型和牌号总结

液压油型号或牌号	表象特点	应用场合举例	黏度值	受温度和压力的影响
主要结论				

任务实践2　实地观察液压设备中液压油的净化措施

实施步骤如下：

1）在教师或他人帮助下，选择周边一台液压设备。

2）实地了解该设备所使用液压油的型号或牌号。

3）实地了解该设备所采取的防止液压油污染的措施。

4）完成表 2-2。

表 2-2　实地观察液压设备中液压油的净化措施总结

液压设备名称	使用液压油的型号或牌号	防止液压油污染的措施		
		1	2	3
主要结论				

知识链接

1. 黏性与黏度

（1）黏性　液体可以看成由若干个彼此相连的分子组成，液体分子间存在一种内聚力（即液体内部分子之间引力），当液体在外力作用下流动时，其内聚力会产生一种阻碍液体分子进行相对运动的内摩擦力。液体这种产生内摩擦力的性质称为液体的黏性。正是由于这种内摩擦力的存在，当把手从液体中抽出时，会沾上液体。

资料卡

分别将一滴水、一滴液压油、一滴轴承油滴在玻璃上，然后使玻璃倾斜。由于内摩擦力不同，这三种液体流动的速度是不同的。流动速度快，则内摩擦力小，黏性小。

试验表明，液体流动时，相邻液层的内摩擦力 F 与液层面积 A、液层间相对运动速度梯度 du/dy 成正比，即

$$F = \mu A \frac{\mathrm{d}u}{\mathrm{d}y} \tag{2-1}$$

式中　μ——比例系数，称为动力黏度。

当 $\dfrac{\mathrm{d}u}{\mathrm{d}y}=0$ 时，内摩擦力 $F=0$。这表明液体只有在流动时才会呈现黏性，静止状态的液体是不呈现黏性的。

（2）黏度　黏度是用来衡量黏性大小的尺度。黏度是选择液压传动用液体的主要指标，是流动液体的重要物理性质。液体的黏度通常有三种不同的表示方法。

1）动力黏度μ。它是表征液体黏性的内摩擦力系数，其物理意义是当速度梯度 $\mathrm{d}u/\mathrm{d}y=1$ 时，单位面积上的内摩擦力的大小，即

$$\mu = \frac{\dfrac{F}{A}}{\dfrac{\mathrm{d}u}{\mathrm{d}y}} \tag{2-2}$$

动力黏度的国际单位制（SI）计量单位为牛顿·秒/米^2（N·s/m^2）或帕·秒（Pa·s）。

2）运动黏度ν。运动黏度是动力黏度μ与密度ρ的比值，即

$$\nu = \frac{\mu}{\rho} \tag{2-3}$$

在我国法定计量单位及 SI 制中，运动黏度ν的单位为 m^2/s，由于该单位偏大，实际中常用 cm^2/s 或 mm^2/s（cSt，厘斯）。

3）相对黏度。相对黏度是以相对于蒸馏水的黏性的大小来表示液体的黏性。相对黏度又称条件黏度。各国采用的相对黏度单位有所不同，有的用赛氏黏度，有的用雷氏黏度，我国采用恩氏黏度。

（3）黏度与温度、压力关系　液体黏度对温度十分敏感，温度升高，黏度明显降低。这种液体的黏度随温度变化而变化的特性称为黏温特性。由于温度对液压油黏度的影响较大，因此黏温特性的重要性不亚于黏度本身。

在一般情况下，压力对黏度的影响比较小，当压力低于 5MPa 时，黏度值的变化很小，可以不予考虑。

2. 液压系统工作介质的类型及液压油的牌号

（1）液压介质的分类与产品符号　工程中常用的液压介质主要分为两类，一类是矿物油型液压油，如普通液压油、抗磨液压油等；另一类是抗燃液，包括含水包油型乳化液、磷酸酯液压液等。液压介质的分类与产品符号见表2-3。

表2-3　液压介质的分类与产品符号

组别符号	应用范围	特殊应用	更具体应用	组成和特性	产品符号 ISO-L
H	液压系统	流体静压系统	用于使用环境可接受液压液的场合	无抑制剂的精制矿物油	HH
				精制矿物油,并改善其防锈和抗氧化性	HL
				HL 油,并改善其抗磨性	HM
				HL 油,并改善其黏温特性	HR
				HM 油,并改善其黏温特性	HV
				无特定难燃性合成液	HS
				甘油三酯	HETG
				聚乙二醇	HEPG
				合成脂	HEES
				聚 α 烯烃和相关烃类产品	HEPR
			液压导轨系统	HM 油,并具有黏-滑特性	HG
			用于使用难燃液压液的场合	水包油乳化液	HFAE
				化学水溶液	HFAS
				油包水乳化液	HFB
				含聚合物水溶液	HFC
				磷酸酯无水合成液	HFDR
				其他成分的无水合成液	HFDC

液压系统工作介质的品种以其代号和后面的数字组成，如ISO-L-HV32或用缩写L-HV32，代号中，L表示润滑剂、工业用油和相关产品，HV表示液压系统用的工作介质产品符号，数字表示该工作介质的黏度等级。

（2）液压油的牌号　液压油的牌号中所标明的号数是指该液压油在温度为40℃时，其运动黏度 ν（以 mm^2/s 为单位）的中心值。例如，牌号为L-HL32，表明该液压油在40℃时的运动黏度 ν 的平均值是 $32mm^2/s$。

3. 液压油的选用

选用液压油时，可以液压设备生产厂样本和说明书中推荐的牌号为依据，或者根据液压系统的工作压力、工作温度、液压元件种类及经济性等因素全面考虑。通常先确定适当的黏度范围，一般为 $(10\sim60)\times10^{-6}m^2/s$，再选择合适的液压油类型。

选用液压油时，黏度是一个重要的参数。黏度的大小将影响运动部件的润滑、缝隙的泄漏，以及流动时摩擦、系统发热温升等。因此，在环境温度较大、工作压力大时，为减少泄漏损失，应选用黏度较大的液压油；在运动速度快时，为减少摩擦损失，则应选用黏度较小的液压油。

除了黏度，液压油的润滑性能、化学稳定性、对金属材料的锈蚀性和腐蚀性、闪点和燃点等性能指标，也是选用液压油时需要考虑的因素。

4. 液压油的净化设施——过滤器

（1）过滤器的类型　过滤器的功用是过滤混在液压油中的杂质，降低进入系统中的油液的污染度，保证系统正常地工作。常见过滤器的类型及名称、图形符号和特点见表2-4。

表 2-4　常见过滤器的类型及名称、图形符号和特点

类型及名称		结构图示	图形符号[①]	特　点
表面型	网式过滤器			1. 过滤精度与铜丝网层数及网孔大小有关。压力管路中常用100目、150目、200目（每英寸[⊖]长度上的孔数）的铜丝网，液压泵吸油管路中常采用20~40目的铜丝网 2. 压力损失不超过0.004MPa 3. 结构简单、通流能力大、清洗方便，但过滤精度低
	线隙式过滤器			1. 滤芯由绕在心架上的一层金属线组成，依靠线间的微小间隙挡住油液中的杂质 2. 压力损失为0.03~0.06MPa 3. 结构简单、通流能力大、过滤精度高，但滤芯材料强度低、不易清洗 4. 用于低压管道中，当用在液压泵吸油管路中时，其流量规格宜选得比液压泵大
深度型	纸芯式过滤器			1. 结构与线隙式过滤器相同，但滤芯为平纹或波纹的酚醛树脂或木浆微孔滤纸制成的纸芯。为了增大过滤面积，纸芯常制成折叠形 2. 压力损失为0.01~0.04MPa 3. 过滤精度高，但堵塞后无法清洗，必须更换纸芯，通常用于精过滤
	烧结式过滤器			1. 滤芯由金属粉末烧结而成，利用金属颗粒间的微孔挡住油液中的杂质。改变金属粉末颗粒的大小，可以制出不同过滤精度的滤芯 2. 压力损失为0.03~0.2MPa 3. 过滤精度高，滤芯能承受高压，但金属颗粒易脱落，堵塞后不易清洗 4. 适用于精过滤

⊖　1in（英寸）= 25.4mm。

（续）

类型及名称		结构图示	图形符号①	特　　点
吸附型	磁性过滤器			1. 滤芯由永磁铁制成，能吸住油液中的铁屑、铁粉、磁性磨料 2. 常与其他形式的滤芯合起来制成复合式过滤器 3. 适用于加工钢铁件的机床液压系统

① 元件的图形符号只表示元件的职能及连接通路，而不表示其结构和性能参数，也不表示元件在机器中的实际安装位置。液压元件图形符号绘制方法详见后续各项目或附录 A 或 GB/T 786.1—2021。

（2）过滤器的选用　选用过滤器时，要考虑下列因素。

1）过滤精度应满足预定要求。

2）能在较长时间内保持足够的通流能力。

3）滤芯具有足够的强度，不能因液压力的增大而轻易损坏。

4）滤芯的耐蚀性好，能在规定的温度下持久地工作。

5）滤芯清洗或更换简便。

> **资料卡**
>
> 过滤器的主要技术参数有通径（mm）、过滤精度（μm）、额定流量（L/min）、最高工作压力（MPa）、压力损失（MPa）和最高工作温度（℃）。

因此，应根据液压系统的技术要求，按过滤精度、通流能力、工作压力、油液黏度、工作温度等条件选定过滤器的型号。

（3）过滤器的安装位置　对液压系统来说，为保证液压系统内油液的洁净程度，主要是控制系统的"进口"和"出口"，即油液进入系统前的净化和油液回到油箱前的净化。因此，过滤器在液压系统中的安装位置通常有以下几种形式。

1）安装在液压泵的吸油口处。液压泵的吸油路上一般都安装有表面型过滤器，目的是滤去较大的杂质微粒以保护液压泵。此外，过滤器的过滤能力应为液压泵流量的 2 倍以上，压力损失应小于 0.02MPa，如图 2-1 所示的过滤器 1。

2）安装在液压泵的出口油路上。在此处安装过滤器的目的是滤除可能侵入阀类等元件的污染物。其过滤精度应为 10～15μm，且能承受油路上的工作压力和冲击压力，压力损失应小于 0.35MPa，如图 2-1 所示的过滤器 2。

3）安装在系统的回油路上。这种安装方式起

图 2-1　过滤器的安装位置

1—安装在液压泵吸油口处的过滤器　2—安装在液压泵出口处带旁路单向阀的过滤器　3—液压泵
4—安装在回油路上带旁路单向阀的过滤器

间接过滤作用，如图 2-1 所示的过滤器 4。

液压系统中除了整个系统所需的过滤器，还常常在一些重要元件（如伺服阀、精密节流阀等）的前面单独安装一个专用的精过滤器来确保它们的正常工作。

此外，油箱也具有净化功能，是液压系统净化设施之一，详见项目 6 任务 1 内容。

疑难诊断

问题：在液压系统回油路中设置过滤器后，若使用过程中过滤器出现局部堵塞或完全堵塞，会产生什么后果？如何处理？

答：这种情况的直接影响是造成系统回油阻力增加或急剧增加，从而间接造成过滤器损坏，系统工作压力升高，系统压力元件或电气元件误动作等，使系统不能正常运行。为了避免上述影响，除了要定期检查、及时更换过滤器或滤芯外，通常还需在设置回油过滤时，与过滤器并联安装一个安全阀，如图 2-1b 中的旁路单向阀，当回油过滤器堵塞时，单向阀打开。

总结评价

通过以上的学习，对任务实践的完成情况和相关知识的了解情况做客观评价，并填写表 2-5。

表 2-5　认识液压油及其净化措施任务评价

序号	评价内容	达标要求	自评	组评
1	液体的黏性和黏度	熟悉黏性的概念,能说出黏度的不同测试单位,熟悉黏度与温度、压力的关系,会测定液压油的黏度		
2	液压油的类型和选用	了解液压油的类型,熟悉液压油的基本选用原则,能按要求购置合适的液压油		
3	液压油的净化	了解液压油污染的原因,熟悉常见的净化方法,能正确维护净化装置,能绘制净化元件图形符号		
4	文明实践活动	遵守纪律,按规程活动		
总体评价				
再学习评价记录				

知识拓展

1. 液压油污染物的来源

（1）固有污染物　固有污染物主要来自液压系统的管道和液压元件，如液压缸、液压泵、液压马达、阀、液压油箱等。若系统在使用前未冲洗干净，则在液压系统工作时，污染物就会进入液压油中。

（2）从外界侵入的污染物　从外界侵入的污染物主要是外界的空气、水、灰尘、固体颗粒等。在液压系统工作过程中，污染物通过液压缸活塞杆、胶管接头、液压油箱等进入液压油中。

（3）内部生成污染物　内部生成污染物主要是在工作过程中，液压油变质后的胶状生成物、涂料及密封件的剥离物、金属氧化后剥落的微粒等。

（4）维护、保养、维修中造成的污染物　此类污染物主要是在设备正常维护保养中更换滤芯和液压油、清洗油箱，维修拆装液压缸、阀等时，进入液压油中的固体颗粒、水、空气、纤维等。

2. 液压油污染的控制

为了确保液压系统工作正常、可靠，减少故障和延长寿命，必须采取有效措施控制液压油的污染。

（1）控制油温　油温过高往往会给液压系统带来以下不利影响。

1）油液黏度下降，使活动部位的油膜破坏，摩擦阻力增大，引起系统发热、执行元件（如液压缸）爬行，可导致泄漏增加，系统工作效率显著降低。

2）油液黏度下降后，经过节流器时其特性会发生变化，使活塞运动速度不稳定。

3）油温过高会引起机件热膨胀，使运动副之间的间隙发生变化，造成动作不灵或卡死，使其工作性能和精度下降。

4）当油温超过 55℃ 时，油液氧化加剧，使用寿命缩短。据资料介绍，当油温超过 55℃ 后，温度每升高 9℃，液压油的使用寿命便缩短一半。对于不同用途和不同工作条件的机器，应有不同的允许工作油温，必要时，应采用适当措施（如风冷、水冷等）控制系统的温度。工程机械液压系统允许的正常工作油温为 35~55℃，最高为 70℃。

（2）控制过滤精度　为了控制油液的污染度，要根据系统和元件的不同要求，分别在吸油口、压力管路、伺服调速阀的进油口等处，按照要求的过滤精度设置过滤器，以控制油液中的颗粒污染物，使液压系统性能可靠、工作稳定。过滤器的过滤精度一般按系统中对过滤精度敏感性最大的元件来选择。

（3）定期清洗　控制油液污染的另一个有效方法是定期清除滤网、滤芯、油箱、油管及元件内部的污垢。在拆装元件、油管时也要注意清洁，对所有油口都要加堵头或塑料布密封，以防止污染物侵入系统。

为避免液压油被污染，还应定期过滤油液、控制其使用期限，定期更换过滤器。

🧠 课后思考

1. 在我国南方和北方，对于相同的液压设备，在液压油黏度的选择上是否有差异？为什么？

2. 选用液压油时应考虑哪些问题？

3. 简述防止液压系统中液压油污染的措施。

任务 2　认识空气及其净化措施

任务描述

　　自然界中的空气是一种混合物，主要由氧气、氮气、水蒸气、其他微量气体和一些杂质（如尘埃、其他固体粒子等）等组成。

　　空气是人类赖以生存的要素之一。通过呼吸系统（图2-2），人们吸入空气中的氧气，并把身体中产生的二氧化碳等呼出到大气中。然而，由于大气污染（图2-3）的客观存在，空气中还存在许多人们不需要的物质，因此人们在吸入空气的过程中，还要通过鼻、喉等器官对空气进行净化、湿润等处理。

图 2-2　呼吸系统

图 2-3　大气污染

　　气动系统是以空气作为工作介质的，但空气中存在的水分、油分和灰分等杂质（图2-4）并不是气动系统所需要的，它们的存在将影响气动系统的正常工作，主要表现如下。

　　1）水分会引起金属元件的锈蚀，或凝结成冰而损坏管道及附件，或形成水击现象而破坏管路等。

　　2）油分会聚集形成爆炸混合物，氧化形成有机酸而腐蚀设备，加速密封件老化等。

　　3）灰分会使摩擦增大，加速气动元件的磨损；与油气混合，阻塞管路等。

a）水分　　　　　b）油分　　　　　c）灰分

图 2-4　影响气动系统的空气中的杂质

因此，压缩空气在进入气动系统之前，必须经过净化处理。空气净化装置是气动系统的重要组成部分。

思维导图

任务实践

实地观察气动设备压缩空气的净化措施

实施步骤：

1）在教师或他人帮助下，实地选择一家具有气动设备的企业，观察其压缩空气净化设施。

2）在教师或企业员工的指导下，观察压缩空气在进入气动系统过程中的净化流程。

3）探讨气源系统中各种净化设施的作用。

4）完成表2-6。

表2-6 实地观察气动设备压缩空气的净化措施总结

进气前净化措施	进气后净化措施		
	除水分	除油分	除灰分
主要结论			

知识链接

1. 空气的性质

（1）空气的黏性和黏度 与液体的黏性一样，空气的黏性是空气质点相对运动时产生阻力的性质。与液体相比，空气的黏度很小。空气的黏度也受温度的影响，但不同的是，温度变化引起空气黏度的变化和液体黏度变化的方向相反。这主要是由于温度升高后，空气内分子运动加剧，使原本间距较大的分子之间的碰撞增多，流动时，阻力增大。

（2）空气的湿度　空气中常含有一定量的水蒸气，通常把含有水蒸气的空气称为湿空气，不含有水蒸气的空气称为干空气。在一定温度下，当湿空气中有液态水分析出时，此时的湿空气称为饱和湿空气。

湿空气中所含水分的程度通常用湿度来表示。表示湿度的方法有绝对湿度和相对湿度。绝对湿度 x 是指每立方米湿空气中所含水蒸气的质量，用公式表示为

$$x = \frac{m_s}{V} \tag{2-4}$$

式中　m_s——水蒸气的质量（kg）；

　　　V——空气的体积（m^3）。

相对湿度 φ 是指在温度和压强一定的条件下，绝对湿度 x 与饱和绝对湿度 x_b（饱和湿空气的绝对湿度）之比，用公式表示为

$$\varphi = \frac{x}{x_b} \times 100\% \tag{2-5}$$

显然，$\varphi = 0$ 表示干空气，$\varphi = 1$ 表示饱和湿空气。通常情况下，空气的相对湿度为 60%～70% 时人体感觉比较舒适，气动技术中规定各种阀的相对湿度应小于 95%。

（3）空气的可压缩性　由于空气分子间的距离大，分子间的内聚力小，体积容易变化，因此与液体相比，空气具有明显的可压缩性。随着温度和压力的变化，空气的体积会发生显著的改变。

2. 气源净化装置

按净化顺序，气源净化装置主要包括冷却器、排水分离器、气罐、空气干燥器、空气过滤器。

（1）冷却器　冷却器一般安装在空气压缩机出口处，空气压缩机输出的压缩空气温度高达 120～180℃，在此温度下，压缩空气中的水分、油分完全呈气态。冷却器的作用就是将空气压缩机出口的高温压缩空气冷却到 40℃，并使其中的水蒸气和油雾冷凝成水滴和油滴，以便经流体分离器排出。

冷却器的结构形式有蛇形管式、列管式、散热片式、管套式，其冷却方式有水冷式和风冷式两种。蛇形管式冷却器和列管式冷却器的结构和图形符号如图 2-5 所示。安装水冷式冷却器时，应使冷却水的进口靠近冷空气的出口。

图 2-5　水冷式冷却器

（2）排水分离器　排水分离器安装在冷却器出口管道上，它的作用是分离并排出压缩空气中凝聚的油分、水分和灰尘等杂质，使压缩空气得到初步净化。排水分离器的结构形式有环形回转式、撞击折回式、离心旋转式、水浴式，以及以上形式的组合等。

图 2-6a 所示为撞击折回与环形回转组合式排水分离器的结构形式。它的工作原理是：当压缩空气由输入口进入分离器壳体后，气流先受到隔板阻挡而被撞击折回向下（如图中箭头所示流向），之后又上升产生环形回转，这样凝聚在压缩空气中的油滴、水滴等杂质受惯性力的作用而被分离析出，并沉降于壳体底部，由放水阀定期排出。为提高油水分离效果，应控制气流在回转后的上升速度不超过 0.5m/s。图 2-6b、c 所示分别为手动排水分离器和自动排水分离器的图形符号。

图 2-6　排水分离器

（3）气罐　气罐除了可进一步分离压缩空气中的油、水等杂质外，还有以下作用。

1）储存一定数量的压缩空气，以备发生故障或临时需要时应急使用。

2）消除因空气压缩机断续排气而对系统造成的压力脉动，保证输出气流的连续性和平稳性。

3）降低空气压缩机的起动-停止频率，其功能相当于增大了空气压缩机的功率。

资料卡

气罐的主要技术参数如下：①容积（m³）；②内径（mm）；③适用的压缩机排量（m³/min）。

一般气动系统中的气罐多为立式，由钢板焊接而成，并装有泄放过剩压力的安全阀、指示罐内压力的压力表和排放冷凝水的排水阀，如图2-7所示。

（4）空气干燥器　经过冷却器、流体分离器和气罐后，得到初步净化的压缩空气，此压缩空气已能满足一般气压传动的需要，但其中仍含一定量的油分、水分及少量的粉尘。如果用于精密的气动装置、气动仪表等，则上述压缩空气还须进行干燥处理。压缩空气的干燥主要采用吸附法和冷却法。

a) 结构原理图　　b) 图形符号　　c) 实物图

图 2-7　气罐

吸附法是进行干燥处理时应用最为普遍的一种方法。它利用具有吸附性能的吸附剂（如硅胶、铝胶或分子筛等）来吸附压缩空气中含有的水分，使其干燥。吸附式空气干燥器的结构原理图及图形符号如图2-8所示。它的外壳呈筒形，其中分层设置栅板、吸附剂

a) 结构原理图　　　　b) 图形符号　　　c) 无热再生吸附式空气干燥器实物图

图 2-8　吸附式空气干燥器

1—湿空气进气管　2—顶盖　3、5、10—法兰　4、6—再生空气排气管　7—再生空气进气管
8—干燥空气输出管　9—排水管　11、22—密封座　12、15、20—钢丝过滤网　13—毛毡
14—下栅板　16、21—吸附剂层　17—支承板　18—筒体　19—上栅板

层、滤网等。湿空气从湿空气进气管 1 进入干燥器，通过吸附剂层 21、钢丝过滤网 20、上栅板 19 和吸附剂层 16 后，其中的水分被吸附剂吸收而变得很干燥；然后干燥、洁净的压缩空气经过钢丝过滤网 15、下栅板 14 和钢丝过滤网 12，从干燥空气输出管 8 排出。

> **资料卡**
> 空气干燥器的主要技术参数如下：①额定处理空气量（m^3/min）；②工作压力（MPa）。

（5）**空气过滤器**　空气过滤器根据固体物质和空气分子的大小和质量不同，利用惯性、阻隔和吸附的方法将灰尘和杂物与空气分离。

安装在空气压缩机输入口位置的空气过滤器为一次过滤器，用于过滤空气中所含的一部分灰尘和杂物，其滤灰效率为 50%～70%。

图 2-9 所示为安装在空气压缩机输出端的空气过滤器的结构原理图及图形符号。此空气过滤器也称二次过滤器，其滤灰效率为 70%～90%。当压缩空气从输入端进入后，被引入旋风叶子 1，旋风叶子上有很多小缺口，使空气沿切线方向产生强烈的旋转，这样夹杂在气体中的较大水滴、油滴、灰尘（主要是水滴）便获得了较大的离心力，并与存水杯 3 内壁高速碰撞，而从气体中分离出来，沉淀于存水杯 3 中。然后气体通过中间的滤芯 2，部分灰尘、雾状水被滤芯 2 拦截而滤去，洁净的空气便从输出端输出。挡水板 4 用于防止气体漩涡将杯中积存的污水卷起而破坏过滤作用。为保证空气过滤器正常工作，必须及时将存水杯 3 中的污水通过手动排水阀 5 放掉。在某些人工排水不方便的场合，可采用自动排水式空气过滤器。

b）图形符号

c）实物图

图 2-9　普通空气过滤器

1—旋风叶子　2—滤芯　3—存水杯　4—挡水板
5—手动排水阀

> **资料卡**
> 二次过滤器的主要技术参数如下：①最高使用压力（MPa）；②环境和介质温度（℃）；③过滤精度（μm）；④额定流量（L/min）；⑤接管直径；⑥排水方式。

疑难诊断

问题 1：气罐和冷却器，输入口、输出口的位置是否可以交换？
答：对于气罐，输入口、输出口的位置是不能交换的，否则会影响其净化功能；对于冷却器，输入口、输出口的位置也不能交换，否则会影响其冷却效果。

问题 2：经过净化的空气非常干净、干燥，是否可直接用于气动系统？
答：对于多数气压传动系统，其气动元件的移动部件需要润滑，干燥的空气会影响其使用寿命，故不能用；对于一些具有自润滑功能的气动元件，其本身具有润滑功能，压缩空气越干净、越干燥对其工作越有利，故可以用。

总结评价

通过以上学习，对任务实践的完成情况和相关知识的了解情况做出客观评价，并填写表2-7。

表2-7　认识空气及其净化措施任务评价

序号	评价内容	达标要求	自评	组评
1	空气性质	熟悉空气的黏度、湿度和可压缩性,理解其对气压传动的影响		
2	空气污染	熟悉空气污染源的构成及其对气压传动的影响		
3	空气净化设施	熟悉常见的空气净化设施及其在气压传动系统中的作用		
4	文明实践活动	遵守纪律,按规程活动		
总体评价				
再学习评价记录				

知识拓展

压缩空气质量等级要求

国际标准规定，工业用压缩空气的质量等级用3个阿拉伯数字表示。它们分别代表固体粒子尺寸和浓度等级、水蒸气含量等级及含油量等级。如果对某一污染物等级没有要求，则用"—"代替。表2-8所列为对典型行业推荐的压缩空气质量等级。

表2-8　对典型行业推荐的压缩空气质量等级

应用行业	压缩空气质量等级			应用行业	压缩空气质量等级		
	固体粒子	水蒸气	油		固体粒子	水蒸气	油
空气搅拌	3	5	3	机床工业	4	3	5
制鞋	4	6	5	采矿	4	5	5
制砖、制玻璃	4	6	5	包装纺织机械	4	3	3~2
零件清洗	4	6	4	土木建筑	4	5	5
颗粒产品输送	2	6	3	凿岩机	4	5~2	5
粉状产品输送	2	3	3	喷砂	—	3	2
铸造机械	4	6	5	喷漆	3	3~2	1
食品饮料加工	2	6	1	焊机	4	6	5

课后思考

1. 集中供气有哪些优势？
2. 气源净化装置包括哪些设备？它们在气源净化过程中分别起什么作用？

任务 3　认识压力和流量

资料卡

我国第一台万吨水压机。

中国第一台
万吨水压机

任务描述

日常生活中，在用打气筒给轮胎打气时，随着轮胎的膨胀，可以体会到用力大小是不同的；液压起重机在起重大负载时，会发出很大的轰鸣声。这些现象表明，阻力增大时，气筒内气体的压力升高，负载增大时，起重机内油液的压力也升高。

在气动与液压系统中，常用压力表来测量系统在某点的压力。在系统运行过程中，压力表的指针（指针式压力表）有时转动，有时静止不动。这说明系统在运行过程中，其不同位置的压力不尽相同，相同位置在不同工况下的压力也会发生变化。那么，压力是什么？压力的大小与什么有关？为何同一管路中不同位置的压力有时相同，有时不同？

俗话说："水往低处流"。当系统管路中两点有不同的压力时，流体将流向压力较低的一点处。这种流体运动称为流动。由于城市供水系统在水管中形成压力或水位差，打开水龙头时，压力的差异便将水压出，如图 2-10 所示。

图 2-10　自来水的流动

流速和流量是衡量流动的两个参数。讨论流速和流量的另一个重要目的是确定执行元件的移动速度或旋转速度到底与什么有关。知道了这个关系，就能知道如何对执行元件的移动速度或旋转速度进行控制和调节。

思维导图

任务实践

任务实践 1　压力的形成及测定

1. 压力的形成及测定回路图（图 2-11）

2. 回路分析

回路中设置了两个测压点，一个位于液压泵的出油口处，另一个位于液压缸的进油口处。两个测压点之间有节流阀，液压缸的负载可以调节。

3. 实施步骤

1）课前由教师接好回路，并调节好溢流阀和节流阀。课上在教师指导下，依回路图熟悉液压力测定系统。

2）起动液压泵电动机，改变换向阀的位置，使液压缸处于最低位置。

3）改变换向阀的位置，使液压缸向上运动，记录液压缸活塞在运动过程中和位于终点时压力表 1、2 的读数，并将其填入表 2-9。

4）分别给液压缸增加负载 10kg、20kg、40kg、60kg，重复步骤 3），分别记录压力表读数。

5）观察不同负载情况下压力的变化规律，以及运行时和运行终点压力的变化规律。

6）按教师要求，探讨与压力相关的特性。

7）整理液压元件。

图 2-11　液体压力测定回路图

表 2-9　压力的形成及测定总结

负载/kg		10	20	40	60
压力表 1 读数/MPa	运动过程中				
	运动终点				
压力表 2 读数/MPa	运动过程中				
	运动终点				
主要结论					

任务实践 2　液体流动与流量测定

1. 流量测定回路图（图 2-12）

2. 回路分析

分别在液压泵出油口、液压缸回油口、溢流阀溢流口安装流量计，改变换向阀位置和节流阀开口，可以测定上述位置处的流量。

3. 实施步骤

1）课前由教师接好油路，并调好溢流阀。课上在教师指导下，熟悉流量测定回路图及流量测定位置。

2）换向阀处于中间位置，起动液压泵电动机。

3）分节流阀全开、半开和全关三种情况，改变换向阀位置，分别记录流量计1、2、3的读数，完成表2-10。

图 2-12　流量测定回路图

液流的连续性原理

表 2-10　流量测定总结

回路工作状态	节流阀全开时		节流阀半开时		节流阀全关时		液压泵输出流量/(L/min)
	液压缸前进	液压缸后退	液压缸前进	液压缸后退	液压缸前进	液压缸后退	
流量计1读数/(L/min)							
流量计2读数/(L/min)							
流量计3读数/(L/min)							
主要结论							

4）探讨流量与液压缸运动速度的关系、流量分流原理，以及流量与压力是否相关等。

5）按教师要求整理液压元件。

知识链接

（一）压力与作用力

1. 压力

（1）**压力及其特性**　研究流体时所指的压力是流体在单位面积上所受的法向力，用 p 表示。若法向力（用 F 表示）均匀地作用在面积 A 上，则压力表示为

$$p = \frac{F}{A} \tag{2-6}$$

式中　A——流体有效作用面积（m^2）；

　　　F——流体有效作用面积 A 上所受的法向力（N）。

压力的国际计量单位为 N/m^2 或 Pa，$1Pa = 1N/m^2$。由于此单位很小，工程上使用不便，因此常采用兆帕，其符号为 MPa。压力的非法定计量单位有 bar（巴）、atm（标准大气压力）等。压力计量单位之间的换算关系见表2-11。

表 2-11 压力计量单位之间的换算关系

Pa(N/m²)	MPa	bar	psi	kgf/cm²	atm	mH₂O	mmHg
10^5	0.1	1	14.50	1.02	0.987	10.2	750

液体压力有两个特性，一是压力的方向总是与承压面的内法线方向一致；二是静止液体内任一点处的压力在各个方向上均相等。

（2）压力的表示方法 压力有绝对压力和相对压力两种表示方法。绝对压力是将绝对真空作为基准所表示的压力，相对压力是以大气压力为基准所表示的压力。因为在地球表面上，一切物体都受大气压力的作用，而且是自然平衡的，即大多数测压仪表在大气压力下并不动作，这时其所表示的压力值为零。因此，用压力表测出的压力是高于大气压力的那部分压力，即相对压力，也称表压力。

绝对压力与相对压力的关系：绝对压力 = 相对压力 + 大气压力。

当绝对压力低于大气压力时，习惯上称为真空。因此，某点的绝对压力比大气压力小的那部分数值称为该点的真空度，即真空度 = 大气压力 - 绝对压力。

> **资料卡**
> 相对与绝对不仅用于压力表示，人的身高、奔跑速度、山的高度等均可用绝对与相对两种方法表示。

绝对压力、相对压力（表压力）和真空度的关系如图 2-13 所示。

（3）压力的传递 在密封容器中，施加于静止液体任一点的压力将以等值传递到液体内的各点，这就是帕斯卡定律或压力的传递原理。

根据帕斯卡定律，液压传动不仅可以进行力的传递，而且可以将力放大和改变力的方向。图 2-14 所示为应用帕斯卡定律推导压力与负载关系的实例。图中大液压缸（负载缸）的横截面积为 A_1，小液压缸的横截面积为 A_2，两个活塞上的外作用力分别为 F_1、F_2，则缸内压力分别为 $p_1 = F_1/A_1$，$p_2 = F_2/A_2$。由于两缸充满液体且互相连接，根据帕斯卡定律有 $p_1 = p_2$，因此有

$$F_1 = F_2 \times \frac{A_1}{A_2} \tag{2-7}$$

图 2-13 绝对压力、相对压力和真空度的关系

图 2-14 应用帕斯卡定律推导压力与负载关系的实例

式（2-7）表明，由于 $A_1/A_2>1$，因此用较小的力 $\boldsymbol{F}_2$ 就可产生很大的力 $\boldsymbol{F}_1$。液压千斤顶和水压机就是根据此原理制成的。

如果大液压缸的活塞上没有负载（也称卸载），即 $F_1=0$，则当忽略活塞重量及其他阻力时，不论怎样推动小液压缸的活塞，都不能在液体中形成压力（此时 $p=0$）。基于任务实践1，压力是在"前阻后挤"的情况下产生的。这说明液压系统中的压力是由负载决定的，它是液压传动的基本概念之一。

2. 静止液体作用在固体壁面上的力

（1）作用在平面上的力　静止液体作用在平面上的力 $\boldsymbol{F}$ 等于静压力 p 与平面面积 A 的乘积，其方向垂直于该平面（图2-15），即

$$F = pA \tag{2-8}$$

（2）作用在曲面上的力　当固体壁面为一曲面时，静止液体在 x 方向对该曲面的作用力 F_x 等于静压力 p 与曲面在 x 方向上投影面积 A_x 的乘积（图2-16），即

$$F_x = pA_x \tag{2-9}$$

图 2-15　作用在平面上的力

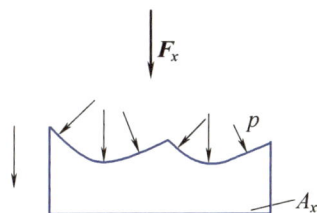

图 2-16　作用在曲面上的力

3. 流动液体的压力损失

在任务实践1中，活塞运动时两压力表读数是不一致的，但运动终了时两压力表读数基本一致。这说明液体在流经节流阀时产生了压力损失，也说明只有在流动时才产生压力损失。

> **资料卡**
> 液体流经管路产生的压力损失与电路中电流流经电阻产生电压降类似。

压力损失除因液压阀损失外，还由于实际黏性液体在流动时存在阻力，以及液体流经局部障碍（如弯头、接头、管道截面突然扩大或收缩）时存在阻力等。按液体流经管路的特点，压力损失分为沿程压力损失和局部压力损失。

沿程压力损失是液体沿等径直管流动时所产生的压力损失，这类压力损失是由液体流动时的内、外摩擦力引起的。

局部压力损失是液体流经局部障碍时，由于液流的方向和速度的突然变化，在局部形成旋涡引起液体质点间，以及质点与固体壁面间相互碰撞和剧烈摩擦而产生的压力损失。

压力损失过大，会使液压系统中的功率损耗增加，这将导致油液发热加剧，黏度降低，泄漏量增加，传动效率下降和液压系统性能变坏。因此，应尽量减少压力损失。降低流速，选择适当的液体黏度，保证管壁光滑，缩短管路的长度、增大管径，减少管路

截面变化及弯曲等，均有利于控制压力损失。

4. 压力测定——压力表

液压系统中的压力可通过压力表来测定。压力表的种类有很多，如指针式压力表、数显式压力表等，如图 2-17 所示。

a) 指针式压力表　　　　b) 数显式压力表　　　c) 图形符号

图 2-17　压力表

（二）流量与速度

1. 流量

（1）流量与平均流速　流量与流速是描述流体流动时的两个主要参数。流体在管道中流动时，通常将垂直于流体流动方向的截面称为通流截面，或称过流断面。

流量是指单位时间内通过通流截面的流体体积，用 q 表示，即

$$q = \frac{V}{t} \tag{2-10}$$

式中　q——流量（m^3/s）；

V——流体通过通流截面的体积（m^3）；

t——流体通过通流截面的时间（s）。

流量的国际单位制单位为 m^3/s，其常用单位为 L/min 或 mL/s。

在实际液体流动中，由于黏性摩擦力的作用，通流截面上流速的分布规律难以确定，计算比较困难。为了便于计算，引入了平均流速的概念，即认为通流截面上各点的流速均为平均流速，用 v 来表示，则通过通流截面的流量就等于平均流速乘以通流截面面积，于是有 $q = vA$，则平均流速为

$$v = \frac{q}{A} \tag{2-11}$$

式中　A——通流截面面积（m^2）。

（2）液流连续性原理　根据质量守恒定律，液体在流动时既不会增多，也不会减少，而且液体被认为几乎是不可压缩的。因此，当液体流经无分支管道时，通过每一个通流截面的流量一定是相等的，这就是液流连续性原理。在图 2-18 所示的管路中，流过通流截面 1 和 2 的流量分别

图 2-18　液流连续性原理图

为 q_1 和 q_2，则

$$q_1 = q_2 \tag{2-12}$$

因为 $q = vA$，则有

$$v_1 A_1 = v_2 A_2 \tag{2-13}$$

式中 v_1、v_2——通流截面 1 和 2 上的平均流速（m/s）；

A_1、A_2——通流截面 1 和 2 的面积（m^2）。

> **资料卡**
> 这里所提到的液流连续性原理与电学中串联电路电流是相等的是相对应的。其他流体力学问题也可用电学原理来说明。

上面的公式表明：液体在无分支管道中流动时，通过管道内任一通流截面上的流量相等，当流量一定时，任一通流截面上的通流面积与流速成反比，即管径细的地方流速大，管径粗的地方流速小。同理，液体在有分支管道中流动时，干流量等于支流量之和。

2. 活塞（或液压缸）运动速度

如图 2-19 所示，活塞（或液压缸）的运动是由于流入液压缸的液体迫使密封容积增大所导致的。按平均流速的概念，活塞（或液压缸）的运动速度就等于液压缸内液体的平均流速。因此，可以通过平均流速的公式来计算活塞（或液压缸）的运动速度 v，即

$$v = \frac{q}{A} \tag{2-14}$$

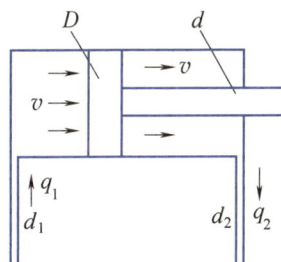

图 2-19   活塞（或液压缸）的运动速度

式中 q——流入液压缸内液体的流量（m^3/s）；

A——液压缸的有效作用面积（m^2）；

式（2-14）表明：

1）活塞（或液压缸）的运动速度与液压缸的有效作用面积和流入液压缸内液体的流量两个因素有关，而与压力大小无关。

2）当液压缸的有效作用面积一定时，活塞（或液压缸）的运动速度取决于流入液压缸内液体的流量。这是液压传动的另一个基本概念。

3. 流量测定——流量计

流量计是用来测量流量和（或）在选定的时间间隔内流体总量的仪表。流量可分为瞬时流量和累计流量：瞬时流量是单位时间内，流体流过管道横截面的量；累计流量为在某一段时间间隔内，流体流过管道横截面的累计量。通过瞬时流量对时间的积分也可求得累计流量，因此瞬时流量计和累计流量计之间也是可以相互转化的，一般流量计均能显示这两个量。

按结构原理不同，流量计分为差压式流量计、涡轮式流量计、机械式指针流量计、电磁流量计、超声波流量计等；按计量介质不同，流量计分为液体流量计和气体流量计。图 2-20 所示为涡轮式流量计。

4. 泄漏与流量损失

液压系统是由一些元件、管接头和管道组成的，每一部分又是由一些零件组成的，

a) 结构原理图　　　　　　　　b) 实物外形图　　　　c) 图形符号

图 2-20　涡轮式流量计

1—涡轮　2—壳体　3—轴承　4—支承　5—导流器　6—电磁传感器

在这些零件之间，通常会有一定的配合间隙，在液压技术中称为缝隙。由于缝隙的存在，液体会由压力较高的地方流到压力较低的地方或大气中去，这种流动称为泄漏。液体由高压腔流到低压腔的流动称为内泄漏，流入大气或与大气相通容积内的流动称为外泄漏。泄漏主要是由压力差和缝隙造成的。泄漏导致流量损失，泄漏量过大，会影响液压元件和液压系统的正常工作，也将使系统的效率降低、功率损耗加大。

液体通过缝隙的流量与压力差成正比，与缝隙量 h 的三次方成正比，即缝隙稍有增大，就会引起泄漏量的大量增加。因此，应严格控制液压元件间的缝隙量，以减少泄漏。但是，h 的减小会使液压元件中的摩擦损失增大，因而缝隙量 h 并不是越小越好。

🔍 疑难诊断

问题 1：对任务实践 1，加载运行过程中及运行结束后，压力表 1、2 的读数是否一致？分析原因。

答：压力表 2 的读数始终不会改变，因为无论在运行中还是运行后，溢流阀始终打开。

压力表 1 在运行过程中的读数与负载有关，负载增大，压力增大；运行结束后，压力表 1 和压力表 2 间管路中的油液静止，压力表 1 与压力表 2 的读数相同。

问题 2：流量增大导致液压缸活塞运动速度加快，压力增大能否加快活塞运动速度？

答：从活塞运动速度的计算公式可知，活塞的运动速度与输入液压缸中的液体流量和液压缸有效作用面积有关，而与压力大小无关。当液压缸内的压力因负载变化而发生变化时，只能通过影响通过节流阀的流量来间接影响液压缸活塞的运动速度。

📄 总结评价

通过以上学习，针对任务实践的完成情况和相关知识的了解情况做出客观评价，并填写表 2-12。

表 2-12 认识压力和流量任务评价

序号	评价内容	达标要求	自评	组评
1	压力、压力单位、压力性质；流量、流速,连续性原理	熟悉压力的概念及性质,熟悉压力的单位及单位之间的换算;熟悉流量和流速的概念,了解液流连续性原理及其应用		
2	压力的形成,液压缸的运动速度	理解压力由负载决定;理解液压缸的运行速度取决于流入液压缸的液体流量		
3	压力的测定,流量的测定	熟悉压力表,能正确读出压力值,会测定系统压力;熟悉流量计,能正确读取回路中的流量		
4	执行元件输出力、输出速度	能进行简单作用力和速度的计算		
5	压力损失、泄漏	了解压力损失产生的原因,以及减少压力损失的常见措施,有节能意识;了解泄漏的原因		
6	文明实践活动	遵守纪律,按规程活动		
总体评价				
再学习评价记录				

知识拓展

1. 静力学基本方程

如图 2-21 所示，静止液体中任一点的压力均由两部分组成，即液面上的表面压力 p_0 和由液体自重引起的对该点的压力 ρgh，即

$$p = p_0 + \rho gh \tag{2-15}$$

这就是静力学基本方程，也可将其写成

$$\frac{p}{\rho g} + Z = \frac{p_0}{\rho g} + Z_0 = 常量 \tag{2-16}$$

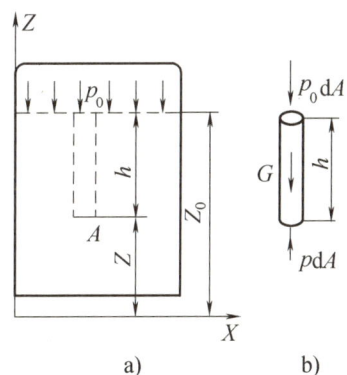

图 2-21 静力学基本方程示意图

式中 p——任一点 A 的压力（Pa）;

Z——任一点 A 距坐标原点的高度（m），常称其为位置水头;

Z_0——容器液平面距坐标原点的高度（m）;

p_0——容器液平面上的压力（Pa）;

$\dfrac{p}{\rho g}$——单位质量液体的压力能，常称其为压力水头。

上面两式表明：静止液体中任一点都有单位质量液体的位能和压力能，即具有两部分能量，而且各点的总能量之和为一常量。

进一步拓展，当液体流动时，液体中任一点除了单位质量位能（h）和压力能（$p/\rho g$）外，还有单位质量动能 $[v^2/(2g)]$。根据能量守恒定律，有

$$\frac{p_1}{\rho g} + h_1 + \frac{v_1^2}{2g} = \frac{p_2}{\rho g} + h_2 + \frac{v_2^2}{2g} \tag{2-17}$$

这就是理想液体伯努利方程。当位能相等（管道水平）时，流速快的地方压力会降低。

2. 液压冲击与空穴现象

液压冲击与空穴现象是液压传动过程中应该尽量避免发生的两种现象。

液压冲击是在液压系统中，由于某种原因，液体压力在一瞬间突然升高，产生很高的压力峰值的现象。液压冲击产生的压力峰值往往比正常工作压力高得多，且常伴有噪声和振动，严重时会使管道破裂、液压元件损坏，有时还会引起某些液压元件误动作。因此，在进行液压系统设计时要考虑这些因素，应当尽量减少或防止液压冲击的影响。主要措施有：缓慢关闭阀门，削减冲击波的强度；在阀门前设置蓄能器或采用橡胶软管，以减小液压冲击；限制管中油液的流速；在系统中装置安全阀，起卸载作用等。

空穴现象是在液压系统中，由于流速突然变大、供油不足等原因，压力迅速下降，当压力降低到低于空气分离压时，溶解在液体中的气体就以很高的速度分解出来，成为游离微小气泡，形成气穴的现象。管道中发生空穴现象时，大量气泡破坏了液体的连续性，造成流量的脉动。当气泡随液体流入高压区时，体积急剧缩小，引起局部液压冲击，使系统产生强烈的噪声和振动。当气泡凝结在附近壁面上时，因反复受到液压冲击与高温作用，以及液体中逸出气体具有较强的酸化作用而使金属表面被腐蚀。因空穴产生的腐蚀，一般称为气蚀。防止产生空穴的主要措施有：限制液压泵吸油口距离油液表面高度，液压泵吸油口要有足够大的管径，过滤器压力损失要小，自吸能力差的液压泵用辅助液压泵供油；密封好管路，防止空气渗入；控制节流口压降，一般应控制节流口前后压差比 $p_1/p_2 < 3.5$。

🧠 课后思考

1. 将三个不同负载以平行（或并联）的方式与同一个液压系统连接，如图 2-22 所示，若 $W_1 < W_2 < W_3$，试说明活塞 A、活塞 B、活塞 C 被顶起的顺序。

2. 图 2-23 所示为液压千斤顶，大、小活塞的直径分别为 $D = 40mm$，$d = 10mm$，假设 $T = 250N$。问：

图 2-22 题 1 图

图 2-23 题 2 图

（1）作用在小活塞上的力 F 为多少？（2）系统中的压力为多少？（3）大活塞能顶起多重的重物 G？

3. 如图 2-24 所示，将同样的液压力作用于液压缸 A 腔和 B 腔，则活塞的运动方向如何？

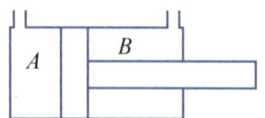

图 2-24 题 3 图

4. 如图 2-25 所示，两液压缸完全相同，并按图示相连，液压缸无杆腔和有杆腔的有效作用面积分别为 A_1、A_2。若输入流量为 q，则输出速度 v 为多少？与两缸不连接相比，其速度是快了还是慢了？

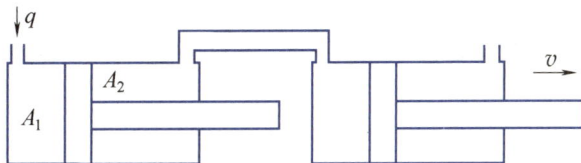

图 2-25　题 4 图

学习反思

1. 陶行知先生曾经说："教育的根本意义是生活之变化。生活无时不变，即生活无时不含有教育的意义。"学习气动与液压技术一个最为重要的方法就是生活学习法，用生活中的现象去理解气动与液压技术，同时也要把气动与液压技术应用于生活和生产实践。

2. 气压传动的介质就是空气，因此"取之不尽，用之不竭"；液压传动的工作介质不应止于液压油，其原因在于采用液压油作为工作介质带来传动成本增加和环境污染。节约能源、保护环境是每一个公民应尽的责任和义务。

3. 在当今社会，基础理论的价值越来越被人们认可，同样，掌握气动与液压传动系统原理、装配调试步骤、诊断排除系统故障方法等离不开基础理论。职业院校学生不能因主要从事的是操作岗位，而忽视基础理论的学习，基础理论同样重要。

气源系统与气动执行元件认知

📄 项目描述

气源系统与气动执行元件是气压传动系统中两个重要的组成部分。气源系统将机械能转化为气体压力能，并向控制元件和执行元件提供清洁的压缩空气，是气动系统的动力部分。气动执行元件则将气体压力能转化为机械能，并完成人们所需要的各种动作。

气动系统一般采用集中供气的形式，考虑到不同企业在气动设备数量、用气量，以及对压缩空气质量要求等方面的不同，气源系统的复杂程度不尽相同。同样，因为多样的动作要求，气动执行元件也呈现多样性。

因此，认识气源系统与气动执行元件及其组成，气动执行元件的类型、性能参数、结构形式等是学习气压传动的重要一步。

📖 学习目标

1. 强化规范性操作对工程实践、企业生产管理的价值，能把"学规律"与"学规范"结合起来。

2. 理解空气压缩机、气源净化装置、气源处理装置等的工作过程、功能特点，熟悉其图形符号。

3. 理解典型气动执行元件的结构、类型、工作过程等。

4. 熟悉气源系统的一般构成，能正确组建或拆装一套简单的气源系统。

5. 了解气源系统、气动执行元件的常见故障，具备简单故障的诊断和排除能力。

任务 1　组建气源系统

🖥 任务描述

气源系统也称空气站，是保证气压传动系统正常工作不可缺少的动力源。气源系统一般由以下四部分组成（图3-1a）：

1）产生压缩空气的气压发生装置，如空气压缩机。

2）气源净化装置，如过滤器、排水分离器、空气干燥器等。

3）气源处理装置，即气动三联件（空气过滤器、减压阀和油雾器）。

4）输送压缩空气的供气管道系统。

图3-1b、c所示为气源系统的图形符号。

a) 组成

b) 图形符号   c) 简图

图3-1　气源系统

1—自动排水分离器　2—小气罐　3—单向阀　4—安全阀　5—空气压缩机

6—电动机　7—压力开关　8—压力表　9—截止阀　10—冷却器

11—排水分离器　12—气罐　13—气源处理装置

气动系统一般采用集中供气方式，一个企业或一个车间往往只设一套气源系统。当然，根据气动设备的用气量和对压缩空气质量要求的不同，气源系统的配置及其组件规格也是有差异的。本任务要求完成一个简单气源系统的组建与调试。

思维导图

任务实践

简单气源系统拆装与运行

实施步骤如下：

1）课前准备简单气源系统，包括空气压缩机、冷却器、气罐、排水分离器、气源处理装置、管件等。

2）熟悉各组成元件的安装要求、连接关系和接口形式。

3）逐一拆解气源系统各组成元件并编号，填写表3-1。

表 3-1　简单气源系统拆装与运行总结

元件编号	元件名称	数量	与之相连的前置元件	与之相连的后置元件	与前、后置元件的连接方式
1					
2					
...					
主要结论					

4）清洁各组成元件，进一步熟悉各元件的安装要求、连接关系及接口形式。

5）按压缩空气的流动方向及图3-1逐个装接各部件，并进行检查。

6）装接空气压缩机控制电路。

7）关闭出气口，起动空气压缩机，向气罐充气。

8）调节压力自动开关，使气罐维持在一个安全压力上。

9）检查排气分离器是否正常工作。

10）调节减压阀，使其有合适的输出压力。

11）检查油雾器是否正常工作，并调节油雾器，使其油量满足要求。

12）分析、总结，整理场地。

知识链接

1. 空气压缩机

空气压缩机是将原动机提供的机械能转换成气体压力能的一种能量转换装置，即气压发生装置。它为气动系统提供具有一定压力和流量的压缩空气。

空气压缩机分为容积式和动力式两大类。其中，容积式空气压缩机的应用最广，主要有活塞式空气压缩机、叶片式空气压缩机和螺杆式空气压缩机，如图3-2所示。

> **资料卡**
>
> 家用打气筒也可看成一种空气压缩机，其工作原理与空气压缩机相似。

活塞式空气压缩机主要通过曲柄连杆机构使活塞做往复运动来实现吸气和压气，并达到提高气体压力的目的。螺杆式空气压缩机因具有噪声低等优点，使其在企业中的使

a) 活塞式　　　　b) 叶片式　　　　c) 螺杆式　　　d) 图形符号

图 3-2　空气压缩机

用规模不断扩大。

> **资料卡**
>
> 空气压缩机的主要技术参数：①工作压力（排气压力）（MPa）；②流量（排气量）（m³/min，折算成进气状态的量）；③功率（kW，驱动电动机或柴油机的铭牌功率）。

图 3-3 所示为单级活塞式空气压缩机工作原理。曲柄 8 在电动机的带动下沿逆时针方向转动，通过连杆 7、活塞杆 4，带动活塞 3 做往复运动。当活塞 3 向右运动时，气缸 2 内容积增大，形成局部真空，在大气压力的作用下，吸气阀 9 打开（此时排气阀关闭），空气进入气缸 2，完成吸气；当活塞 3 向左运动时，气缸内空气受压，压力升高，打开排气阀（此时吸气阀关闭），完成排气。

图 3-3　单级活塞式空气压缩机工作原理图

1—排气阀　2—气缸　3—活塞　4—活塞杆　5—滑块　6—滑道
7—连杆　8—曲柄　9—吸气阀　10—弹簧

空气压缩机在安装使用过程中，有以下注意事项。

1）空气压缩机的安装地点必须洁净无污、无粉尘、通风好、湿度小、温度低，且要留有维护保养空间，一般要安装在专用机房内。

2）空气压缩机一运转即产生噪声，因此必须有相应的防噪声措施。常见的噪声防治方法有设置隔声罩、消声器等。

3）起动空气压缩机前应检查润滑油位，并用手拉动传动带使轴转动几圈，以保证起动时的润滑正常。润滑时应使用专用润滑油，并定期更换。起动前和停机后，都应及时排出空气压缩机气罐中的水分。

2. 气源处理装置

在气动技术中，将空气过滤器、减压阀和油雾器无管直接连接为一体，称为气源处理装置，也称气动三联件，如图 3-4a 所示。

气源处理装置具有净化、调压和润滑三大功能。它是多数气动系统中不可缺少的气动组件，通常安装在用气设备的进气口附近，是压缩空气质量的最后保证。其工作过程是：经初步净化的压缩空气首先进入空气过滤器，经除水、滤灰净化后进入减压阀，经减压后得到满足气动系统要求的压力，最后进入油雾器，将润滑油雾化后，混入压缩空气一起输往气动控制和执行装置。图3-4b、c所示为气源处理装置的详细图形符号和简化图形符号。

a) 气源处理装置实物图
过滤器
减压阀
油雾器
b) 详细图形符号
c) 简化图形符号

图 3-4　气源处理装置

气源处理装置中过滤器的净化功能已在前面任务中予以介绍，这里重点介绍减压阀和油雾器。

（1）减压阀及其调压功能　一个气源系统输出的压缩空气通常可供多台气动装置使用，因此气源系统输出的空气压力往往高于每台装置所需的压力，且压力波动较大。如果压力过高，将造成能量的损失并增加损耗；压力过低则会使出力不足，造成效率不高。因此，每台气动设备或装置的供气压力都需要用减压阀进行减压，并保持稳定。

气动减压阀的作用是将较高的输入压力调整为规定的输出压力，并保持输出压力稳定，不受空气流量变化及气源压力波动的影响。减压阀的调压方式有直动式和先导式两种。

图3-5a所示为直动式减压阀的结构原理图。沿顺时针方向调整调整手柄1时，调压弹簧2（实为两个弹簧）推动弹簧座3、膜片4和阀芯5向下移动，使阀口开启，气流通过阀口后压力降低，从右侧输出二次压力气。与此同时，有一部分气流由阻尼孔7进入膜片室，在膜片下产生一个向上的推力与弹簧平衡，调压阀便有稳定的压力输出。当输入压力 p_1 升高时，输出压力 p_2 随之升高，使膜片下的压力同时升高，将膜片向上推，阀芯5在复位弹簧9的作用下上移，从而使阀口8的开度减小，节流作用增强，直到使输出压力降低到调定值为止；反之，若输入压力下降，则输出压力下降，膜片下移，阀口开度增大，节流作用减弱，使输出压力回升到调定压力，以维持压力稳定。

资料卡

减压阀的主要技术参数有接管口径（如PT1/8）、额定流量（L/min）、调压范围等。

气动与液压技术

第 3 版

习 题 册

班级：_____

姓名：_____

学号：_____

机 械 工 业 出 版 社

序

职业教育专业课程作业设计的几个转变

1. 从"练习式设计"走向"学习式设计"

德国教育家凯兴斯泰纳早在 1906 年就认识到，教给学生最有意义的东西不是知识，而是知识获取的健全的方式和独立行动的方式。学生个人应能在没有教师和其他同学的帮助下独立学习或复习，按照工作任务书自助或互助完成学习任务，其目的是促进独立工作能力和个性发展。改变学生作业中出现的问题，关键是教师要改变对作业的认识。在强调以"做"为中心的职业教育专业课程教学模式下，教师对作业的设计应围绕"做"的内容，在"做"的过程推进方式上下功夫，能让学生在做中学，在做中激发兴趣，培养意志。受情境化学习系统启发，专业课程作业的理想模式是能从传统的以模仿式为主的练习式设计走向以自主式为主的学习式设计，并逐渐成为促进学生有效学习的支架与线索。

2. 从"课后设计"走向"全程设计"

发现学习论认为："认知是一个过程，而不是一种产品"。学习认知的关键是让学生去体验知识原理，享受完成一个个操作和实现结果的过程，而并不局限于让学生掌握知识。然而，课堂教学时间是有限的，若这个认知过程仅限于课堂是远远不够的。显然，这样的过程应包括学生课前、课中，以及课后的学习、生活，也包括对学生激趣、实践、认知、再实践、巩固等完整的学习过程。基于此，职业教育课程作业设计应从传统的"课后设计"走向包括课前、课中和课后作业的"全程设计"，全方位协助学生达成学习目标。"全程设计"助学作业的各个组成部分是一个内在联系的整体，课中作业是核心，课前作业为课中作业做准备，课后作业是对课中作业的巩固和提高。这个贯穿并引领学生学习的全过程，是学生达成学习目标最理想的方式，影响着学生的学习行为以及成效。

3. 从"单元设计"走向"整体设计"

职业教育专业课程作业设计从"单元设计"走向"整体设计"，则是基于课程教学的整体设计要求。实践表明，传统课程教学可能存在以下不足：一是以学科知识系统和逻辑为导向，忽视了职业岗位能力需求；二是以知识传授为中心，忽视了职业能力系统训练；三是以教材为平台，忽视了职业活动的实际情况；四是以教师为主体，忽视了学生主体作用的发挥；五是以终结考试为评价，忽视了职业能力的日常养成等问题。鉴于此，若要避免上述问题，教师必须转变观念，不能孤立地看一本教材，而应该从专业所对应的职业岗位要求，对接职业活动工作过程，紧扣学校和学生的实际，全面地把控教材。在课程开发过程中，开发团队不仅要对课程教学进行整体设计，而且要对课程作业进行整体设计，教师在课程教学过程中要深入了解教材的整体设计思想，并有效执行。

首先，助学作业整体设计须与教学整体设计配套，整体布局学生必须掌握、熟悉、巩固的知识点；其次，要完成科学分析作业任务的主观和客观条件，科学分析学生的知识、技能、情感与各单元项目达成的关系，确立问题的呈现方式与提交方式；最后，设计作业评价策略，既要准确判断学习情况，又要激发学生的作业兴趣和自豪感，启发学生思考，避免制造"作业负担"。

4. 从"平面设计"走向"立体设计"

伴随着教学资源采集、编辑、传播的硬件与软件日益成熟，尤其是"互联网+"迅速普及，职业教育专业课程作业设计与教材建设一样，也会从平面化走向立体化。作业设计形式的立体化本质上就是助学的一种手段。首先，作业描述对象要立体化，立体化对象是最接近于工作实景的，如三维立体元器件，相比平面化表述更容易为学生所接受；其次，作业呈现形式要立体化，如图片、声音、视频、仿真动画、全息成像等，相比单一文字表达更能激活学生的多个感觉器官，提高学习效率；再次，作业问题表达方式要立体化，除了传统的选择题、判断题、连线题等外，还可设有拼图题、模拟试验、映射题、网上购物、生活小实验等，提高趣味性；最后，作业完成方式要立体化，即构建从传统书面表达到口头表达，再到网络平台交流、竞答与提交等多种方式，全方位满足学生需求，增加学生与学生、教师与学生之间的互动空间。

5. 从"个人设计"走向"群体设计"

助学作业从"个人设计"走向"群体设计"有两层含义。一是有些作业的对象要变一个人的作业为一群人的作业。在学校教学常态下，学生通常是一个人独自完成作业，在完成作业的过程中有时遇到困难往往是一种孤立无援的状态，作业效率可想而知。而群体设计使学生在完成一些作业（如课中作业）时，不仅要发挥个体的力量，还要借助成员的智慧力量，合作完成自己选择的作业，乃至于师生共同完成作业。正如陶行知先生创造的"传递先生制"学习方法，先获得知识和技能的学生可以首先将其所得传递给身边的学生，再由身边的学生传递给他身边的学生，直至传遍全体学生。二是作业的设计者要变一个人为多人参与。助学作业不仅涉及专业课程本身，还包括大量企业实践经验知识，以及与专业关系并不紧密的现代教学信息技术。对于经验不丰富、无企业经历等的教师来说，更需要发挥由教师、企业技术人员、课程专家等组成的教学团队的力量，共同完成作业设计。

目　　录

项目 1　气压传动与液压传动系统认知

一、课前生活体验

（1）你见过图 1-1 所示的设备吗？将它们分别与其名称连线。

A. 叉车　　　　　B. 汽吊　　　　　C. 千斤顶　　　　D. 盾构机

E. 飞机起落架

图 1-1　常见液压传动设备

（2）下面（　　）能代表图 1-1 中所示设备的特点（可以多选）。

A. 力气大　　　　B. 运动平稳　　　C. 速度快　　　　D. 对环境友好

（3）你见过图 1-2 所示的设备吗？将它们分别与其名称连线。

A. 风镐　　　　　B. 空气压缩机　　C. 汽车气动车门　　D. 风车

E. 风箱

图 1-2　常见液压与气动设备

（4）下面（　　）能代表图 1-2 中所示设备的特点（可以多选）。

A. 力气大　　　　B. 运动平稳　　　C. 速度快　　　　D. 对环境友好

（5）网购体验：以"液压千斤顶"作为关键词，在购物平台上搜索并模拟订购一台液压千斤顶，说出你所模拟订购的千斤顶的外形、型号、规格参数等。

二、课中项目训练

项目1 训练报告

训练人姓名		训练时间		训练地点	
同组训练人姓名		年级/专业		指导教师	
训练目标					
训练任务	任务1:观察液压千斤顶的工作过程 任务2:观察气动剪切机的工作过程				

训练条件		名称	型号	主要参数
	主要硬件名称和型号			
	主要软件名称			
	主要工具名称			
	其他条件			

训练内容	任务1	任务2
知识基础	(1)液压千斤顶的动力元件是_____,执行元件是_____,辅助元件有_____ (2)液压千斤顶提升速度是由_____控制的,即速度调节与控制 (3)液压千斤顶复位(返回)是由_____控制的,即方向控制 (4)手柄操作用力与_____有关,即压力形成 (5)液压千斤顶的工作介质是_____ (6)液压千斤顶的主要特点有_____	(1)气动剪切机气动系统的动力元件是_____,执行元件是_____ (2)气动剪切机气动系统执行元件上下运动的控制元件是_____,压缩空气的压力控制元件是_____ (3)气动剪切机气动系统的辅助元件有_____ (4)气动剪切机执行元件的移动速度与_____有关 (5)气动剪切机气动系统的工作介质是_____ (6)气动剪切机的主要特点有_____
能力基础	问题1:若液压千斤顶无单向阀,或是因故障而导致其不起作用,后果是什么? 问题2:液压千斤顶提升后不能返回,可能原因是什么?	问题1:若气动剪切机行程阀通道被卡住,气动剪切机可能出现什么故障现象? 问题2:按下气动剪切机气动按钮后,其不动作,可能原因是什么?
规范或注意事项		
结论或体会		
审阅评价		指导教师: 年 月 日

三、课后知识巩固

1. 判断题

（1）与机械传动相比，液压传动效率高。 （　　）

（2）在同等输出功率下，液压传动装置具有体积小、重量轻、动态性能好等特点。

（　　）

（3）液压传动受温度影响较大，不宜在高温或温度变化很大的环境中工作。 （　　）

（4）液压传动不易获得很大的力和转矩。 （　　）

（5）液压传动与气压传动一样，均能实现过载自动保护。 （　　）

（6）由于空气流动损失小，压缩空气可以集中供气，故气压传动能做远距离输送。

（　　）

（7）气压传动工作介质为空气，来源经济方便，用过之后可直接排入大气，不污染环境。 （　　）

（8）气压传动具有动作迅速、反应快、管路不易堵塞等特点，且不存在介质变质、补充和更换等问题。 （　　）

（9）由于空气具有可压缩性，因此气缸的动作速度受负载的影响比较大。 （　　）

（10）气动系统工作压力较低（一般为0.4~0.8MPa），系统输出动力较小。 （　　）

（11）由于气压传动的工作介质（空气）没有润滑性，一般需要另设装置进行给油润滑，自润滑元件系统除外。 （　　）

（12）气压传动对环境适应性好，安全等级低，可安全用于易燃易爆场所。 （　　）

（13）液压缸是一种执行装置，它将机械能转换为液体压力能。 （　　）

（14）液压传动是仅以液压油为工作介质，利用液体压力能来进行能量传递和控制的一种传动形式。 （　　）

（15）气压传动是以空气为工作介质，利用气体压力能来进行能量传递和控制的一种传动形式。 （　　）

（16）改变千斤顶手柄的运动频率可以控制其提升速度。 （　　）

（17）操作千斤顶所用力大小与被顶起的负载大小有关，负载越大，所用力也会增加。 （　　）

（18）气压传动能实现远距离供气的主要原因是气体流动比液体流动产生的损失小。

（　　）

（19）气压传动系统和液压传动系统的组成基本一致。 （　　）

（20）液压泵是一种能量转换装置，它将机械能转换为液体压力能，是液压传动系统中的动力元件。 （　　）

2. 单项选择题

（1）下列关于液压传动系统的特点说法错误的是（　　）。

A. 可以在运行中实现大范围的无级调速

B. 运动平稳，易实现快速起动、制动和频繁换向

C. 操作控制方便、省力，易于实现自动控制、中远距离控制和过载保护

D. 液压传动系统故障便于查找，维护方便

（2）下列关于液压传动和气压传动描述正确的是（　　）。

A. 均能实现远距离传动　　　　　B. 对工作环境适应性均好

C. 均能在高压情况下工作　　　　D. 均能实现过载保护

3. 多项选择题

（1）液压传动和气动系统控制与调节的关键要素包括（　　）。

A. 运动方向　　　　　　　　　　B. 运动速度

C. 作用力或转矩　　　　　　　　D. 以上均是

（2）气压传动系统包括（　　），以及工作介质（空气）。

A. 气源设备　　　　　　　　　　B. 驱动装置

C. 控制元件　　　　　　　　　　D. 辅助元件

（3）液压系统辅助元件的功能包括（　　）。

A. 输送液体　　　　　　　　　　B. 储存液体

C. 净化液体　　　　　　　　　　D. 能量转换

（4）液压千斤顶不做提升动作，可能的原因包括（　　）。

A. 物体太重，或作用在手柄上的力不足

B. 放油阀没有关上

C. 液压缸存在严重内泄漏（液压缸上、下腔窜油）

D. 以上均不是

4. 连线题

（1）将液压元件与其所属系统组成装置连线。

　　　　动力装置　　　　　　　　千斤顶放油阀

　　　　执行装置　　　　　　　　油箱

　　　　控制与调节装置　　　　　千斤顶手动泵

　　　　辅助装置　　　　　　　　千斤顶大活塞缸

（2）将气动元件与其所属系统组成装置连线。

　　　　气源设备　　　　　　　　气缸

　　　　驱动装置　　　　　　　　换向阀

　　　　控制元件　　　　　　　　空气压缩机

　　　　辅助元件　　　　　　　　过滤器

项目 2　工作介质及流体传动技术基础认知

一、课前生活体验

任 务 1

（1）生活实验：在玻璃或其他光滑的物体上，选择水、食用油、胶水三种物质，如图 2-1 所示，分别滴一滴，然后将平板慢慢倾斜一个角度，观察其流动的距离。你有何体会？

（2）生活实验：选择 10 本表面不是很光滑的薄书，把它们叠放在一起，在最上层放上一个重物（目的是增加书之间的压力），如图 2-2 所示。拉动最上层的那本书，你会发现下层的书会跟着被拉动，但离上层越远的书被拉动的距离越小。你能说明其中的原理吗？

图 2-1　内摩擦力比较实验 1

图 2-2　内摩擦力比较实验 2

（3）多项选择：你对油的总体认识是（　　　）。

A. 比水黏度大　　　B. 流动性差　　　C. 可燃　　　D. 不易被压缩

E. 受温度影响较大

（4）网购体验：模拟订购一桶液压油，叙述你模拟订购的液压油的详情（牌号、品牌、重量、价格等）。

任 务 2

（1）多项选择：你对空气的总体认识是（　　　）。

A. 流动性好　　　B. 含有水蒸气　　　C. 可压缩　　　D. 取之不尽，用之不竭

E. 无黏性

（2）多项选择：观察从打气筒排出的空气，可能会有（　　　）污染物。

A. 水滴　　　　　　　　B. 灰尘　　　　　　　　C. 油滴

（3）判断：通常情况下，冷空气总比热空气来得快些。（　　　）

（4）判断：用鼻子吸气最大的好处是可以对空气进行净化，避免伤害肺等器官。

（　　　）

任　务　3

（1）生活实验：选择一个注射器，注满水，分三种情况体验注射时用力的大小，如图 2-3 所示，图 a 为出口全开，图 b 为出口插上针头，图 c 为出口被夹住。

a)　　　　　　　　　　　　b)　　　　　　　　　　　　c)

图 2-3　压力形成生活实验

（2）生活实验：选择四个注射器（一个大注射器，三个相同的小注射器），按图 2-4 所示方式进行连接，分三种情况用三个小注射器以相同的推动速度向大注射器推液体，分别观察大注射器的移动速度：第一种情况是推其中一个小注射器；第二种情况是同时推其中两个小注射器；第三种情况是同时推三个小注射器。

小注射器1　小注射器2　小注射器3　大注射器

图 2-4　流量与流速实验

（3）判断：观察河道中水的流动（图 2-5），靠近岸边的水的流速要小于河道中间水的流速。（　　　）说说这是为什么？

（4）判断：消防栓的水龙头（图 2-6）总是前细后粗。（　　　）说说这是为什么？

图 2-5　河水的流动

图 2-6　流速与截面积之间的关系

二、课中项目训练

项目 2 训练报告

训练人姓名		训练时间		训练地点	
同组训练人姓名		年级/专业		指导教师	

训练目标	

训练任务	任务 1:任务实践 1,实地了解液压油的类型和牌号;任务实践 2,实地观察液压设备中液压油的净化措施 任务 2:任务实践,实地观察气动设备压缩空气的净化措施 任务 3:任务实践 1,压力的形成及测定;任务实践 2,液体流动与流量测定

训练条件	主要硬件名称和型号	名称	型号	主要参数
	主要软件名称			
	主要工具名称			
	其他条件			

训练内容	任务 1	任务 2
知识基础	(1)液压油的牌号是_____黏度值。通常情况下,液压油黏度测定的是_____黏度 (2)温度与黏度的关系是温度升高,液压油变____(稀、稠),黏度值____(增加、减小) (3)大牌号液压油的特点是_____ (4)牌号大小与泄漏的关系是_____ (5)牌号大小与流动阻力的关系是_____ (6)液压设备液压油净化措施有_____ (7)安装净化设施时应注意_____	(1)与液压油相比,由于_____,气压传动能实现集中供气和远距离传动 (2)与液压油相比,由于_____,气压传动不能实现精确传动 (3)空气净化的主要目的是去除_____等杂质 (4)气动设备压缩空气净化设施主要有_____。净化设施安装时应注意_____
能力基础	问题 1:选择液压油,主要是确定合适的黏度,如何理解"合适"? 问题 2:净化设施被"堵"或损坏,分析可能的后果,以及如何避免	问题 1:空气净化效果变差时,可采取哪些措施? 问题 2:空气净化设施输入、输出口不能接反,举例说明其原因
规范或注意事项		
结论或体会		

7

训练内容	任务 3
知识基础	（1）对任务实践 1，以负载 W 为横坐标，压力表 2 的读数为纵坐标，拟合液压缸运动时"负载-压力"关系曲线。你从中得到的结论是_____ 负载—压力曲线 （2）对任务实践 1，运行时，同一个负载下，压力表 1 的读数_____（大于、小于、等于）压力表 2 的读数，原因是_____ （3）对任务实践 1，运行后，压力表 1 的读数_____（大于、小于、等于）压力表 2 的读数，原因是_____ （4）对任务实践 2，液压缸前进时，流量计 1 的读数流量_____（大于、小于、等于）流量计 2 的读数流量，原因是_____ （5）对任务实践 2，节流阀关闭时，液压泵的流量等于流量计_____的读数流量 （6）对任务实践 2，节流阀全开时，流量计 1 的读数流量_____（大于、小于、等于）节流阀半开时流量计 1 的读数流量，原因是_____ （7）液压泵的流量等于流量计_____的读数流量和流量计_____的读数流量之和。由此，你得到的结论是_____
能力基础	问题 1：某液压设备，执行元件不运动，结合实践分析可能的原因 问题 2：某液压设备，有压力，执行元件运动速度不足，结合实践分析可能的原因
规范或注意事项	
结论或体会	
审阅评价	指导教师： 　　年　月　日

三、课后知识巩固

1. 判断题

（1）通常液压泵的吸油口装精过滤器，出油口装粗过滤器。　　　（　　）

（2）纸芯式过滤器比烧结式过滤器的耐压高。　　　　　　　　　（　　）

（3）冷却器中，冷却水进入口应靠近压缩空气的流出口。　　　　（　　）

（4）安装气罐时，应使进气口在上，出气口在下，并尽可能加大进、出气口的距离。

　　　　　　　　　　　　　　　　　　　　　　　　　　　　（　　）

（5）由于空气分子间的距离大，分子间的内聚力小，体积容易变化，与液体相比空气具有明显的可压缩性。　　　　　　　　　　　　　　　（　　）

（6）一般情况下，压力对液压油黏度的影响不大，特别在压力较低时，可不考虑。

　　　　　　　　　　　　　　　　　　　　　　　　　　　　（　　）

（7）干空气就是理论上完全不含有水蒸气的空气。　　　　　　　（　　）

（8）空气的黏度主要受温度变化的影响，温度升高，空气黏度下降。（　　）

（9）气罐不具有分离空气中的油、水等杂质的功能。　　　　　　（　　）

（10）液压系统压力的大小取决于液压泵的额定工作压力。　　　（　　）

（11）液压系统某处有几个负载并联时，则压力的大小取决于克服负载的各个压力值中的最大值。　　　　　　　　　　　　　　　　　　　　　（　　）

（12）在图 2-7 所示的充满油液的固定密封装置中，甲乙两人用大小相等的力分别从两端去推原来静止的光滑活塞，活塞将向右运动。　　　（　　）

（13）表压力是指正的相对压力，真空度是指负的相对压力。　　　　　　　　　　　　　　　　（　　）

（14）大多数测压仪表所测得的压力都是绝对压力，也称表压力。　　　　　　　　　　　　　　（　　）

图 2-7　密封装置

（15）作用在活塞上的压力越大，活塞的运动速度就越快。　　　（　　）

（16）产生压力损失的主要原因是液体流速，因此液压传动系统中的流速不能太高。

　　　　　　　　　　　　　　　　　　　　　　　　　　　　（　　）

（17）液压系统的流量等于横截面积与流体平均速度的乘积。　　（　　）

（18）流量计仅能测量管路内流量，不能测量通过流体的总量。　（　　）

（19）液压油流经各种液压阀时所产生的压力损失是沿程压力损失。（　　）

（20）液体在静止状态时不呈现黏性，黏度也为零。　　　　　　（　　）

（21）液压油通过等径直管所产生的压力损失是局部压力损失。　（　　）

（22）L-HL32 表示液压油在 40℃时动力黏度的平均值是 $32mm^2/s$。（　　）

（23）当相对湿度 $\varphi = 0$ 时，表示湿空气；当 $\varphi = 1$ 时，表示干空气。（　　）

（24）图 2-8 所示的蛇形冷却器，冷却水的流向是正确的。　　（　　）

（25）由于液压系统中有压力损失和泄漏，因此液压泵的输入功率要小于输送到液压

缸的功率。 （　　）

（26）液压油的运动黏度等于其动力黏度与密度的乘积。
（　　）

（27）实际液压传动存在着液阻和泄漏，液阻造成压力损失，泄漏造成流量损失。 （　　）

（28）当液压系统存在泄漏时，系统一定处于非正常的工作状态。 （　　）

（29）在同一管道（无分支）内流动的液体，无论管道截面积如何变化，液体在管道任何位置上的平均流速是相等的。
（　　）

图 2-8　蛇形冷却器

（30）Pa 和 MPa 都是压力单位，它们之间的关系是 $1MPa = 10^5 Pa$。 （　　）

（31）不考虑液体自重的情况下，处于同一容器中的静止液体，在任何位置的压力是相等的。 （　　）

（32）同一管道中液体总是从高压处流向低压处。 （　　）

（33）与液压油相比，空气的黏度很小，因此流动阻力小，适合远距离传送。（　　）

（34）通常情况下，气动技术中规定各种阀的相对湿度应小于 90%。 （　　）

（35）冷却器具有净化空气的功能。 （　　）

2. 选择题

（1）关于液体特性，错误的说法是（　　）。

A. 在液压传动中，液体可近似看作不可压缩

B. 液体的黏度与温度变化有关，温度升高，黏度变大

C. 黏性是液体流动时，内部产生摩擦力的性质

D. 液压传动中，压力的大小对液体的流动性影响不大，一般不予考虑

（2）下列关于压力单位换算不正确的是（　　）。

A. $1bar = 0.1MPa$　　B. $1bar = 1.02kgf/cm^3$　　C. $1bar = 1atm$　　D. $1N/m^2 = 1Pa$

（3）不利于控制压力损失的措施是（　　）。

A. 降低流速　　　　　　　　　　　　B. 减小液体黏度

C. 缩短管路的长度，提高管壁的光滑度　　D. 减小管径

（4）真空度应等于（　　）。

A. 绝对压力与大气压力之差　　　　　　B. 大气压力与绝对压力之差

C. 相对压力与大气压力之差　　　　　　D. 大气压力与相对压力之差

（5）如图 2-9 所示，假定有两个液压缸，并以相同流量向 A 腔和 B 腔供油，则液压缸（　　）的活塞运动速度更快（直径和活塞行程完全相同）。

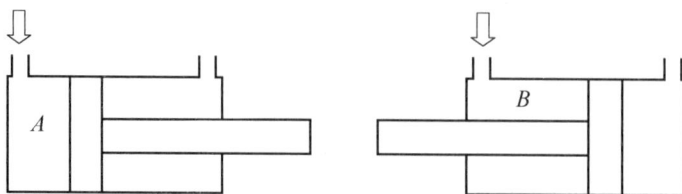

图 2-9　液压缸

A. 左   B. 右   C. 一样   D. 不确定

（6）活塞有效作用面积一定时，活塞的运动速度取决于（ ）。

A. 液压缸中油液的压力   B. 负载阻力的大小

C. 进入液压缸的流量   D. 液压泵的输出流量

（7）静压力是指液体处于静止状态时，其单位面积上所受的法向作用力。这个法向是指（ ）。

A. 垂直向下的方向   B. 水平方向

C. 任意选定平面的垂直方向   D. 都不正确

（8）液压传动装置中，液体压力的大小决定于（ ）。

A. 液压泵输出功率的大小   B. 液压泵输出流量的大小

C. 负载的大小   D. 密封腔密封程度的好坏

（9）液压系统产生泄漏现象，是由于存在（ ）。

A. 液阻   B. 压差与间隙   C. 沿程损失 D. 局部损失

（10）以下对压力损失影响最大的是（ ）。

A. 管道的长度   B. 管道的加工质量

C. 管道的截面积突变   D. 油液在管道中的流速

3. 多项选择题

（1）下列关于液压油功能描述正确的是（ ）。

A. 传递动力   B. 隔离磨损表面

C. 减少元件间的摩擦   D. 控制元件表面氧化

（2）下列能引起液压系统泄漏损失加大的因素是（ ）。

A. 压力增加   B. 温度升高

C. 液压油黏度增大   D. 液压油黏度减小

（3）下列能引起液压系统摩擦损失加大的因素是（ ）。

A. 压力增加   B. 温度升高

C. 液压油黏度增大   D. 油液流速增加

（4）选用过滤器时，下列（ ）因素需要考虑。

A. 过滤精度应满足预定要求

B. 滤芯具有足够的强度，不因液压力而损坏

C. 能在较长时间内保持足够的通流能力

D. 滤芯清洗或更换简便

（5）下列（ ）情况要考虑选择黏度较大的液压油。

A. 运动速度较快   B. 配合间隙较小

C. 工作压力较大   D. 环境温度较低

（6）下列属于气源装置的是（ ）。

A. 冷却器   B. 气罐

C. 排水分离器   D. 空气压缩机

4. 排序题

从空气压缩机出来的压缩空气一般按照（　　　）的流程顺序进行净化（按先后排序）。

A. 气罐 B. 冷却器

C. 排水分离器 D. 过滤器

5. 连线题

（1）将图 2-10 中的图形符号与对应名称连线。

A. 气罐 B. 冷却器 C. 排水分离器 D. 过滤器 E. 空气干燥器

图 2-10　图形符号

（2）将图 2-11 中的实物与对应图形符号连线。

图 2-11　图形符号对应的实物图

（3）将图 2-12 中的过滤器名称与对应的实物图片连线。

网式过滤器　　　纸芯式过滤器　　　线隙式过滤器　　　烧结式过滤器

图 2-12　过滤器

项目 3　气源系统与气动执行元件认知

一、课前生活体验

任 务 1

（1）多项选择：关于家庭用电、用水、用气（天然气），下列说法正确的是
（　　）。

A. 电和气更适合远距离输送

B. 电、气、水均适合远距离输送

C. 只有电适合远距离输送

D. 相对水来说，电与气传送时损失小

（2）判断：为安全起见，当天然气接入你家燃气具时，必须安装一个减压阀。
（　　）

任 务 2

（1）多项选择：下列日常生活所用的机器中，（　　）输出的是直线运动。

A. 豆浆机　　　　　B. 搅拌器　　　　　C. 洗衣机　　　　　D. 开（关）门器

E. 汽车自动卸料器

（2）多项选择：下列日常生活所用的机器中，（　　）输出的是回转运动。

A. 豆浆机　　　　　B. 搅拌器　　　　　C. 洗衣机　　　　　D. 开（关）门器

E. 汽车自动卸料器

二、课中项目训练

项目 3 训练报告

训练人姓名		训练时间		训练地点	
同组训练人姓名		年级/专业		指导教师	

训练目标	
训练任务	任务 1:任务实践,简单气源系统拆装与运行 任务 2:任务实践,认识气动执行元件(气缸)

		名称	型号	主要参数
	主要硬件名称和型号			
训练条件	主要软件名称			
	主要工具名称			
	其他条件			

训练内容	任务 1	任务 2
知识基础	(1)任务中的气源系统的气压发生装置是_____ (2)任务中的气源系统的气源处理装置,包括_____等元件,分别起到_____作用 (3)按气流方向列出该气源系统的组成元件_____ (4)任务中的气源系统的安全保护(过压保护)措施主要有_____ (5)压缩空气达到最高限压后,空气压缩机停止运转,此时气罐压力为_____,该压力大小与元件_____有关。当压力降低后,空气压缩机自动起动 (6)任务中的气源系统输送到气动设备入口的压力由元件_____调节 (7)安全阀、压力断路器和减压阀的调压值的大小关系是_____ (8)当_____时,油雾器需要注油	(1)选择一气缸,其型号是_____,代表的含义是_____ (2)选择一气缸,其缸径为_____,工作行程为_____,工作压力为_____ (3)选择一气缸,其是_____(单、双)作用气缸,是_____(单、双)杆缸 (4)选择一气缸,其_____(有、无)缓冲装置 (5)选择一气缸,其活塞采用_____密封方式 (6)选择一单杆活塞缸,其缸体可采用的两种安装方式为_____,一种活塞与运动件的固定方式为_____

训练内容	任务 1	任务 2
能力基础	问题 1：安全阀出现故障后，可能产生的后果有哪些？ 问题 2：气罐内压缩空气达到调定压力后，空气压缩机仍在工作，试分析可能的原因	问题 1：从安装角度，分析气缸发生活塞杆折断、端盖损坏故障的可能原因，并给出故障的排除方法 问题 2：气缸接入压缩空气后会产生输出力，当出现输出力不足、动作不平衡时，分析可能的原因
规范或注意事项		
结论或体会		
审阅评价		指导教师： 　　年　月　日

三、课后知识巩固

1. 判断题

（1）选择油雾器的主要依据是气动装置所需空气流量及油雾颗粒的大小。　　（　　）

（2）油雾器最好不安装在换向阀与气缸之间，以免造成润滑油的浪费。　　（　　）

（3）油雾器一般安装在过滤器、减压阀之后，且应尽量靠近需要润滑的气动元件，距离一般不超过 5m。　　（　　）

（4）气动软管是气动系统最主要的连接管件。　　（　　）

（5）软管接头材料一般用黄铜或工程塑料制成。　　（　　）

（6）气动执行元件是将机械能转换为气体压力能的装置。　　（　　）

（7）单作用气缸单边进气，结构简单，耗气量较大。　　（　　）

（8）单作用气缸内安装了弹簧，增加了气缸长度，缩短了气缸的有效行程。　（　　）

（9）单作用气缸需借助弹簧力复位，使压缩空气的能量有一部分用来克服弹簧张力，减小了活塞杆的输出力，而且输出力的大小和活塞杆的运动速度在整个行程中随弹簧的形变而变化。　　（　　）

（10）单作用气缸多用于行程较短以及对活塞杆输出力和运动速度要求较高的场合。　　（　　）

（11）标准气缸是符合国际标准 ISO 6430 的普通气缸。　　（　　）

（12）气源处理装置具有过滤、减压、润滑的功能。　　（　　）

（13）气马达具有较高的起动力矩，可以直接带负载起动。　　（　　）

（14）气马达与液压马达相比，可长时间满载工作，但温升较大，效率低。　（　　）

（15）气马达工作安全，适用于恶劣的工作环境，使用过的空气也不需要处理，不会造成污染。　　（　　）

（16）气马达能够瞬时换向，只要简单操纵气阀来变换进出气方向，即能实现气马达输出轴的正转和反转换接。　　（　　）

（17）气马达功率范围及转速范围较宽，小到几百瓦，大到几万瓦，转速可以从零到 25000r/min 或更高。　　（　　）

（18）气马达具有输出功率小、耗气量大、效率低、噪声大和易产生振动等缺点。　　（　　）

（19）气马达是将机械能转换成压力能的装置。　　（　　）

（20）空气压缩机是气动系统的气压发生装置，用于把电动机提供的机械能转换成气体压力能。　　（　　）

（21）从工作原理上看，打气筒也是一种空气压缩机。　　（　　）

（22）膜片式气缸因膜片的变形量有限，故其行程较短且气缸的输出力随行程的增加而减小。　　（　　）

（23）油雾器是一种特殊的注油装置，依靠压缩空气为动力。给油雾器加油必须在停止通气后进行。　　（　　）

（24）气马达是将气体压力能转换成旋转运动机械能的装置。　　　　　　　（　　）

（25）图 3-1 中气动元件的安装顺序是正确的。　　　　　　　　　　　　（　　）

图 3-1　气动元件

2. 选择题

（1）冷却器一般安装在（　　　）。

A. 空气压缩机的进口管路上　　　　　　B. 空气压缩机的出口管路上

C. 气罐的进口管路上　　　　　　　　　D. 气罐的出口管路上

（2）下列不是气动软管的特点的是（　　　）。

A. 可挠性　　　　　B. 吸振性　　　　　C. 消声性　　　　　D. 高强度

（3）一般气动系统的工作压力为（　　　）时，可选用额定工作压力为 0.7~0.8MPa 的空气压缩机。

A. 0.1~0.2MPa　　B. 0.5~0.6MPa　　C. 0.7~0.8MPa　　D. 0.9~1MPa

（4）关于气动减压阀，描述错误的是（　　　）。

A. 使出口压力保持基本稳定　　　　　　B. 在不工作时进出口是不通的

C. 通常安装在过滤器和油雾器之间　　　D. 有直动式和先导式之分

（5）能起到使润滑油雾化后注入空气流中，并随空气进入需要润滑的部件达到润滑目的的是（　　　）。

A. 除油器　　　　　B. 空气滤清器　　　C. 调压器　　　　　D. 油雾器

（6）特殊气缸中能把压缩空气的能量转化为活塞高速运动能量的气缸是（　　　）。

A. 膜片式气缸　　　B. 气-液阻尼缸　　　C. 冲击气缸　　　　D. 伸缩缸

（7）下列不属于气源处理装置组成部分的是（　　　）。

A. 空气过滤器　　　B. 减压阀　　　　　C. 油雾器　　　　　D. 排水分离器

（8）气源装置的核心元件是（　　　）。

A. 气马达　　　　　B. 空气压缩机　　　C. 排水分离器　　　D. 除油器

（9）用于气动夹具、车辆制动或化工行业调节器等行程较短的场合的气缸是（　　　）。

A. 气-液阻尼缸　　　B. 膜片式气缸　　　C. 冲击气缸　　　　D. 伸缩缸

（10）气马达主要优点是（　　　）。

A. 防爆、高速　　　　　　　　　　　　B. 噪声小、平稳

C. 功率大、停位精确　　　　　　　　　D. 行程短、易振动

3. 多项选择题

（1）气罐内压缩空气安全压力的控制办法有（　　　）。

A. 压力断路器　　　B. 安全气阀　　　　C. 减压阀　　　　　D. 以上都不是

（2）选用气缸时主要考虑的因素有（　　　）。

A. 安装形式　　　　　　　　　　　　　B. 作用力大小

C. 气缸行程与内径　　　　　　　　　D. 活塞（或缸体）的运动速度

（3）气压传动供气系统管路主要包括（　　　）。

A. 压缩空气站内气源管路　　　　　　B. 厂区压缩空气管路

C. 用气车间压缩空气管路　　　　　　D. 以上均是

（4）普通气缸的组成零部件包括（　　　）。

A. 缸筒　　　　　　B. 前、后缸盖　　　　C. 活塞　　　　　　D. 密封件和紧固件

（5）在气缸的使用过程中应注意的问题有（　　　）。

A. 活塞杆与工件之间的连接宜采用柔性连接，以补偿轴向和径向的误差

B. 应尽量避免活塞杆头部螺纹退刀槽承受冲击力和转矩

C. 保证气源的清洁，定期对气缸进行检查、清洗，尤其要注意对活塞杆的保养，以延长气缸的使用寿命

D. 不是所有气缸都需要设置油雾器

4. 排序题

气源调节装置即气动三联件，按气体的流向，三个元件的排列顺序是（　　　）。

A. 减压阀　　　　　　B. 油雾器　　　　　　C. 过滤器

5. 连线题

（1）将图 3-2 所示的气缸结构原理与对应的气缸名称连线。

单作用气缸　　　　　双作用气缸　　　　　膜片式气缸　　　　　冲击气缸

图 3-2　气缸结构

（2）将图 3-3 所示的气动元件外形图与对应名称连线。

膜片式气缸　　　气爪　　　气源处理装置（气动三大件）　　　摆动气缸　　　气马达

图 3-3　气动元件

（3）将图 3-4 所示的气动元件图形符号与对应的名称连线。

气源处理装置　　　空气压缩机　　　气动减压阀　　　油雾器

气马达　　单作用气缸　　双作用气缸　　摆动气缸　　膜片式气缸

图 3-4　气动元件符号

（4）把气源处理装置与其对应的功能连线。

空气过滤器　　　　　　润滑

减压阀　　　　　　　　净化

油雾器　　　　　　　　调压

（5）将图 3-5 所示的气动管接头与对应的名称连线。

快插式管接头　　　宝塔式管接头　　　快拧式管接头　　　快换式管接头

图 3-5　气动管接头

项目 4 气动控制元件及控制回路的组建与调试

一、课前生活体验

任务 1

（1）判断：图 4-1 所示为电动机直接起动控制回路。 （ ）

（2）判断：图 4-2 所示为电动机间接起动控制回路。 （ ）

图 4-1 电动机直接起动控制回路

图 4-2 电动机间接起动控制回路

（3）判断：拉线开关与遥控开关控制电灯相比更加方便。 （ ）

（4）判断：按钮有常开、常闭、自动复位和手动复位之分。 （ ）

（5）多项选择：图 4-1 所示电动机起动回路的特点有（   ）。

A. 控制元件较少
B. 可以实现多种要求，比较灵活
C. 电路比较简单
D. 便于对大功率电动机的控制

（6）多项选择：图 4-2 所示电动机起动回路的特点有（   ）。

A. 控制元件较少
B. 可以实现多种要求，比较灵活
C. 电路比较简单
D. 便于对大功率电动机的控制

（7）网上购物：模拟选购一款按压式二位三通气动阀，说明其品牌、规格等。

（1）判断：图 4-3 所示电路灯不亮，只有按下按钮灯才亮。　　　　　　　（　　）

（2）判断：图 4-4 所示电路灯不亮，只有按下按钮灯才亮。　　　　　　　（　　）

图 4-3　电路 1

图 4-4　电路 2

（3）选择：图 4-5 所示电路电灯亮的条件是（　　　）。

A. 甲乙开关全合上　　　　　　　　　　B. 甲乙开关全断开

C. 甲合上，乙断开　　　　　　　　　　D. 甲或乙合上

（4）选择：图 4-6 所示电路电灯亮的条件是（　　　）。

A. 甲乙开关全合上　　　　　　　　　　B. 甲乙开关全断开

C. 甲合上，乙断开　　　　　　　　　　D. 甲或乙合上

图 4-5　电路 3

图 4-6　电路 4

（5）选择：图 4-7 所示电路电灯不亮的条件是（　　　）。

A. 甲乙均按下　　　B. 仅甲按下　　　C. 仅乙按下　　　D. 前提是乙不能按下

（6）选择：图 4-8 所示电路电灯亮的条件是（　　　）。

A. 甲乙均按下　　　B. 仅甲按下　　　C. 仅乙按下　　　D. 甲或乙不按下

图 4-7　电路 5

图 4-8　电路 6

（7）多项选择：图 4-9 所示电路电灯亮的条件是（　　　）。

A. 甲乙均按下　　　B. 甲不按下　　　C. 乙不按下　　　D. 甲或乙不按下

图 4-9　电路 7

（8）连线题：如图 4-10 所示，将左边具有相似功能的电气元件与右边的气动阀连线。

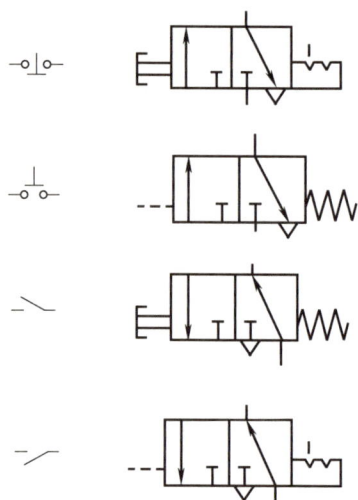

图 4-10　电气元件与气动阀

（9）网上购物：模拟从网上选购一款气动梭阀、双压阀和二位三通气动阀到你的购物车中，说明其品牌、规格等。

任 务 3

（1）判断："4×100m 接力赛"的规则是当前一个运动员跑完 100m 行程后，下一个运动员才可以出发，即行程控制下一动作（　　　）。

（2）判断："击鼓传花"游戏（图 4-11）的规则是击鼓时间的长短决定哪一位游戏人表演节目，即时间控制下一个动作（　　　）。

图 4-11　"击鼓传花"游戏

（3）网上购物：分别模拟选购一款按压式三位五通电磁气动阀、二位三通行程气动阀，说明其品牌、规格等。

任 务 4

（1）多项选择：如图 4-12 所示，移动一个物体，若只能做横向和纵向运动，把物体从 A 位置移动到 B 位置应（　　　）。

A. 两步才能完成　　B. 先横向后纵向　　C. 先纵向后横向　　D. 一步就可以完成

（2）判断：图 4-13 所示滑台可以完成两个方向的运动。　　　　　　　　　　　（　　　）

图 4-12　移动物体

图 4-13　滑台

（3）判断：把物体从空间一个位置移动到另一个位置，设置三个相互垂直方向的运动总能实现。（　　）

任 务 5

（1）判断：煤气灶（图 4-14）的火焰大小是通过改变进气口大小来调节的。（　　）

（2）网上购物：分别选购一款排气节流阀、延时阀，说明其品牌、规格等。

任 务 6

（1）选择：用电水壶（图 4-15）烧水，当水沸腾后会自动断电，是利用（　　）控制的。

A. 水的温度　　　　B. 水蒸气的压力　　　　C. A、B 都不对　　　　D. A、B 都正确

图 4-14　煤气灶的火焰

图 4-15　电水壶烧水

（2）网上购物：分别模拟选购一款排气压力顺序阀、压力开关，说明其品牌、规格等。

任 务 7

（1）多项选择：你对家用吸贴（图 4-16）的总体判断是（　　）。

A. 贴合面必须平整　　　　　　　　B. 既可以水平安装也可以垂直安装

C. 对吸附面材料没有限制　　　　　D. 安装方便

（2）多项选择：当有车快速通过你身边时，你的判断有（　　）。

A. 被吸入的感觉　　　　　　　　　B. 靠近车一侧的空气的压力降低了

C. 气体具有黏性　　　　　　　　　D. 速度越快被吸入的感觉越明显

图 4-16　家用吸贴

（3）多项选择：初中学习的"马德堡半球实验"（图 4-17）给你的启示是（　　）。

A. 两个半球是打不开的

B. 吸附力与外面大气压有关

C. 吸附力与球内气压有关

D. 吸附力与球内外气压差有关

图 4-17　马德堡半球实验

（4）网上购物：分别模拟选购一款真空发生器组件、真空发生器，说明其品牌、规格等。

二、课中项目训练

项目 4　训练报告

训练人姓名		训练时间		训练地点	
同组训练人姓名		年级/专业		指导教师	
训练目标					

训练任务	任务 1:任务实践,送料装置直接控制回路和间接控制回路的组建与调试
	任务 2:任务实践,木材剪切机逻辑控制回路的组建与调试
	任务 3:任务实践 1,单气缸送料装置单(连续)往复回路的组建与调试;任务实践 2,双气缸送料装置单(连续)往复回路的组建与调试
	任务 4:任务实践,气动打孔机多缸动作控制回路的组建与调试
	任务 5:任务实践 1,送料装置速度控制回路的组建与调试;任务实践 2,压模机速度和时间控制回路的组建与调试
	任务 6:任务实践,压料机压力控制回路的组建与调试
	任务 7:任务实践,真空吸附控制回路的组建与调试

训练条件		名称	型号	主要参数
	主要硬件名称和型号			
	主要软件名称			
	主要工具名称			
	其他条件			

训练内容	任务 1	任务 2
知识基础	(1)任务实践 1 的回路使用的气管接头为_____。 (2)对任务实践 1,阀 5 的名称为_____,其作用为_____。气缸 3、气缸 6 全称分别为_____、_____。 (3)对任务实践 1,当_____时,气缸 6 的活塞杆做伸出动作;当_____时,气缸 6 的活塞杆做复位动作是依靠_____(弹簧力、气压力)。 (4)对任务实践 2,阀 4 的名称为_____,其作用为_____。 (5)对任务实践 2,当_____时,气缸 5 的活塞杆做伸出动作;当_____时,气缸 5 的活塞杆做复位动作是依靠_____(弹簧力、气压力)。 (6)若将任务实践 1 中阀 2 换成阀 ![符号],其控制结果为_____。 (7)任务实践 1 中阀 2 和任务实践 2 中阀 1 的符号完全一致,两者的功能区别为_____,压力和流量规格区别为_____。 (8)消声器是气动回路不可缺少的元件,其作用为_____,一般安装在_____位置。	(1)若输出信号用 Y 表示,输入信号用 A 和 B 表示,则该回路用逻辑函数可以表达为_____。 (2)回路中输入信号元件为_____。 (3)回路功能可以描述为:当阀 1 和阀 2 _____时,气缸 4 的活塞杆执行伸出动作;当阀 1 和阀 2 _____时,气缸 4 的活塞杆执行复位(缩回)动作。 (4)阀 5 的名称为_____,其逻辑功能为_____。 (5)若将阀 5 更换成阀 ![符号],则回路控制结果为_____。 (6)若再增加一个输入控制阀,满足三个输入控制阀同时按下,气缸的活塞杆才做伸出动作要求。先绘制逻辑控制回路图,再连接回路检验是否实现动作要求。

训练内容	任务1	任务2
能力基础	问题1:对任务实践1控制方案1,按下阀2后,气缸3的活塞杆不动作,分析可能原因 问题2:对任务实践2方案2,按下阀1后,气缸5的活塞杆不动作,分析可能原因	问题1:对控制方案1,若按下阀1或阀2的按钮时,气缸4的活塞杆做伸出动作,应如何调整回路? 问题2:对控制方案2,若控制阀1和阀2的按钮均已经按下,但气缸的活塞杆仍不动作,试分析可能的原因
规范或注意事项		
结论或体会		

训练内容	任务3	任务4
知识基础	(1)对任务实践1,元件1的名称为_____;元件3的名称为_____;元件5的名称为_____;元件SQ_1、SQ_2的名称为_____、_____ (2)对任务实践1控制方案1,气缸活塞杆的伸出动作信号元件为_____;缩回动作信号元件为_____ (3)对任务实践1控制方案2,气缸活塞杆的伸出动作信号元件为_____;缩回动作信号元件为_____ (4)对任务实践1控制方案1,按下阀4后,不松手的结果为_____ (5)对任务实践1控制方案2,按SB_1后,不松手的结果为_____ (6)对任务实践2,A、B两气缸动作顺序均为_____ (7)对任务实践2方案1,气缸B活塞杆的伸出动作信号元件为_____,并为_____(长、短)信号。 (8)对任务实践2控制方案2,气缸A活塞杆的伸出动作信号元件为_____,并为_____(长、短)信号。 (9)任务实践2中,阀2、3两控制口是_____(可以、不可以)同时接入压缩空气信号;阀8、9两电磁铁是_____(可以、不可以)同时接入得电信号 (10)对任务实践2控制方案1和2,若改变两气动动作顺序,方案_____实现难度更容易,原因为_____	(1)若用A_1表示A缸活塞杆的伸出动作,用A_0表示A缸活塞杆的缩回动作,以此类推,则该回路完成的动作循环可以表示为_____ (2)气缸A的换向是由_____阀控制的;气缸B的换向是由_____阀控制的 (3)1YA得电2YA失电,执行_____动作;3YA得电,执行_____动作;4YA得电,执行_____动作 (4)气缸B进给(B_1)执行信号来自_____;推料气缸C推料(C_1)_____;气缸A松开(A_0)执行信号来自_____ (5)换向阀电磁铁连接PLC输_____(入、出)端;接近开关连接PLC输_____(入、出)端 (6)X1 X2 ⊢⊢⊢⊢ 的含义为_____ (7)根据梯形图,回路起动条件为_____ (8)根据梯形图,电磁铁3YA得电通过中间继电器_____,接通条件为_____ (9)若将控制气缸A换向的双电控电磁阀改为单电控电磁阀,PLC梯形图修改方法为_____

训练内容	任务 3	任务 4
能力基础	问题 1:任务实践 1 控制方案 1,若能实现连续往复,如何改进回路实现动作要求?（提示:再增设一只位置检测行程阀,改进阀 1 的复位方式。） 问题 2:任务实践 2 控制方案 2,起动该气压传动系统后,气缸 B 的活塞杆不能缩回,分析可能的原因	问题 1:钻孔时,气缸 B 不执行钻孔动作,试分析原因 问题 2:若 SB_2 为暂停复位按钮,满足暂停复位要求,应如何修改梯形图?
规范或注意事项		
结论或体会		

训练内容	任务 5	任务 6
知识基础	(1)对任务实践 1,阀 2 的名称为_____,作用为_____;阀 3 的名称为_____,作用为_____,原理为_____ (2)对任务实践 2,阀 3 的名称为_____,属于延时_____（断开、接通）型,由_____组合而成 (3)对任务实践 1,采用的是_____（进气、排气）节流调速,速度大小与_____有关。该回路_____（易、不易）产生"爬行",_____（易、不易）产生"跑空" (4)对任务实践 1,若阀 2 进出口反接,回路运行结果为_____ (5)对任务实践 2,采用的是_____（进气、排气）节流调速 (6)对任务实践 2,能实现延时换向,延时时间长短与_____有关 (7)对任务实践 2,若能实现快速返回,回路调整方法为_____ (8)对任务实践 2,若气缸活塞杆返回速度也可调,回路更改装接方式为_____	(1)阀 3 的名称为_____,由_____组合而成,阀口启闭与_____压力有关 （2）阀 7 的名称为_____,功能是_____ (3)对控制方案 1,控制气缸活塞运动方向的换向阀的名称为_____ (4)对控制方案 2,控制气缸活塞运动方向的换向阀的名称为_____ (5)气缸最大工作压力与_____有关 (6)阀 9 的动作压力不小于_____压力,不大于_____压力 (7)阀 3 的调整压力不小于_____压力,不大于_____压力 (8)对控制方案 1,若按下起动按钮后,按钮未能复位,其后果为_____ （9）与控制方案 2 相比,控制方案 1 适合_____场合,不足之处为_____ (10)对控制方案 2,为了确保气缸活塞杆运动至终点后方可缩回,回路改进方法为_____
能力基础	问题 1:对任务实践 2,若采用延时继电器实现延时,如何调整气动回路? 问题 2:对任务实践 1,接通气源,按下起动按钮后,气缸活塞杆不动,试分析可能原因	问题 1:对控制方案 1,若压力不足,试分析原因并调整回路。 问题 2:对控制方案 2,气缸的活塞杆在执行伸出动作未至终点而中途缩回,试分析原因并调整回路。

训练内容	任务 5	任务 6
规范或注意事项		
结论或体会		

训练内容	任务 7
知识基础	（1）为了获得真空可以采用_____或_____，多数情况下选择_____，是考虑到_____ （2）执行吸附动作，电磁铁 1YA 应_____（得电、失电） （3）回路中元件 9 的名称为_____，作用为_____ （4）回路中元件 6 的名称为_____，作用为_____ （5）回路中元件 3 的名称为_____ （6）回路中元件 11 的名称为_____，最佳工作位置为_____（横放、竖放） （7）元件 2 与元件 8 都是过滤器，元件 4 与元件 10 都是压力表，它们的区别为_____ （8）吸附力大小与_____有关
能力基础	问题 1：吸附力不足或吸附效果差，试分析原因并改进。 问题 2：当采用多个吸盘一起作业时，若其中有吸盘吸空（未参与吸附），可能导致其他吸盘不能正常工作，有何解决方法？
规范或注意事项	
结论或体会	
审阅评价	指导教师： 年　月　日

三、课后知识巩固

1. 判断题

（1）在气压传动系统工作过程中，气缸、控制阀等气动元件将用过的压缩空气排向大气时，一般都要在排气口处设置消声器。（　　）

（2）或门回路常用于需两地控制的场合中。（　　）

（3）在工作过程中，双电控电磁阀中两个电磁铁不能同时通电，否则会产生误动作。（　　）

（4）在工作过程中，双气控换向阀两个控制口不能同时通气，否则会产生误动作。（　　）

（5）在工作过程中，当双气控换向阀中一个控制口通气时，另一个控制口必须与回气口相通，否则会产生误动作。（　　）

（6）如图 4-18 所示，若将两个常闭式二位三通换向阀直接并联，能实现或门关系。（　　）

（7）磁性接近开关可使用交流或直流电源。（　　）

（8）磁性接近开关不能置于有强磁场的地方（如电焊机），以避免电磁场干扰。（　　）

（9）使用节流阀和快速排气阀均是通过调节进入气缸的压缩空气的流量或气缸排出的空气流量来实现速度控制的。（　　）

（10）排气节流阀必须装在执行元件的排气口处。（　　）

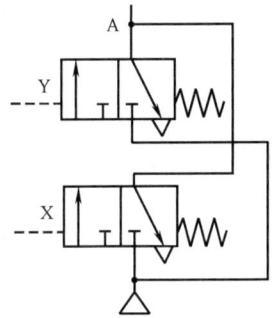

图 4-18　二位三通换向阀

（11）快速排气阀简称快排阀，是为加快气缸活塞的运动速度，做快速排气用的。（　　）

（12）有些元件在正压系统和负压系统中是能通用的，如管件接头、过滤器和消声器，以及部分控制元件。（　　）

（13）当负载方向与活塞运动方向相同时，采用进气节流，活塞运动易出现"爬行"现象。（　　）

（14）当负载方向与活塞运动方向相反时，采用进气节流，气缸易产生"跑空"现象。（　　）

（15）采用排气节流，气缸活塞速度随负载变化较小，运动平稳。（　　）

（16）采用进气节流，气缸能承受与活塞运动方向相同的负载。（　　）

（17）气-液阻尼缸虽能输出较稳定的运动速度，但速度无法调节。（　　）

（18）梯形图中的触点可以在程序中无限次使用，它不像物理继电器那样，受实际安装触点数量的限制。（　　）

（19）梯形图中的"连线"仅代表指令在 PLC 中的处理顺序关系，它不像继电器控制电路那样存在实际电流。（　　）

（20）气动直接控制是指通过人力或机械外力直接控制换向阀实现执行元件动作控制。（　　）

（21）图 4-19 所示回路是进气节流回路。　　　　　（　　）

（22）与直接控制相比，间接控制主要用于执行元件需要较大的压缩空气流量，以及控制要求比较复杂，控制信号可能不止一个，或者输入信号需要经过逻辑运算、延时等处理后才能控制执行元件动作的情况。　　　　　（　　）

（23）在逻辑控制上，梭阀又称"与门"逻辑元件。　（　　）

（24）在逻辑控制上，双压阀又称"或门"逻辑元件。
　　　　　　　　　　　　　　　　　　　　　　（　　）

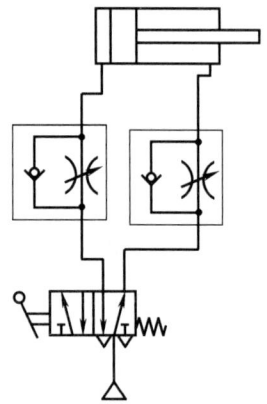

图 4-19　进气节流回路

（25）人力控制换向阀是依靠人力对阀芯位置进行切换的换向阀，主要有手动和脚踏式两大类。　　　　　（　　）

（26）将低于大气压的压力称为真空度。　　　　（　　）

（27）消声器的作用是完全消除高速气体排出时所产生的噪声。　（　　）

（28）□□□□□是表示直动式电控电磁阀的图形符号。　（　　）

（29）气动延时阀是利用气容和节流阀来调节换向阀控制口充气压力的变化率来实现延时的。它相当于电气元件时间继电器。　　　　　　　　　　（　　）

（30）若将气控阀 □□□□□ 中的两个控制口堵塞，变成 □□□□□ ，则该阀

可代替气控阀 □□□□□ 使用。　　　　　　　　　　　（　　）

2. 选择题

（1）下列不影响气缸活塞速度的因素是（　　）。

A. 工作压力　　　　B. 缸径大小　　　　C. 节流阀开口大小　　　　D. 换向阀

（2）图 4-20 所示回路是一个过载保护回路，当气缸过载时，最先动作的元件是（　　）。

A. 1　　　　　　B. 2　　　　　　C. 3　　　　　　D. 4

图 4-20　过载保护回路

（3）下列气动元件属于逻辑元件的是（　　　）。

A. 与门型梭阀　　　B. 快速排气阀　　　C. 节流阀　　　D. A+C

（4）图 4-21 所示梯形图属于"与"指令的是（　　　）。

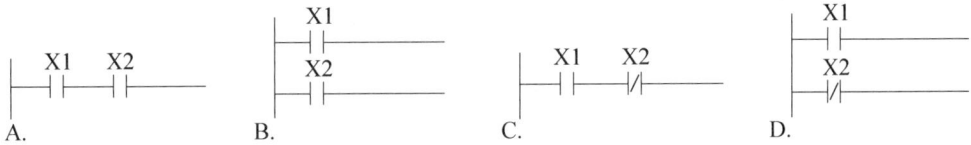

图 4-21　梯形图

（5）图 4-22 所示电气控制属于"非"逻辑的是（　　　）。

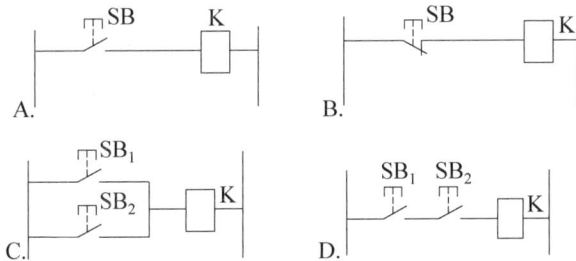

图 4-22　电气控制图

（6）图 4-23 所示电气控制与双压阀逻辑功能一样的是（　　　）。

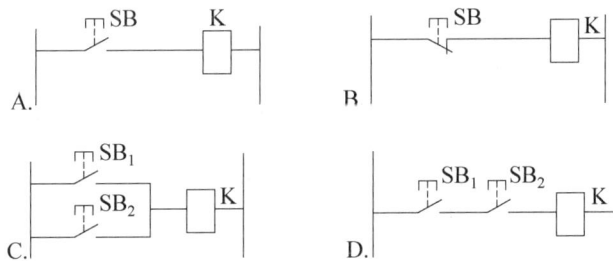

图 4-23　电气控制图

（7）由于负载及供气的原因使活塞忽走忽停的现象，称为气缸的（　　　）。

A. 爬行　　　　　B. 冲击　　　　　C. 缓冲　　　　　D. 跑空

（8）气压传动系统延时的长短可通过（　　　）控制。

A. 气罐　　　　　B. 单向节流阀　　　C. 减压阀　　　　D. 单向顺序阀

（9）快速排气阀属于（　　　）。

A. 压力控制阀　　　B. 流量控制阀　　　C. 气源装置　　　D. 方向控制阀

（10）图 4-24 所示气动基本回路为（　　　）。

A. 互锁回路　　　B. 过载保护回路　　C. 连续往复回路　　D. 延时回路

3. 多项选择题

（1）下列说法属于气动间接控制特点的是（　　　）。

A. 执行元件需要较大的压缩空气量　　　B. 控制要求比较复杂

C. 控制所需要的元件少　　　　　　　　D. 控制信号一般不止一个

（2）下列说法是气动直接控制特点的是（　　　）。

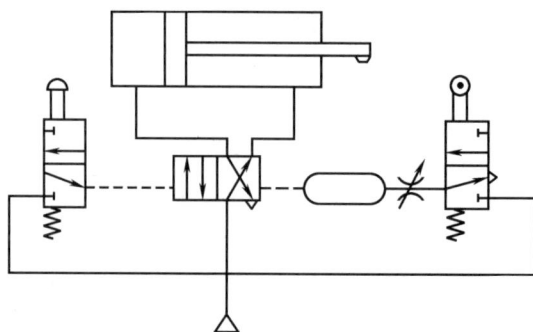

图 4-24　气动基本回路

A. 回路简单　　　　　　　　　　　B. 可以满足有多个换向条件时的回路控制
C. 控制所需要的元件多　　　　　　D. 控制信号一般只有一个

（3）下列（　　）元件属于真空发生器组件中的组成元件。

A. 真空电磁阀　　　　　　　　　　B. 真空压力开关
C. 过滤器　　　　　　　　　　　　D. 真空发生器

（4）图形符号 与 所表示的气动元件，下列说法正确的
是（　　）。

A. 表示相同的阀　　　　　　　　　B. 两个阀读法相同但结构不同
C. 两个阀均只有两个控制口　　　　D. 均用于控制气路的通断

4. 连线题

（1）将图 4-25 中的控制方式与对应的图形符号连线。

A. 气压控制　　　B. 按压控制　　　C. 弹簧控制　　　D. 机动控制
E. 电磁力控制　　F. 脚踏式控制

图 4-25　图形符号

（2）将图 4-26 中的气动阀结构形式与对应的图形连线。

A. 滑柱式　　　　　B. 膜片式　　　　　C. 截止式

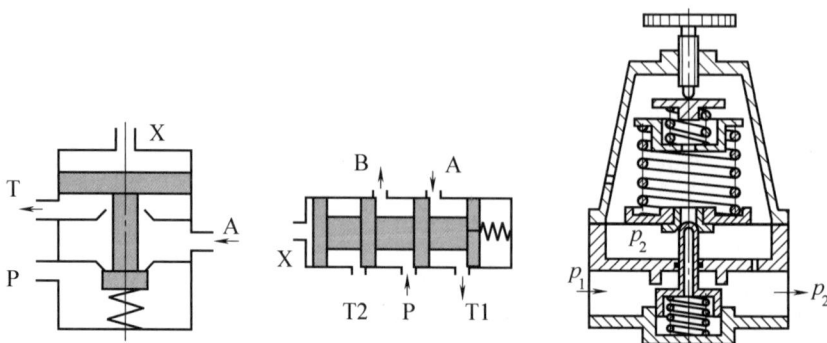

图 4-26　气动阀结构

（3）将图 4-27 中的气动阀与对应的阀元件外形连线。

A. 气控换向阀　　　B. 快速排气阀　　　C. 消声器　　　D. 手动换向阀

图 4-27　气动阀 1

（4）将图 4-28 中的气动阀与对应的阀元件外形连线。

A. 电磁换向阀　　　B. 节流阀　　　C. 真空发生器　　　D. 机动阀

图 4-28　气动阀 2

（5）将图 4-29 所示气动阀与对应的阀元件外形连线。

A. 延时控制阀　　　B. 梭阀　　　C. 排气节流阀　　　D. 压力顺序阀

图 4-29　气动阀 3

（6）将图 4-30 所示气动阀与对应的图形符号连线。

A. 二位三通手动带定位换向阀　　　　B. 梭阀

C. 二位三通电磁阀　　　　D. 二位五通泄压式气控换向阀

图 4-30　气动阀的符号 1

（7）将图 4-31 所示气动阀与对应的图形符号连线。

A. 双压阀　　　　B. 二位五通脚踏式换向阀

C. 二位三通机动换向阀   D. 二位五通电磁阀

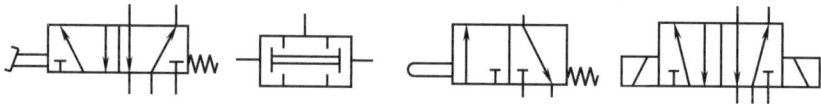

图 4-31 气动阀的符号 2

（8）将图 4-32 所示气动阀与对应的图形符号连线。

A. 延时阀   B. 压力顺序阀   C. 单向节流阀   D. 排气节流阀

图 4-32 气动阀的符号 3

（9）把图 4-33 所示气动换向阀的控制方式与对应阀连线。

A. 气压控制   B. 电磁控制   C. 人力控制   D. 机械控制

图 4-33 气动换向阀

（10）将常见的接触式行程开关（图 4-34）与其对应实物图连线。

A. 直动式   B. 滚轮式   C. 可通过滚轮式   D. 微动式

图 4-34 常见的接触式行程开关

（11）将图 4-35 所示常用控制方式与其对应的图形符号连线。

A. 差压控制   B. 加压控制   C. 泄压控制   D. 延时控制

图 4-35 控制方式图形符号

（12）将图 4-36 所示常见的非接触式行程开关与其对应的符号连线。

A. 电感传感器   B. 电容传感器   C. 光电传感器   D. 磁性开关

图 4-36 非接触式行程开关

项目5　气动系统的识读与维护

一、课前生活体验

（1）多项选择：按图索骥，找一份旅游地图，选择一个景点，你按（　　）规划行走路线的。

A. 图中的景点是示意，只表示其位置　　　B. 图中的景点不表示建筑物的结构

C. 地图只能表达静止状态，看不出人流　　D. 总可以寻找一条到达景点的最短路线

（2）多项选择：关于人的呼吸系统保养，你的判断是（　　）。

A. 定期体检　　　　　　　　　　　　　　B. 当某个器官出现不适时，及时就医

C. 尽量用鼻腔呼吸，防止异物吸入肺部　　D. 做到不吸烟等，防止对器官的伤害

E. 当空气干燥时，要做好润喉保养

二、课中项目训练

项目 5　训练报告

训练人姓名		训练时间		训练地点	
同组训练人姓名		年级/专业		指导教师	

训练目标	
训练课题	任务 1:任务实践,识读射芯机气压传动系统 任务 2:任务实践,识读加工中心气动换刀系统

训练任务	主要硬件名称和型号	名称	型号	主要参数
	主要软件名称			
	主要工具名称			
	其他条件			

训练内容	任务 1	任务 2
知识基础	(1)工作台上升时,进气路线为＿＿＿＿＿ (2)芯盒夹紧时,进气路线为＿＿＿＿＿ (3)元件 7 的名称为＿＿＿＿＿,其作用是控制＿＿＿＿＿ (4)射砂时,进气路线为＿＿＿＿＿ (5)加砂时,进气路线为＿＿＿＿＿ (6)元件 24 的名称为＿＿＿＿＿,作用为＿＿＿＿＿ (7)元件 23 的名称为＿＿＿＿＿,作用为＿＿＿＿＿ (8)元件 15 的名称是＿＿＿＿＿,作用为＿＿＿＿＿ (9)按动作顺序,写出该气压传动系统动作转换发信元件＿＿＿＿＿ (10)射砂的原理为＿＿＿＿＿ (11)元件 10 的动作压力与＿＿＿＿＿有关	(1)主轴定位时,进气路线为＿＿＿＿＿,回气路线为＿＿＿＿＿ (2)拔刀时,进气路线为＿＿＿＿＿,回气路线为＿＿＿＿＿ (3)元件 13 的名称为＿＿＿＿＿,作用为＿＿＿＿＿ (4)元件 12 的名称为＿＿＿＿＿,作用为＿＿＿＿＿ (5)元件 8 的名称为＿＿＿＿＿,作用为＿＿＿＿＿ (6)插拔刀气缸速度控制方式为＿＿＿＿＿ (7)元件 3 的名称为＿＿＿＿＿,作用为＿＿＿＿＿ (8)元件 9 的中位机能是＿＿＿＿＿型,采用此机能的作用为＿＿＿＿＿ (9)刀具夹紧力大小与＿＿＿＿＿有关 (10)松刀动作信号来源为＿＿＿＿＿

（续）

训练内容	任务 1	任务 2
能力基础	问题 1：芯盒夹不紧，试分析可能的原因 问题 2：该气压传动系统维护有哪些主要要求？	问题 1：该气压传动系统中有减压阀减压，有增压缸增压，这种设计是否矛盾？应如何理解其合理性 问题 2：该气压传动系统拔刀困难，分析可能的原因
规范或注意事项		
结论或体会		
审阅评价		指导教师： 年　月　日

38

三、课后知识巩固

1. 判断题

（1）气动设备日常维护需对冷凝水和系统润滑进行管理。   （　　）

（2）气动设备开机前后要放掉系统中的冷凝水。   （　　）

（3）随时注意压缩空气的清洁度，对过滤器的滤芯要定期清洗。   （　　）

（4）对受压容器定期检验，漏气、漏油、噪声等要进行防治。   （　　）

（5）增压器是利用大、小受压活塞截面积之比，将低气压提高到数十倍。   （　　）

（6）阀岛是由多个电控阀构成的控制元器件，它集成了信号输入/输出及信号的控制，犹如一个控制岛屿。   （　　）

2. 选择题

（1）一般情况下，气动设备间隔（　　）要检修。

A. 三个月   B. 半年   C. 九个月   D. 一年

（2）一般情况下，气动设备间隔（　　）要大修。

A. 一年   B. 两年   C. 三年   D. 四年

（3）气压传动系统中动作时间控制，如射芯机加砂、射砂时间一般是由（　　）控制的。

A. 压力开关   B. 时间继电器   C. 节流阀   D. 行程阀

3. 多项选择题

（1）气动设备在开机前要进行（　　）检查。

A. 各调节手柄是否在正确位置

B. 行程阀、行程开关、挡块的位置是否正确

C. 对活塞杆、导轨等外露部分的配合表面进行擦拭后方能开机

D. 行程阀、行程开关、挡块的安装是否牢固

（2）对气动设备的一般维护要求有（　　）。

A. 开机前后要放掉系统中的冷凝水

B. 随时注意压缩空气的清洁度，对过滤器的滤芯要定期清洗

C. 定期给油雾器加油

D. 对受压容器定期检验，漏气、漏油、噪声等要进行防治

E. 长期不使用时，应将各手柄放松，以免弹簧失效而影响元件的性能

4. 综合题

（1）图 5-1 为气动机械手的结构示意图。该系统由 A、B、C、D 四个气缸组成，能实现手指夹持、手臂伸缩、立柱升降和立柱回转等动作。其中，A 缸为抓取工件的夹紧缸；B 缸为伸缩缸，可实现手臂的伸出与缩回动作；C 缸为升降缸；D 缸为回转缸，该气缸是齿轮齿条缸，它有两个活塞，分别装在带齿条的活塞杆两端，齿条的往复运动带动立柱上的齿轮旋转，从而实现立柱及手臂的回转。图 5-2 为该机械手动作程序。图 5-3 为气动机械手动作原理图。试分析该系统两个动作的压缩空气流向。

图 5-1 气动机械手的结构示意图

图 5-2 气动机械手动作程序

图 5-3 气动机械手动作原理

1、2、3、4—主控换向阀　5、6、7、8、9、10、11、12—二位三通行程阀　13—起动阀

（2）图 5-4 所示为组合机床中的工件夹紧气压传动系统原理图，试分析和回答相关问题：

1）指出各元件的名称。

2）描述该气动系统将完成怎样的工作循环。

3）当阀 1 位于右位时，试描述控制气路和主气路的情况。

40

图 5-4　工件夹紧气压传动系统原理图

A—定位气缸　B、C—夹紧气缸

1—＿＿＿＿＿＿；2—＿＿＿＿＿＿；3—＿＿＿＿＿＿；

4—＿＿＿＿＿＿；5—＿＿＿＿＿＿；6—＿＿＿＿＿＿；

A—＿＿＿＿＿＿；B—＿＿＿＿＿＿。

工作循环：

控制气路情况：

主气路情况：

项目 6　液压源系统与液压执行元件认知

一、课前生活体验

（1）生活试验：取注射器一只，体验抽取液体和排出液体过程，说明完成抽取液体和排出液体需要具备的条件。

（2）判断：水泵抽水、注射器抽液，实际上是通过大气压力的压入实现的。（　　）

（3）多项选择：按照具备吸压液体这个特征，图 6-1 中属于泵的是（　　）。

A.　　　　　　B.　　　　　　C.　　　　　　D.

图 6-1　生活中的泵

（4）网购体验：

1）模拟购置一台齿轮泵，说明你所模拟购置的齿轮泵的型号、技术参数、生产厂家等。

2）模拟购置一只普通双作用单杆液压缸，说明其技术参数、生产厂家等。

二、课中项目训练

项目6 训练报告

训练人姓名		训练时间		训练地点	
同组训练人姓名		年级/专业		指导教师	
训练目标					
训练任务	任务1:任务实践1,CB型齿轮泵拆装;任务实践2,简易液压泵站装接与调试 任务2:任务实践,单杆活塞缸拆装				

训练条件		名称	型号	主要参数
	主要硬件名称和型号			
	主要软件名称			
	主要工具名称			
	其他条件			

训练内容	任务1	任务2
知识基础	(1)该齿轮泵的型号为_____,额定压力为_____,排量为_____主要部件包括_____ (2)CB型齿轮泵的密封腔由_____等零件包围而成 (3)密封腔增大的位置在_____(轮齿啮合区、脱开区) (4)齿轮泵转轴_____(有、无)旋向要求 (5)CB型齿轮泵的_____(进、出)油口开度较大,目的是_____ (6)CB型齿轮泵的漏油途径主要有_____ _____ (7)若齿轮泵转向标志丢失,则齿轮泵转向的判断方法为_____ (8)当齿轮泵传动轴旋转后,液压油从吸油口流向压油口的过程为_____ (9)该简易泵站主要构成元件包括_____ _____ (10)该简易泵站中的油液净化措施包括____ _____ (11)油箱油液____(有、无)液位显示元件,____(有、无)加热元件,____(有、无)冷却元件 (12)液压泵吸油口与吸油管接头型式是_____,压油管与阀口接头型式是_____ (13)液压泵吸油管管材为_____,压油管管材为_____	(1)该液压缸型号为_____,额定压力为_____,缸筒内径为_____,活塞杆直径为_____,工作行程为_____ (2)活塞与活塞杆的连接方式为_____,缸盖与缸体的连接方式为_____ (3)该液压缸活塞与缸体的密封方式为_____,活塞与活塞杆的密封方式为_____,活塞杆与端盖的密封方式为_____,泵盖与缸体的密封方式为_____ (4)该液压缸的_____是动密封部位,_____是静密封部位 (5)液压缸的缓冲方式为_____,排气方式为_____(若没有设置,填写"无") (6)该液压缸进、出油口型式为_____。进、出油口数量为_____,它是_____(单、双)作用缸 (7)该液压缸的安装方式为_____,与运动件的连接方式为_____

（续）

训练内容	任务 1	任务 2
能力基础	问题 1：起动液压泵后，出现较大噪声，是什么原因？如何排除？ 问题 2：起动液压泵后，液压缸排量及系统压力不足，是什么原因？如何排除？	问题 1：安装 O 形密封时有哪些注意事项？如何判断其失效？ 问题 2：为保证活塞和活塞杆组件运行流畅，在组装和安装液压缸时有哪些注意事项？
规范或注意事项		
结论或体会		
审阅评价		指导教师： 年　月　日

三、课后知识巩固

1. 判断题

（1）容积泵输油量的大小取决于密封工作腔容积变化量的大小。　　　　　（　　）

（2）液压泵的额定压力应稍高于系统中执行元件的最高工作压力。　　　　（　　）

（3）液压泵的工作压力取决于负载，而与其自身的强度和密封性能无关。　（　　）

（4）由于液压泵是利用密封工作腔容积变化的原理来工作的，因此液压泵也称容积泵。　　　　　　　　　　　　　　　　　　　　　　　　　　　　　　（　　）

（5）齿轮泵的吸油腔就是轮齿不断进入啮合的那个腔。　　　　　　　　　（　　）

（6）双作用叶片泵的最大特点就是输出流量可以调节。　　　　　　　　　（　　）

（7）在尺寸较小、压力较低、运动速度较高的场合，液压缸的密封可采用间隙密封的方法。　　　　　　　　　　　　　　　　　　　　　　　　　　　　　　（　　）

（8）液压泵的结构不同，其配流装置也不相同。　　　　　　　　　　　　（　　）

（9）双作用叶片泵泵轴所受的径向液压力是平衡的，故又称卸荷式叶片泵。（　　）

（10）单作用叶片泵泵轴所受的径向液压力是不平衡的，故又称非卸荷式叶片泵。　　　　　　　　　　　　　　　　　　　　　　　　　　　　　　　　　（　　）

（11）双作用叶片泵也称变量叶片泵，可实现变量。　　　　　　　　　　　（　　）

（12）从原理上看，各种缓冲装置均通过活塞运行接近端盖时减少流出液体的流量来实现减速缓冲。　　　　　　　　　　　　　　　　　　　　　　　　　（　　）

（13）液压系统中混入空气后会使其工作不稳定，产生振动、噪声、低速爬行，以及起动时突然前冲现象。　　　　　　　　　　　　　　　　　　　　　　　　（　　）

（14）间隙密封的优点是摩擦力小，缺点是磨损后不能自动补偿，主要用于直径较小、有相对运动的圆柱面之间。　　　　　　　　　　　　　　　　　　　　（　　）

（15）Y形密封圈仅适用于压力较高处的密封。　　　　　　　　　　　　　（　　）

（16）液压马达输出转矩与机械效率有关，而与容积效率无关。　　　　　　（　　）

（17）⌀̸ 表示定量液压泵。　　　　　　　　　　　　　　　　　　　　　　（　　）

（18）⧖ 表示单作用液压马达。　　　　　　　　　　　　　　　　　　　　（　　）

（19）由于液压泵存在泄漏，即其容积效率小于1，因此当液压泵转速很低时，可能液压泵无液压油输出。　　　　　　　　　　　　　　　　　　　　　　　　（　　）

（20）当双杆活塞缸缸体固定时，为实心双杆活塞缸，其工作台运动范围约为有效行程的2倍。　　　　　　　　　　　　　　　　　　　　　　　　　　　　　（　　）

（21）当双杆活塞缸活塞固定时，为空心双杆活塞缸，其工作台运动范围约为有效行程的3倍。　　　　　　　　　　　　　　　　　　　　　　　　　　　　　（　　）

（22）单杆液压缸无论是采用缸体固定还是活塞固定，其工作台工作范围均相同。　　　　　　　　　　　　　　　　　　　　　　　　　　　　　　　　　（　　）

（23）安装小Y形密封圈时，一定要使唇口对着高压油的油腔，才能起密封作用。　　　　　　　　　　　　　　　　　　　　　　　　　　　　　　　　（　　）

（24）限压式变量叶片泵适用于液压设备有"快进""工进""保压"要求的场合。（　　）

（25）液压站又称液压泵站，是独立的液压装置。它按要求逐级供油，并控制液压油流动方向、压力和流量，适用于主机与液压装置可分离的各种液压机械。（　　）

（26）单只柱塞式液压缸只能实现一个方向运动，反向运动需要靠外力，如重力、弹簧力，或成对使用柱塞缸。（　　）

（27）与柱塞式液压缸相比，活塞式液压缸的工作行程更长。（　　）

（28）常在液压缸两端设置缓冲装置，其目的是防止活塞在行程终了时与缸盖发生撞击。（　　）

（29）液压缸是将液压能转换为机械能的装置，一般用于实现直线运动。（　　）

（30）摆动执行器是液压马达的一种，只是输出的旋转运动小于一整周。（　　）

2. 选择题

（1）外啮合齿轮泵的特点有（　　）。

A. 结构紧凑，流量调节方便

B. 存在径向不平衡力

C. 噪声较小，输油量均匀，体积小，重量轻

D. 价格低廉，工作可靠，自吸能力差，多用于中压系统

（2）CB-B 型齿轮泵中油液泄漏的途径有三种，其中（　　）对容积效率影响最大。

A. 齿轮端面间隙　　　B. 齿顶间隙　　　C. 轴向间隙　　　D. 以上均不是

（3）液压泵的总效率通常等于（　　）。

A. 容积效率×机械效率　　　　　　　　B. 容积效率/机械效率

C. 输出功率×输入功率　　　　　　　　D. 输入功率/输出功率

（4）液压泵的理论流量（　　）实际流量。

A. 大于　　　　　　　B. 小于　　　　　　　C. 等于　　　　　　　D. 不确定

（5）存在径向液压力不平衡的是（　　）。

①齿轮泵　②单作用叶片泵　③双作用叶片泵　④径向柱塞泵　⑤轴向柱塞泵

A. ①③④　　　　　　B. ②③④　　　　　　C. ①②④　　　　　　D. ①②④⑤

（6）下列液压泵中属于定量泵的是（　　）。

A. 单作用叶片泵　　　B. 轴向柱塞泵　　　C. 径向柱塞泵　　　D. 双作用叶片泵

（7）关于柱塞泵的特点，以下说法正确的是（　　）。

A. 密封性能好、效率高、压力高　　　　B. 流量大且均匀，一般用于中压系统

C. 结构简单，对油液污染不敏感　　　　D. 造价较低，应用较广

（8）关于活塞组件，描述错误的是（　　）。

A. 整体式和焊接式结构简单、轴向尺寸小，但损坏后需整体更换

B. 锥销式易于加工、装配简单，承载能力大

C. 螺纹式结构简单、拆卸方便，但螺纹加工会削弱活塞杆的强度

D. 卡环式连接强度高、结构复杂、装卸方便

（9）下列描述不是对密封装置要求的是（　　）。

A. 自封性好，密封性能随着压力的增加能自动提高

B. 密封装置和运动件之间的摩擦阻力要小

C. 密封件耐蚀性好，不易老化，与液压油有良好的相容性

D. 结构复杂，才能提高密封性能

（10）关于液压泵说法正确的是（　　）。

A. 齿轮泵是低压小流量泵

B. 柱塞泵是高压大流量泵

C. 叶片泵是双向定量泵或单向定量泵

D. 功率大的液压系统选用变量泵

3. 多项选择题

（1）液压泵需要具备下列（　　）条件才能完成吸、压油动作。

A. 密封工作腔

B. 密封工作腔容积要能做交替变化

C. 配流装置，将高压油与低压油分开

D. 外部条件，油箱的油液面要与大气相通，即油液面必须在大气压力作用下

（2）下列关于液压泵容积效率，描述正确的是（　　）。

A. 它表示液压实际输出流量与理论输出流量的比值

B. 液压泵容积效率与工作压力有关，压力越大，容积效率越低

C. 液压泵容积效率与液压泵密封性能有关，密封性好的液压泵，一般容积效率较高

D. 当液压泵没有油泄漏时，说明液压泵容积效率等于100%

（3）下列属于油箱功能的是（　　）。

A. 储存油液 　　　　　　　　　　B. 散发油液中的热量

C. 释出混在油液中的气体 　　　　D. 分离沉淀于油液中的污物

（4）液压元件对密封装置的主要要求有（　　）。

A. 良好的密封性能，并随着压力的增加自动提高密封性能

B. 密封装置和运动件之间的摩擦阻力要小

C. 密封件耐蚀性好，不易老化，耐磨性好

D. 结构简单，工艺性好，使用、维护方便，价格低廉

E. 密封件与液压油有良好的相容性

4. 连线题

（1）将下列液压缸的密封装置与其应用特点连线。

A. 间隙密封　　　　　　　　用于直径较小、有相对运动的圆柱面之间

B. O形密封圈密封　　　　　制造容易，装拆方便，成本低，且高、低压均可用，动静

　　　　　　　　　　　　　密封均可用

C. Y形密封圈密封　　　　　密封可靠，使用寿命长，摩擦力小

D. V形密封圈密封　　　　　密封性能好，耐高压，但摩擦阻力大，轴向尺寸长

（2）把图6-2所示液压泵实物图与其名称连线。

A. 齿轮泵　　　　B. 双作用叶片泵　　　C. 轴向柱塞泵　　　D. 单作用叶片泵

图 6-2　液压泵

（3）缸体组件中缸筒与端盖的连接形式很多，将图 6-3 所示结构形式与对应的名称连线。

A. 焊接式　　　　　B. 螺纹式　　　　　C. 法兰式　　　　　D. 拉杆式
E. 半环式

图 6-3　缸筒与端盖的连接

（4）液压缸活塞和活塞杆连接形式有多种，将图 6-4 所示结构形式与对应的名称连线。

A. 焊接式　　　　　B. 螺纹式　　　　　C. 整体式　　　　　D. 锥销式
E. 半环式

图 6-4　活塞和活塞杆的连接形式

（5）将图 6-5 所示液压执行元件图形符号与对应的名称连线。

A. 摆动缸　　　　　B. 双作用活塞缸　　　C. 柱塞缸　　　　　D. 定量马达
E. 单作用缸

图 6-5　液压执行元件图形符号

（6）将图 6-6 所示管接头实物图形与对应的名称连线。

图 6-6　管接头

A. 焊接式管接头 B. 卡套式管接头

C. 扩口式管接头 D. 快速接头

5. 排序题

（1）将下列液压泵按容积效率由高到低排序，为（ ）。

A. CB 型齿轮泵 B. 双作用叶片泵 C. 轴向柱塞泵

（2）将下列液压泵按承受最大工作压力由高到低排序，为（ ）。

A. CB 型齿轮泵 B. 双作用叶片泵 C. 轴向柱塞泵

（3）将下列液压泵按输出流量稳定性由高到低排序，或脉动由低到高排序，为（ ）。

A. CB 型齿轮泵 B. 双作用叶片泵 C. 单作用叶片泵

项目 7 液压控制阀及基本回路的组建与调试

一、课前生活体验

任 务 1

（1）多项选择：观察图 7-1 所示生活中的四个场景，下面描述正确的是（   ）。

A. 交通信号等控制"车流"的方向
B. 栅栏控制"客流"的方向
C. 水龙头控制冷热"水流"的方向
D. 开关控制"电流"的方向

图 7-1 生活场景

（2）多项选择：图 7-2 所示生活中或已经学过的物件，具有单向控制功能的有（   ）。

A. 控制车流单向行驶的标志
B. 让黄鳝只进不出的捕具
C. 控制电流单向流动的二极管

图 7-2 生活中的物件

（3）网购体验：从网上搜索并模拟订购普通单向阀、二位四通电磁阀各一只，说明其技术参数、生产厂家以及价格。

任 务 2

（1）多项选择：向水杯中倒水，观察倒水过程，直到有水从杯口溢出，判断水杯底部压力是如何变化的，如图 7-3 所示。下面说法正确的是（   ）。

A. 水未满时，底部压力随水高 h 增大而增大

B. 有水溢出后，底部压力就不会再变化了

C. "溢流即稳压"

D. 稳压大小与杯子高度有关

图 7-3　水杯装水示意图

（2）多项选择：图 7-4 所示为溢流坝，关于它所起的作用，下面说法正确的是（　　　）。

A. 调节水位　　　　　B. 安全保护　　　　　C. 调节水流量　　　　　D. 控制水流方向

图 7-4　溢流坝

（3）多项选择：观察家里的高压锅（图 7-5），下面说法正确的是（　　　）。

A. 有一个限压阀

B. 有一个安全阀

C. 一般情况下安全阀是不打开的

D. 正常使用时当限压阀打开后，锅内压力不会再升高

E. 限压大小与限压阀的阀盖重量有关

图 7-5　高压锅

（4）网购体验：从网上模拟订购一只先导式溢流阀，说明其型号、技术参数、生产厂家以及价格。

任　务　3

（1）多项选择：在生活有很多地方需要减压，下列关于减压原因或原理的描述，正确的是（　　　）。

A. 给手机充电时需要低电压，用充电器降压

B. 使用天然气时需要减压，采用减压阀

C. 减压一般用于供给压力高但需要压力低的情况

D. 针对不同介质，减压的方法和装置有所不同

（2）网购体验：从网上模拟订购一只先导式减压阀，说明其型号、技术参数、生产厂家以及价格。

任 务 4

（1）多项选择：如图7-6所示，在生活中关于对流量控制的说法，正确的是（　　）。

A. 公路的宽窄决定车流量大小

B. 通道的宽窄决定客流量大小

C. 水龙头开口大小决定水流量大小

图7-6　生活场景

（2）网购体验：从网上模拟订购一只调速阀，说明其型号、技术参数、生产厂家以及价格。

任 务 5

（1）多项选择：根据你的经验，关于提高水流速度的方法，下面说法正确的有（　　）。

A. 增大源头流量　　　　　　　　　B. 增大源头压力

C. 减小作用面积　　　　　　　　　D. 以上方法都正确

（2）网购体验：从网上模拟订购一只蓄能器，说明其型号、技术参数、生产厂家以及价格。

任 务 6

网购体验：从网上模拟订购一只直动式顺序阀，说明其型号、技术参数、生产厂家以及价格。

二、课中项目训练

项目 7　训练报告

训练人姓名		训练时间		训练地点	
同组训练人姓名		年级/专业		指导教师	

训练目标	

训练任务	任务1:任务实践1,钻削加工进、退方向控制回路的组建与调试;任务实践2,液压缸锁紧回路的组建与调试 　　任务2:任务实践1,钻孔加工调压回路的组建与调试;任务实践2,钻孔加工卸荷回路的组建与调试 　　任务3:任务实践,工件夹紧减压回路的组建与调试 　　任务4:任务实践,钻孔加工进给运动节流调速回路的组建与调试 　　任务5:任务实践,钻孔加工差动快进回路的组建与调试 　　任务6:任务实践,钻孔加工多缸顺序动作回路的组建与调试

<table>
<tr><td rowspan="4">训练条件</td><td rowspan="1">主要硬件名称和型号</td><td>名称</td><td>型号</td><td>主要参数</td></tr>
<tr><td></td><td></td><td></td><td></td></tr>
<tr><td>主要软件名称</td><td colspan="3"></td></tr>
<tr><td>主要工具名称</td><td colspan="3"></td></tr>
<tr><td></td><td>其他条件</td><td colspan="3"></td></tr>
</table>

训练内容	任务1	任务2
知识基础	(1)任务实践1,元件3的名称为_____,型号为_____,额定压力为_____,公称流量为_____,中位机能为_____型,作用为_____ (2)任务实践1,元件1的名称为_____,作用为_____;元件2的名称为_____,作用为_____ (3)任务实践1,元件6的全称为_____ (4)任务实践1,元件3在_____(左、中、右)位时,元件4的活塞杆伸出;元件6在_____时,即YA_____(得电、失电),元件5的活塞杆缩回 (5)任务实践2,元件5的名称为_____,也称_____,它是由两只_____阀并联而成 (6)任务实践2,元件3在_____(左、中、右)位时,元件4锁紧 (7)任务实践2,控制方案1是利用_____锁紧,方案2是利用_____锁紧。考虑密封性能差异,前者锁紧效果_____(优、劣)于后者 (8)任务实践2,为确保锁紧效果,控制方案2中换向阀中位机能应选择_____或_____型,控制方案1中换向阀中位机能除_____型外,还可以选择_____型	(1)任务实践1,元件1的名称为_____,型号为_____,公称流量为_____;元件4的名称为_____,型号为_____,公称流量为_____;元件5的名称为_____,型号为_____,公称流量为_____ (2)任务实践1控制方案1为单级调压回路,若要得到3MPa的液压泵出油口压力值,压力调节操作顺序为_____;任务实践1控制方案2为远程调压回路,若要得到3MPa的液压泵出油口远程调压值,调节操作顺序为_____。此时,元件4的调压值应_____(大于、小于)元件5的远程调压值 (3)任务实践2为卸荷回路,其中控制方案1为_____卸荷回路;控制方案2为_____卸荷回路;控制方案3是_____卸荷回路。它们共同特点是卸荷时,液压泵出油口的压力为_____ (4)任务实践2控制方案1,元件2的中位机能为_____型,还可以选择_____型机能,实现同样功能 (5)任务实践2,若液压泵的流量为16L/min,阀1、5的公称流量选择_____L/min;元件4的公称流量选择_____L/min;元件6的公称流量选择_____L/min,比较合理

训练内容	任务 1	任务 2
能力基础	问题 1:任务实践 1 控制方案 2,若电磁铁 YA 通电后,液压缸的活塞杆正常伸出,但当电磁铁 YA 断电后,液压缸的活塞杆未缩回,分析可能的原因 问题 2:任务实践 2 控制方案 1,在换向阀处于中位时,液压缸的活塞杆在负载作用下仍发生移动,试分析可能的原因	问题 1:任务实践 1 控制方案 2 出现压力不能升高,分析可能的原因 问题 2:任务实践 2 控制方案 3,液压泵不能卸荷,试分析原因
规范或注意事项		
结论或体会		

训练内容	任务 3	任务 4
知识基础	(1)元件 2 的名称为_____,型号为_____,作用为_____ (2)元件 3 的名称为_____,型号为_____,作用为_____ (3)若阀 1 的调整压力为 4MPa,元件 2 的调整压力为 2MPa,则调节过程为_____ (4)液压缸运行时,压力表 1 的读数_____压力表 2 的读数,原因为_____;液压缸的活塞杆运行至终点时,压力表 1 的读数_____压力表 2 的读数,原因为_____ (5)元件 2 在不工作时,进、出油口是_____(打开、关闭)的,除有进、出油口外,还有一个独立的_____口 (6)液压缸的活塞杆运行至终点时,元件 2 的进、出油口_____(完全、不完全)关闭,原因为_____ (7)这是夹紧回路,采用"失电夹紧"的意义为_____ (8)若夹紧缸活塞和活塞杆直径分别为 $D=40mm,d=20mm$,则夹紧缸产生的最大夹紧力为_____N	(1)元件 1 的名称为_____,型号为_____,作用为_____ (2)控制方案 1、控制方案 2、控制方案 3 分别为_____、_____、_____调速回路,其特征概况为_____+_____ (3)在控制方案 1、控制方案 2 中,增大元件 1 阀口开度,液压缸的运行速度变_____(快、慢);在控制方案 3 中,增大元件 1 阀口开度,液压缸活塞杆运行速度变_____(快、慢) (4)与无负载相比,在三种控制方案,当负载增加时,液压缸活塞杆运行速度变_____(快、慢);若更改为_____阀,则不会出现这种情况 (5)在三种控制方案中,既包括溢流损失,又包括节流损失的方案有_____ (6)控制方案 1,在液压缸的活塞杆做伸出运动时,若液压泵的输出流量为 20L/min,通过元件 1 的流量为 5L/min,元件 3 的调整压力为 3MPa,元件 1 出油口压力为 2MPa,则液压泵输出功率为_____kW,溢流损失为_____kW,节流损失为_____kW
能力基础	问题 1:减压阀不起减压作用,试分析其原因 问题 2:若减压阀主阀阻尼孔堵死,试分析可能产生的后果	问题 1:调节节流阀手柄,无油液流出,试分析原因 问题 2:控制方案 1,执行机构出现"爬行",试分析原因

训练内容	任务 3	任务 4
规范或注意事项		
结论或体会		

训练内容	任务 5	任务 6
知识基础	（1）控制方案 2 中，元件 3 的名称为_____，型号为_____，作用为_____；元件 5 的名称是_____型号为_____，作用为_____ （2）执行快速运动时，控制方案 1 的进、出油路描述为_____；控制方案 2 的进、出油路描述为_____ （3）差动连接能快速运动原因为_____ （4）差动连接快进速度与活塞直径_____（有关、无关），与活塞杆直径_____（有关、无关），直径减小，速度_____（变大、变小） （5）若要求差动快进速度等于快退速度，则活塞直径 $D =$ _____ d（活塞杆直径）；若要求差动快进速度等于 2 倍快退速度，则活塞直径 $D =$ _____ d（活塞杆直径）。依此，若要求差动快进速度等于 n 倍快退速度，则活塞直径 $D =$ _____ d（活塞杆直径） （6）控制方案 1 从快进到工进换接（快慢换接），发信元件为_____，控制元件为_____；控制方案 2 从快进到工进换接（快慢换接），发信元件为_____，控制元件为_____。前者的优点为_____，不足之处为_____，后者与此相反	（1）控制方案 1，元件 4 的名称为_____，作用为_____，一般安装在_____（进、回）油路上；控制方案 3，元件 2 的名称为_____，作用为_____，阀口开度与_____压力有关；元件 3 的名称为_____，作用为_____阀口开度与_____压力有关 （2）控制方案 1 是利用_____信号作为顺序动作信号；控制方案 2 是利用_____信号作为顺序动作信号；控制方案 3 是利用_____信号作为顺序动作信号 （3）控制方案 1，元件 6 进给，信号来自_____，控制方案 2，元件 4 进给，信号来自_____ （4）控制方案 1，元件 3 的动作压力调整范围应不大于_____压力，不小于_____压力 （5）控制方案 3，元件 2 的开启压力调整范围应不大于_____压力，不小于_____压力 （6）控制方案 1、2、3 三种回路中，若改变动作顺序，_____调整最容易 （7）控制方案 3，三位四通换向阀 1 采用 H 型中位机能的原因为_____ （8）控制方案 3，若元件 3 控制口接在有杆腔进、出油口位置，其后果为_____
能力基础	问题 1：控制方案 1，工进结束后，液压缸的活塞杆不缩回，分析可能的原因 问题 2：若希望再提高快进速度，请给出其他方案	问题 1：对于控制方案 3，元件 3 的进、出油口反接，试分析其后果 问题 2：若将控制方案 1 和控制方案 2 并联，完成回路组建，说明该回路特点
规范或注意事项		
结论或体会		
审阅评价		指导教师： 　　年　月　日

三、课后知识巩固

1. 判断题

（1）采用液控单向阀的闭锁回路比采用换向阀的闭锁回路的锁紧效果好。   （   ）

（2）当液控单向阀的控制口 K 处无油液通入时，它的功能和普通单向阀一样。

（   ）

（3）卸荷回路采用的主要液压元件是中位机能为 O、P 类型的三位四通换向阀。

（   ）

（4）高压大流量液压系统常采用电磁换向阀实现主油路换向。   （   ）

（5）H 型中位机能可实现系统保压。   （   ）

（6）溢流阀在工作中阀口常开时是作为调压溢流阀使用，阀口常闭时是作为安全阀使用。   （   ）

（7）用先导式溢流阀进行调压只适用于低压系统。   （   ）

（8）减压阀主要能维持出油口压力近于恒定。   （   ）

（9）从工作原理上看，顺序阀可以作为溢流阀使用。   （   ）

（10）调节溢流阀中的弹簧预紧力，即可调节系统压力的大小。   （   ）

（11）囊式蓄能器原则上应垂直安装（油口向下），只有在空间位置受限制时才允许倾斜或水平安装。   （   ）

（12）蓄能器与管路系统之间应安装截止阀，以便在系统长期停止工作以及充气、检修时，将蓄能器与主油路切断。   （   ）

（13）装在管路上的蓄能器须用支板或支架固定。   （   ）

（14）流量控制阀是通过改变阀口通流截面积的大小来实现改变流量的。   （   ）

（15）调速阀是由定比减压阀和节流阀串联而成的。   （   ）

（16）节流调速回路的特点是功率损失大，效率低，只适用于功率较小的液压传动系统。   （   ）

（17）节流阀和调速阀均能使通过的流量不受负载变化的影响。   （   ）

（18）采用节流阀的节流调速回路的共同缺点是执行元件的速度随负载的变化而发生较大的变化。   （   ）

（19）节流调速回路中，大量液压油经溢流阀流回油箱，是能量损失大、温升高、效率低的主要原因。   （   ）

（20）为提高进油调速回路的运动平稳性，可在回油路上串接一个换装硬弹簧的单向阀。   （   ）

（21）同等条件下进油路节流调速回路的效率比旁油路节流调速回路要高。   （   ）

（22）节流阀不如调速阀的流量控制稳定性好，只适用于执行元件工作负载不大且对速度稳定性要求不高的场合。   （   ）

（23）普通单向阀的功能是控制油液只沿一个方向流动，反向截止。   （   ）

（24）换向阀是方向控制回路的核心液压元件。   （   ）

（25）调压回路的核心元件是溢流阀。　　　　　　　　　　　　　　（　　）

（26）电磁换向阀与液控换向阀相比，更适合于流量较大的场合。　　（　　）

（27）压力开关是将压力信号转换为电信号的转换装置。　　　　　　（　　）

（28）先导式溢流阀与直动式溢流阀相比，调压性能更加稳定。　　　（　　）

2. 选择题

（1）若某三位换向阀的阀芯在中间位置时，油液与液压缸两腔连通，回油腔封闭，则此阀的滑阀机能为（　　）。

A. P 型　　　　　　B. Y 型　　　　　　C. K 型　　　　　　D. O 型

（2）在液压回路中，采用三位四通换向阀使泵卸荷，应选用（　　）中位机能。

A. P 型　　　　　　B. Y 型　　　　　　C. M 型　　　　　　D. O 型

（3）有一液压传动系统，其主换向阀是一个三位四通电磁换向阀，它的中位机能可使液压泵保压，而使液压缸呈浮动状态，换向阀的中位机能应是（　　）。

A. H 型　　　　　　B. P 型　　　　　　C. Y 型　　　　　　D. M 型

（4）卸荷回路的特点是（　　）。

A. 可节省动力消耗，减少系统发热，延长液压泵使用寿命

B. 可采用中位机能为 O 或 H 型的换向阀来实现

C. 可使控制系统获得较低的工作压力

D. 不可用换向阀来实现卸载

（5）以下属于方向控制回路的是（　　）。

A. 换向和锁紧回路

B. 调压和卸载回路

C. 节流调速回路和速度换接回路

（6）若图 7-7 所示液压系统的负载为无穷大时，不计管路压力损失，液压泵输出的压力为（　　）。

A. 20×10^5 Pa　　　B. 30×10^5 Pa　　　C. 50×10^5 Pa　　　D. 100×10^5 Pa

图 7-7　液压系统回路

（7）溢流阀的调定压力是指（　　）。

A. 将先导式溢流阀的远程控制口直接接油箱，当阀通过额定流量时，阀的进油腔和回油腔的压力差。

B. 当溢流阀开启压力一定，溢流阀达到额定流量时，进油腔和回油腔的压力差。

C. 当调压弹簧全部放松，阀通过额定流量时，进油腔和回油腔的压力差。

D. 溢流阀工作时，进油、回油腔的压力差。

（8）与溢流阀的图形符号和动作原理相同的是（   ）。

A. 内控外泄顺序阀   B. 内控内泄顺序阀

C. 外控外泄顺序阀   D. 外控内泄顺序阀

（9）在液压传动系统中，当流量较大（$10.5×10^{-4}m^3/s$ 以上）时，阀芯移动的控制方式一般应采用下列（   ）方式。

A. 手动控制   B. 机动控制   C. 电磁控制   D. 液动控制

（10）调速阀是用（   ）而成的。

A. 节流阀和定差减压阀串联   B. 节流阀和顺序阀串联

C. 节流阀和定差减压阀并联   D. 节流阀和顺序阀并联

（11）液压缸差动连接工作时，液压缸的（   ）。

A. 运动速度增大了   B. 压力增大了   C. 运动速度减小了   D. 压力减小了

（12）液压缸差动连接工作时，活塞杆的速度为（   ）。

A. $v=\dfrac{4q}{\pi d^2}$ B. $v=\dfrac{2q}{\pi}(D^2-d^2)$ C. $v=\dfrac{4q}{\pi D^2}$ D. $v=\dfrac{4q}{\pi}(D^2-d^2)$

（13）液压缸差动连接工作时的作用力为（   ）。

A. $F=p\dfrac{\pi}{2}(D^2-d^2)$ B. $F=p\dfrac{\pi d^2}{2}$ C. $F=p\dfrac{\pi}{4}(D^2-d^2)$ D. $F=p\dfrac{\pi d^2}{4}$

（14）所谓差动缸是指（   ）。

A. 特殊连接的单活塞杆双作用液压缸   B. 单活塞杆液压缸

C. 有杆腔面积与无杆腔面积成 2 倍关系 D. 输出流量比输入流量大的液压缸

（15）流量控制阀用来控制液压系统工作的流量，从而控制执行元件的（   ）。

A. 运动方向   B. 运动速度   C. 压力大小

（16）与节流阀相比，调速阀的显著特点是（   ）。

A. 流量稳定性好   B. 结构简单、成本低

C. 调节范围大   D. 最小压差的限制较小

（17）进油路和回油路节流调速相比，进油路节流调速具有（   ）性能。

A. 能承受负值负载   B. 运动平稳   C. 发热油回油箱   D. 起动平稳

（18）以下关于回油节流调速回路，说法正确的是（   ）。

A. 广泛用于功率不大，负载变化较小或运动平稳性要求较高的液压传动系统

B. 调速特性与进油节流调速回路不同

C. 串接溢流阀可提高运动的平稳性

D. 经节流阀而发热的油液不容易散热

（19）采用薄壁小孔型节流阀，以下说法不正确的是（   ）。

A. 减小压差和温度对通过节流阀流量的影响

B. 减小黏度对通过节流阀流量的影响

C. 得到较小的稳定流量

D. 容易加工

（20）节流阀的理想节流口应尽量做成（　　）式。

A. 薄壁孔　　　　　B. 短孔　　　　　C. 细长孔　　　　　D. 以上都不是

（21）以下关于容积节流调速回路的说法，正确的是（　　）。

A. 主要由定量泵和调速阀组成

B. 运动稳定，效率较高

C. 在较低的速度下工作时，运动不够稳定

D. 比进油、回油两种节流调速回路的平稳性差

（22）在进油、回油节流调速回路中，若使节流阀起调速作用，在系统中必须有（　　）。

A. 与之并联的溢流阀　　　　　　B. 与之串联的溢流阀

C. 串联或并联溢流阀均可　　　　D. 与有否溢流阀没关系

（23）下列基本回路中，不属于容积调速回路的是（　　）。

A. 变量泵和定量马达调速回路　　B. 定量泵和定量马达调速回路

C. 定量泵和变量马达调速回路　　D. 变量泵和变量马达调速回路

（24）下列关于油液控顺序阀，叙述正确的是（　　）。

A. 阀打开后油液压力可以继续升高　　B. 出油口一般通往油箱

C. 内部泄漏须通过出油口回油箱　　　D. 不能作为卸荷阀使用

（25）多缸顺序动作回路可用（　　）实现。

A. 溢流阀　　　　　B. 调速阀　　　　　C. 压力开关　　　　　D. 电液动换向阀

（26）要求运动部件的行程能灵活调整或动作顺序能较容易地变动的多缸液压传动系统，应采用的顺序动作回路为（　　）。

A. 顺序阀控制　　　B. 压力开关控制　　C. 位置开关控制　　　D. 行程阀控制

3. 多项选择题

（1）蓄能器的主要功能包括（　　）。

A. 存储液压能　　　　　　　　　B. 作为液压系统应急能源

C. 减少液压冲击或压力脉动　　　D. 系统保压

（2）溢流阀的作用主要有两个：一是溢流稳压，二是安全保护，因此溢流阀常作为（　　）使用。

A. 安全阀　　　　　　　　　　　B. 背压阀

C. 调压阀　　　　　　　　　　　D. 卸荷阀

E. 减压阀

（3）关于溢流阀与减压阀的区别，下列描述正确的是（　　）。

A. 减压阀保持出油口压力基本不变，而溢流阀保持进油口压力基本不变

B. 在不工作时，减压阀的进油口和出油口互通，而溢流阀的进油口和出油口不通

C. 为保证减压阀出油口压力调定值恒定，它的先导阀弹簧腔需通过泄油口单独外接油箱，而溢流阀的出油口是通油箱的

D. 以上说法均正确

（4）下列能作为行程控制顺序动作回路动作发信元件的有（　　　）。

A. 行程阀　　　　　　B. 行程开关　　　　C. 顺序阀　　　　　　D. 压力开关

（5）下列能作为压力控制顺序动作回路动作发信元件的有（　　　）。

A. 行程阀　　　　　　B. 行程开关　　　　C. 顺序阀　　　　　　D. 压力开关

（6）关于图 7-8 所示换向回路，下列描述正确的是（　　　）。

A. 若移掉单向阀 2，并将其进油口和出油口直接连上，则液动换向阀 4 不能换向

B. 液动换向阀 4 动作要先于手动换向阀 3

C. 手动换向阀 3 动作要先于液动换向阀 4

D. 回路在未工作时，液压源输出压力为零

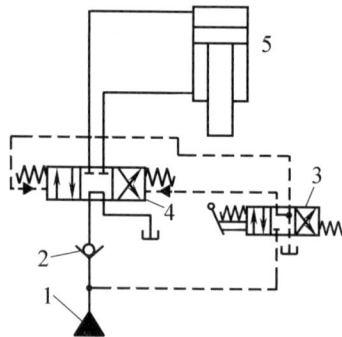

图 7-8　换向回路

1—液压源　2—单向阀　3—手动换向阀　4—液动换向阀　5—气缸

（7）当先导式溢流阀主阀芯上的阻尼孔被污物堵塞时，下列描述正确的是（　　　）。

A. 先导阀不起作用　　　　　　　　　B. 主阀仍起作用

C. 相当于直动式溢流阀　　　　　　　D. 以上描述均正确

（8）图 7-9 所示为采用减压阀的夹紧回路（主油路已截止），假定夹紧缸运行时负载为零，若溢流阀的调整压力为 5.0MPa，减压阀的调整压力为 2.5MPa，下列描述正确的是（　　　）。

A. 在夹紧缸运行过程中，由于负载为零，则 A、B、C 三处的压力均为零

B. 在夹紧缸运行过程中，减压阀阀口开度大，未起减压作用，溢流阀关闭

C. 在夹紧缸夹紧后，减压阀阀口开度小，起减压作用，溢流阀开始溢流

D. 在夹紧缸夹紧后，A 处压力为 2.5MPa，B 处压力为 5.0MPa

图 7-9　减压阀夹紧回路

4. 连线题

（1）将下列液压元件与其对应的外形图（图 7-10）连线。

A. 液压锁   B. 单向阀

C. 液控换向阀   D. 双电控电磁换向阀

图 7-10　液压元件 1

（2）将下列液压元件与其对应的外形图（图 7-11）连线。

A. 直动式溢流阀   B. 手动换向阀

C. 液控单向阀   D. 单电控电磁换向阀

图 7-11　液压元件 2

（3）将下列液压元件与其对应的外形图（图 7-12）连线。

A. 先导式溢流阀   B. 行程阀   C. 单向节流阀   D. 调速阀

图 7-12　液压元件 3

（4）将下列液压元件与其对应的外形图（图 7-13）连线。

A. 单向行程调速阀 B. 蓄能器   C. 减压阀   D. 节流阀

图 7-13　液压元件 4

（5）将下列液压元件与其对应的图形符号（图 7-14）连线。

A. 液控单向阀   B. 双压锁

C. 三位四通手动阀   D. 单向阀

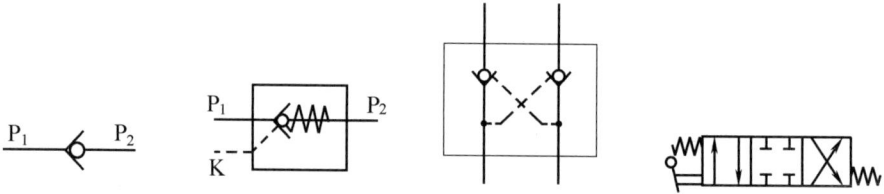

图 7-14   液压元件图形符号 1

（6）将下列液压元件与其对应的图形符号（图 7-15）连线。

A. 三位五通电磁阀   B. 直动式溢流阀

C. 蓄能器   D. 二位三通电磁阀

图 7-15   液压元件图形符号 2

（7）将下列液压元件与其对应的图形符号（图 7-16）连线。

A. 先导式减压阀   B. 节流阀

C. 二位三通行程阀   D. 三位四通液控阀

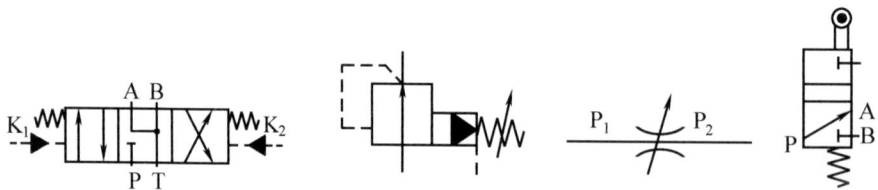

图 7-16   液压元件图形符号 3

（8）将下列液压元件与其对应的图形符号（图 7-17）连线。

A. 单向节流阀   B. 调速阀

C. 单向行程调速阀   D. 先导式溢流阀

图 7-17   液压元件图形符号 4

（9）将图 7-18 所示的中位机能与其对应的图形符号连线。

图 7-18　中位机能

（10）节流阀在定量泵的液压系统中与溢流阀组合，组成节流调速回路，将下面的回路名称与其对应的节流调速回路（图 7-19）连线。

A. 进油路节流调速回路　　　　　　B. 回油路节流调速回路
C. 旁油路节流调速回路

图 7-19　液压系统回路

项目 8　液压传动系统的识读与维护

一、课前生活体验

1. 多项选择题

（1）关于人体血液循环系统的保养，你的判断是（　　　）。

A. 定期体检

B. 当某个器官出现不适时，应及时就医

C. 保持血压稳定

D. 不吸烟、不酗酒，防止对器官的伤害

E. 避免剧烈运动，防止心率过快、过慢

F. 保持系统良性循环的关键在于对血液的维护

（2）关于自来水管路系统维护，凭你的观察，下列说法正确的是（　　　）。

A. 保证水源安全，防止污染

B. 定期观察各个测压点水压，防止异常

C. 定期检查水路中各种阀

D. 加强密封检查，防止泄漏

（3）图 8-1 是靖江市局部地图，下列说法正确的是（　　　）。

A. 图中的标识是有规律的

B. 根据它可以确定从 A 点走到 B 点的最短路径

C. 找到目标路线需要你的耐心

D. 可以看出各建筑物相对位置，但看不出建筑物形状

图 8-1　靖江市局部地图

2. 判断题

（1）观察图 8-2a 和图 8-2b，图 8-2a 灯是亮的，图 8-2b 灯是不亮的。   （   ）

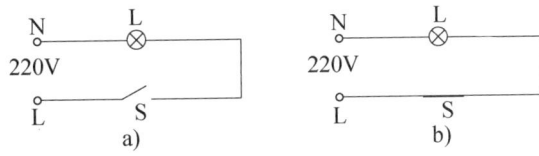

图 8-2   电路图

（2）图 8-3 所示为卧式车床，大拖板左右运动是依靠丝杠螺母机构来驱动的。

（   ）

图 8-3   卧式车床

二、课中项目训练

项目8 训练报告

训练人姓名		训练时间		训练地点	
同组训练人姓名		年级/专业		指导教师	
训练目标					
训练任务	任务1:任务实践,识读 YT4543 型液压动力滑台液压系统 任务2:任务实践,识读汽车起重机液压系统				

训练条件	主要硬件名称和型号	名称	型号	主要参数
	主要软件名称			
	主要工具名称			
	其他条件			

训练内容	任务1	任务2
知识基础	(1)快进时,进油路线为____,回油路线为____。(以元件代号表示,下同),快动方式为____ (2)一工进时,进油路线为____,回油路线为____ (3)一工进速度由阀____调定,二工进速度由阀____调定,两阀口开度大小关系为____ (4)快退时,进油路为____,回油路为____ (5)死挡块停留时,液压泵的状态为____。原位停止时,液压泵的状态为____ (6)元件1为____(定量、变量)叶片泵,它与元件7和元件8一起组成____调速回路 (7)元件6为____阀,它是由____阀和____阀组合而成,其中两个节流阀的作用是____ (8)液压缸快进信号由____发出;液压缸停留时间由____控制 (9)阀9的动作压力应不小于____压力;阀4的动作压力应不小于____压力。(定性描述)	(1)元件2的名称为____,作用为____ (2)元件4的名称为____,作用为____ (3)元件5的名称为____,作用为____ (4)该液压传动系统的压力是由阀____调节 (5)前支腿伸出时,进油路为____,回油路为____。两缸运行时一般有先后顺序,其原因为____ (6)吊臂回转时,进油路为____,回油路为____ (7)伸缩液压缸的活塞杆伸出顺序为:先____,后____;缩回顺序为:先____,后____ (8)前后支腿缸的活塞杆____的活塞杆(能、不能)同时做伸出动作 (9)吊臂回转与变幅____(能、不能)同时进行 (10)防止起重物自行下落的措施有____

训练内容	任务 1	任务 2
能力基础	问题 1:若将阀 7 和阀 8 的串联形式改为并联形式,应如何连接使回路实现相同的功能? 问题 2:若阀 2 漏装或损坏,分析其后果	问题 1:若把阀 5 换成阀 ,功能效果有何区别? 问题 2:起吊时,起升马达系统动作缓慢或不动,试分析可能的原因
规范或注意事项		
结论或体会		
审阅评价		指导教师: 年　月　日

三、课后知识巩固

1. 判断题

（1）多级缸的活塞杆缩回时与其伸出时顺序相反，先是小直径活塞杆缩回，后是大直径活塞杆缩回。（　　）

（2）采用单向顺序阀的平衡回路只适用于工作部件重量不大且不变化，活塞锁住时定位精度要求不高的场合。（　　）

（3）采用液控顺序阀的平衡回路适用于运动部件重量有变化的液压传动系统中。（　　）

（4）在使用液压设备时，应随时注意油位和温升，一般油液的工作温度在 30~60℃ 较合理，最高不超过 60℃，异常升温时应停车检查。冬天气温低，应使用加热器。（　　）

（5）对于新使用的液压设备，使用三个月左右就应清洗油箱、更换油液，以后每隔半年至一年进行一次清洗和换油。（　　）

（6）若设备长期不用，应将各调节手柄全部放松，防止弹簧产生永久变形。（　　）

（7）注意液压设备过滤器的使用情况，要定期清洗和更换滤芯。（　　）

（8）在清洗液压元件时，应用棉布擦洗。（　　）

（9）为电液动换向阀实物图，其上面是液动换向阀，下面是电磁换向阀。（　　）

（10）表示三位四通电液动换向阀。（　　）

（11）表示单作用多级缸。（　　）

（12）液压传动系统执行元件进给运动速度控制一般采用调速阀，有几种速度要求，就需要设置几个调速阀。（　　）

（13）进给速度换接主要有两种形式：一是串联调速阀，二是并联调速阀。（　　）

2. 选择题

（1）在图 8-4 所示回路中，若阀 2 和阀 3 开口面积分别为 A_1 和 A_2，则有（　　）

A. $A_1 > A_2$　　　　　B. $A_1 < A_2$

C. $A_1 = A_2$　　　　　D. 无要求

（2）不属于液压系统的维护保养事项范围的是（　　）。

A. 日常检查　　　　　B. 定期检查

C. 综合检查　　　　　D. 领导抽查

图 8-4　液压回路

（3）多级缸活塞杆的伸出顺序是（　　　　）。

A. 先小直径活塞杆，后大直径活塞杆　　　B. 先大直径活塞杆，后小直径活塞杆

C. 同时伸出　　　　　　　　　　　　　　D. 不确定

（4）多级缸活塞杆的缩回顺序是（　　　　）。

A. 先小直径活塞杆，后大直径活塞杆　　　B. 先大直径活塞杆，后小直径活塞杆

C. 同时收缩　　　　　　　　　　　　　　D. 不确定

3. 多项选择题

（1）下列关于电液动换向阀的描述正确的是（　　　　）。

A. 由电磁换向阀和液动换向阀组合而成

B. 电磁换向阀起先导作用，可以改变控制液流的方向，从而改变液动换向阀阀芯的位置

C. 集合了电磁阀易控制，液动阀适合大流量的优点

D. 电磁阀的中位机能需要采用 Y 型或 H 型

（2）比较图 8-5 所示两种形式的平衡回路，下列说法正确的是（　　　　）。

A. 前者是采用单向顺序阀的平衡回路，后者是采用液控单向顺序阀的平衡回路

B. 前者适合定负载或负载重量变化不大的平衡，后者适合变负载平衡

C. 两种回路对换向阀中位机能均无要求

D. 后者较前者更加安全可靠

图 8-5　液压平衡回路

（3）下列关于多路换向阀的描述正确的是（　　　　）。

A. 它将两个以上的换向阀等阀块组合在一起，用以操纵多个执行元件的运动

B. 它多用于工程机械、运输机械和其他要求操纵多个执行元件运动的行走机械

C. 它结构紧凑，管路简单，压力损失小而且安装方便

D. 它一般采用手动控制

（4）下列关于多级缸的描述正确的是（　　　　）。

A. 由两个或多个活塞缸套装而成

B. 前一级活塞缸的活塞杆内孔是后一级活塞缸的缸筒

C. 伸出时可获得很长的工作行程，缩回时可保持很小的结构尺寸

D. 多级缸活塞杆的缩回均利用外力

（5）液压传动系统的使用注意事项包括下列（　　）。

A. 操作者在使用液压设备前，要熟悉液压元件控制机构的操作要领，熟悉各液压元件所需控制的相应执行元件和调节旋钮的转动方向、流量大小变换的关系等

B. 保持液压油清洁，定期检查更换

C. 注意过滤器的使用情况，要定期清洗和更换滤芯

D. 若设备长期不用，应将各调节手柄全部放松，防止弹簧产生永久变形

4. 排序题

（1）将下列识读液压传动系统图的步骤按先后顺序排列起来，为（　　）。

A. 了解液压传动系统功能以及完成动作工况

B. 识读元件的图形符号，初步了解元件的功能

C. 按照电磁铁动作循环，逐个分析进油回路、出油回路

D. 分析系统所包括的基本回路以及所起作用，归纳系统特点

（2）根据液压传动系统图，将完成系统动作循环表所需步骤按先后顺序排列起来，为（　　）。

A. 了解液压传动系统功能以及完成动作工况

B. 识读元件的图形符号，初步了解元件的功能

C. 从液压缸（液压马达）进油和出油情况，反推电磁换向阀所在工作位置，逐个完成系统动作顺序表

D. 对系统动作顺序表进行纵、横向比较，检查是否存在矛盾，并修正

5. 综合题

（1）液压机主要由上滑块机构和下滑块顶出机构组成。上滑块机构由主液压缸（上缸）驱动，下滑块顶出机构由辅助液压缸（下缸）驱动。液压机的上滑块机构通过四个导柱导向、主缸驱动，实现上滑块机构"快速下行→慢速加压→延时保压→快速回程→原位停止"的动作循环。下缸布置在工作台中间孔内，驱动下滑快顶出机构实现"向上顶出→停留→向下退回"或"上位停留→浮动压边下行（即下滑块随上滑块短距离下降）→停止→顶出"的两种动作循环，如图 8-6 所示。图 8-7 所示为 3150kN 通用液压机液压传动系统原理图，表 8-1 为 3150kN 通用液压机液压传动系统动作循环表。试分析该液压传动系统液压油的流向。

表 8-1　3150kN 通用液压机液压传动系统动作循环表

动作循环		1YA	2YA	3YA	4YA	5YA
上缸	快速下行	+	−	−	−	+
	慢速加压	+	−	−	−	−
	延时保压	−	−	−	−	−
	快速回程（泄压）	−	+	−	−	−
	原位停止	−	−	−	−	−
下缸	向上顶出	−	−	+	−	−
	向下退回	−	−	−	+	−
	压边	+	−	−	−	−
	停留	−	−	−	−	−

注："+"表示电磁铁通电；"−"表示电磁铁断电。

图 8-6 液压机动作循环示意图

图 8-7 3150kN 通用液压机液压传动系统原理图

1—主泵（压力补偿变量泵） 2—辅助泵 3、4、18—溢流阀 5—远程调压阀 6、21—电液换向阀

7—压力开关 8—电磁换向阀 9—液控单向阀 10、20—背压阀 11—顺序阀 12—液控滑阀

13—单向阀 14—充液阀 15—油箱 16—上缸 17—下缸 19—节流器 22—压力表

（2）图 8-8 所示为 X 光机透视站位液压传动系统原理图，系统的执行器为荧光屏和受检查者站立的转盘，荧光屏可上下升降，而转盘除可上下升降外还可回转。该液压传

71

动系统可实现"荧光屏升降—转盘升降—转盘回转—系统卸荷"的工作过程。各动作也可单独进行，以方便检查身体各个部位。已知液压泵 1 的额定压力为 2.5MPa，额定流量为 40L/min，元件 2 的调定压力为 1.6MPa；液压缸 15、17 的规格相同，活塞面积均为 0.01m²，各缸的上升速度等于下降速度。试回答下列问题：

1）元件 2 的名称为_____，元件 16 的名称为_____，属于液压传动的_____部分。

2）元件_____（填元件序号）的作用是平衡人体的自重，其名称为_____。

3）转盘的速度是通过元件_____（填元件序号）控制的。其内部结构是由_____和可调节流阀_____（串联、并联）组合而成的。

4）该液压系统分别采用_____和_____构成执行元件闭锁回路。

5）该液压系统_____（有、无）顺序动作回路。

图 8-8　X 光机透视站位液压传动系统原理图

6）各动作单独运行时，在表 8-2 中填写与"荧光屏升降、转盘回转及停止卸荷"相关的电磁铁动作状态（电磁铁得电用+，失电用-）

表 8-2　X 光机液压系统动作循环表

动作	电磁铁状态						
	1YA	2YA	3YA	4YA	5YA	6YA	7YA
荧光屏上升							
荧光屏下降							
转盘沿顺时针方向转							
转盘沿逆时针方向转							

动作	电磁铁状态						
	1YA	2YA	3YA	4YA	5YA	6YA	7YA
转盘上升							
转盘下降							
停止卸荷							

7）该液压传动系统中液压缸活塞杆的往复运动范围约为有效行程的_____倍。

8）若缸 15 单独运动时，速度为 4m/min，各种损失不计，则上升时流过元件 5 的流量是_____L/min，下降时流过元件 2 的流量是_____L/min。

9）若油液流过阀 7 的压力损失 ΔP 为 0.6MPa，其他压力损失不计，则缸 17 上升时顶起的重量为_____kN。

10）若荧光屏的自重为 6kN，为防止荧光屏自行下滑，则元件 11 的最小调定压力为_____MPa。

a) 结构原理图　　　　b) 图形符号　　　　c) 实物图

图 3-5　直动式减压阀

1—调整手柄　2—调压弹簧　3—弹簧座　4—膜片　5—阀芯　6—阀套
7—阻尼孔　8—阀口　9—复位弹簧

（2）油雾器及其润滑功能　油雾器是一种特殊的注油装置。它以压缩空气为动力，将润滑油喷射成雾状并混合于压缩空气中，使压缩空气具有润滑气动元件的能力，以减小相对运动元件之间的摩擦力，从而减少密封材料的磨损，防止泄漏，减少管道和金属零部件的腐蚀，延长元件的使用寿命。

图 3-6a 所示为油雾器的工作原理，当气流经过节流小孔时，压力降为 p_2，当输入压力 p_1 和 p_2 的差大于位能 ρgh 时，油液被吸入，并被节流口处的高速气流冲散，雾化后从输出口喷出。图 3-6b、c 所示分别为油雾器的实物和图形符号。

> **资料卡**
> 油雾器工作原理应用了伯努利方程，即流速增加引起压力下降。

使用油雾器时有以下注意事项。

1）油雾器一般安装在过滤器、减压阀之后，且应尽量靠近需要润滑的气动元件，距离一般不超过 5m。

2）选择油雾器的主要依据是气动装置所需空气流量及油雾粒度的大小。普通型油雾器主要用于一般气缸和气阀的润滑。

3）油雾器油杯中的油须保持在工作液位（最高和最低液位之间）。其供油量随使用场合的不同而不同，每 $10m^3$ 自由空气供给约 $1cm^3$ 的油。

4）油雾器中的油量要合适，过多的润滑油会导致先导阀口堵塞，使油液粘在驱动器、阀、消声器等上，会破坏密封性或损坏其他敏感材料，带来生锈、微粒等其他影响。

5）测试油雾器油量时，可以将一张白纸放在油雾器输出口附近，在距油雾器大约 30cm 处用风枪朝白纸吹气 30s，白纸应该微微泛黄，且不能有油滴流下，如图 3-7 所示。

a) 工作原理　　　b) 实物　　　c) 图形符号

图 3-6　油雾器

图 3-7　油雾器油量测试

> **资料卡**
>
> 　　油雾器的主要技术参数有接管口径（如 PT1/8）、额定流量（L/min）、油杯容量、最高使用压力、建议润滑油等。

3. 供气管道

（1）**管件**　管件在气动系统中相当于人体的动静脉，起着连接各元件的重要作用，通过它向各气动元件、装置和控制点输送压缩空气。

管件的材料有金属和非金属之分，金属管件多用于车间气源管道和大型气动设备；非金属管件多用于中小型气动系统元件之间的连接，以及需要经常移动的元件之间的连接（如气动工具）。

气动软管是气动系统最主要的连接管件。软管的特点是有可挠性、吸振性、消声性，以及连接、调整方便等。气动软管主要有橡胶管、尼龙管、聚氨酯管和聚乙烯管等。

（2）**管接头**　气动系统中使用的管接头的结构及工作原理与后面将介绍的液压管接头基本相似。气动软管管接头的种类、规格很多，常用的结构形式有快换式管接头、快插式管接头、快拧式管接头和宝塔式管接头等。管接头的形式有直通、直角、三通、四通、多通、变径、内外螺纹及带单向阀等，如图 3-8 所示。软管管接头的材料一般为黄铜或工程塑料。

a) 三通(螺纹，Y形)　　b) 三通(变径，Y形)　　c) 二通(直角)　　d) 二通(直通)

图 3-8　管接头的部分形式

图 3-9 所示为常用于气动控制回路中连接尼龙管和聚氨酯管的快插式管接头。使用时将管子插入后，管接头的弹性卡环将其咬合固定，并用密封圈密封。拆卸时，只需将弹性卡环压下，即可方便地拔出管子。快插式管接头的种类繁多，尺寸系列十分齐全，是软管连接中应用最广泛的一种管接头。

图 3-10 所示为带单向元件的快换式管接头，其内部装有单向元件，接头相互连接时靠钢球定位，两侧气路接通。拆下接头时，气路即断开，不需要安装气源开关。快换式

接头是一种既不需要使用工具，又能实现快速装拆的管接头。

图 3-9　快插式管接头

1—外壳　2—螺纹接头　3—端头

4—卡环　5—密封圈

图 3-10　快换式管接头

1—弹簧　2—活塞　3—钢球　4—宝塔

接头　5—弹簧销　6—支架

（3）供气系统管路　供气系统管路主要包括以下三个方面。

1）压缩空气站内的气源管路。它包括空气压缩机的排气口至冷却器、排水分离器、气罐、空气干燥器等设备的压缩空气输送管路。

2）厂区压缩空气管路。它包括从压缩空气站至各用气车间的压缩空气输送管路。

3）用气车间压缩空气管路。它包括从车间入口到气动装置和气动设备的压缩空气输送管路。

4. 气源压力控制

（1）利用压力断路器控制压力　图 3-11 所示为空气压缩机简易电气控制图，合上断路器，即可起动电动机。当压缩空气的压力达到安全设定值时，压力断路器断开，控制磁力起动器断开，电动机停止运转；当压缩空气的压力降低到一定值后，压力断路器复位，控制磁力起动器闭合，电动机继续运转。通过调节压力断路器上的旋钮，即可设定压缩空气的安全压力值。

（2）利用安全气阀控制压力　安全气阀的压力控制也是气源系统的一次压力控制。图 3-12 所示为利用安装在气罐上的安全气阀 1 实现压缩空气压力的安全控制。当气罐内

图 3-11　空气压缩机简易电气控制图

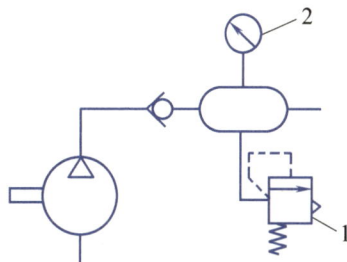

图 3-12　气源安全保护回路

1—安全气阀　2—压力表

的压力达到规定压力时，推开安全气阀内的阀芯或膜片，气阀打开，向大气放气，控制气罐内压力的最高值，实现安全保护。图 3-13 所示为安全气阀的结构原理和实物。

a) 球阀式安全气　　　b) 膜片式安全气　　　c) 球阀式安全
阀结构原理图　　　　阀结构原理图　　　　气阀实物图

图 3-13　安全气阀

1—调压螺母　2—调压弹簧　3—阀芯　4—膜片

疑难诊断

问题：接通电源后空气压缩机不动作，试分析可能的原因和解决措施。

答：1）控制电路断路，应检查电路，使电路接通。

2）气罐中压缩空气的压力已经达到安全值。若压力值未达到系统要求值，可做适当调整。

3）空气压缩机本身故障，应检修并排除故障。

总结评价

通过以上学习，对任务实践的完成情况和相关知识的了解情况做出客观评价，并填写表 3-2。

表 3-2　组建气源系统任务评价

序号	评价内容	达标要求	自评	组评
1	气源系统的组成	熟悉气源系统的基本构成，以及各组成部件的作用		
2	空气压缩机	熟悉空气压缩机的工作原理及其控制电路，能正确调试控制电路		
3	气源处理装置、气源净化装置	熟悉气源处理装置的作用、安装方式及调整事项，会调节气源处理装置，熟悉气源净化装置（项目2任务2）及其安装方式		
4	气动系统管件等	熟悉典型管件、管接头的类型及其装接方式		

（续）

序号	评价内容	达标要求	自评	组评
5	简单故障的排除	能判断产生故障的可能原因并排除故障		
6	文明实践活动	遵守纪律,按规程活动		
总体评价				
再学习评价记录				

知识拓展

空气压缩机的选用

选用空气压缩机时，首先按系统特点确定空气压缩机的类型，然后确定空气压缩机的工作压力与流量。

（1）工作压力　一般气动系统的工作压力为0.5~0.6MPa，故应选用额定工作压力为0.7~0.8MPa的空气压缩机。

（2）流量　对每台气动装置来讲，执行元件通常是断续工作的，因而耗气量也是断续的，并且每个耗气元件的耗气量也不同。因此，在供气系统中，把所有气动元件和装置在一定时间内的平均耗气量之和作为确定压缩空气站供气量的依据，并将各元件和装置在不同压力下的压缩空气流量转换为大气压下的自由空气流量。其计算公式为

$$q_z = q_y \times \frac{p+0.1013}{0.1013} \tag{3-1}$$

式中　q_z——自由空气流量（m^3/s）；

q_y——在压力p下的压缩空气流量（m^3/s）；

p——压缩空气压力（MPa）。

若某台设备的气动系统有m个气动执行元件，其平均最大耗气量q_{zi}为

$$q_{zi} = \frac{\sum_{j=1}^{m} a q_{zj} t}{T} \tag{3-2}$$

式中　a——气缸在一个周期T内的单程动作次数；

m——每台设备上所用气缸个数；

t——某执行元件一个单行程所用时间（s）；

q_{zj}——某执行元件一个行程中的自由空气流量（m^3/s）；

T——某台设备一个工作循环的周期（s）。

实际选用空气压缩机时还要考虑泄漏等因素对供气量的影响，故空气压缩机或压缩空气站的计算供气量为

$$q = \psi K_1 K_2 \sum_{i=1}^{n} q_{zi} \tag{3-3}$$

式中　n——使用气动设备台数；

K_1——泄漏系数，$K_1 = 1.15~1.5$；

K_2——备用系数，$K_2 = 1.3 \sim 1.6$；

ψ——利用系数，$\psi = 0.3 \sim 1$。

课后思考

1. 在实际工作过程中，空气压缩机频繁起动，可能的原因有哪些？
2. 压缩空气站应该做好哪些维护工作？

任务 2 认识气缸与气马达

任务描述

气动执行元件是一种将压缩空气的气体压力能转化为机械能，实现直线运动或回转运动（包括摆动）的传动装置。气动执行元件有两大类：一类是产生直线运动的气缸；另一类是实现回转运动的气马达，包括在一定角度范围内摆动的摆动马达（也称摆动气缸）和产生连续转动的气马达。

在气动自动化系统中，由于气缸的成本相对较低、容易安装、结构简单、耐用、多种缸径尺寸及行程可选，因此成为应用最广泛的一种气动执行元件。

气动执行元件多数已经标准化、系列化，并由专业生产厂家制造。用户一般仅需要根据动作要求，按照生产厂家提供的产品样本，选用（或定制）合适类型、规格和安装形式等的气动执行元件即可。认识气动执行元件的类型、规格、安装形式和使用特点等是本任务的内容。

思维导图

任务实践

认识气动执行元件（气缸）

实施步骤如下：

1）学生在教师指导下，去当地气动元件商店、气动元件生产厂家或气动设备使用企业，实地了解气动执行元件。

2）根据学校的实际情况，由任课教师在课前准备若干种不同类型、不同规格的气动执行元件。

3）课上由学生分组识别和分析各种气动执行元件，拆装一只普通气缸，并完成表3-3。

表3-3　认识气缸与气马达总结

序号	气缸的名称	输出运动方式	缸径	行程或转角	工作压力	使用温度	动作形式（单动、双动）	活塞杆外径	气口螺纹尺寸	缓冲形式（有、无）	安装方式	应用举例
主要结论												

4）分组说明气缸的类型、规格等。

5）总结，整理场地。

知识链接

1. 普通气缸

普通气缸由缸筒、前后缸盖、活塞、密封件和紧固件等组成。它在各类气缸中应用最为广泛。

> **资料卡**
>
> 普通气缸的主要参数有缸径、行程、工作压力、使用温度、缓冲形式（有、无）、动作形式（单动、双动）、活塞杆外径、气口螺纹尺寸、安装方式等。

图3-14a所示为单作用单杆缸的结构原理图。在活塞的一侧装有使活塞杆复位的弹簧，在另一端缸盖上开有起呼吸作用的气口。单作用单杆缸的工作特点如下。

1）单边进气，结构简单，耗气量小。

a) 结构原理图

b) 实物图

c) 图形符号

图3-14　单作用单杆缸

单作用单杆缸的工作过程

2）缸内安装了弹簧，增加了气缸长度，缩短了气缸的有效行程。

3）借助弹簧力复位，使一部分压缩空气的能量用来克服弹簧张力，减小了活塞杆的输出力，而且输出力的大小和活塞杆的运动速度在整个行程中随弹簧的形变而变化。

4）多用于行程较短以及对活塞杆输出力和运动速度要求不高的场合。

图 3-14b、c 所示为单作用单杆缸的实物图和图形符号。

图 3-15a 所示为双作用单杆缸的结构原理图。此气缸由活塞分成两个腔，即有活塞杆的有杆腔和无活塞杆的无杆腔。当压缩空气进入无杆腔时，压缩空气作用在活塞右端面上的力将克服各种反作用力，推动活塞前进，有杆腔内的空气被排入大气，使活塞杆伸出；反之，当压缩空气进入有杆腔时，活塞杆返回。无杆腔和有杆腔的交替进气和排气，使活塞伸出和退回，气缸实现往复运动。为了减缓运动冲击，活塞端部常设置有缓冲柱塞，端盖上开有相应的缓冲柱塞孔。图 3-15b、c 所示为双作用单杆缸的实物图和图形符号。

a) 结构原理图

b) 实物图

c) 图形符号

图 3-15 双作用单杆缸

1—后缸盖 2—密封圈 3—缓冲密封圈 4—活塞密封圈 5—活塞 6—缓冲柱塞 7—活塞杆
8—缸筒 9—缓冲节流阀 10—导向柱 11—前缸盖 12—防尘密封圈 13—磁铁 14—导向环

2. 标准气缸

标准气缸是符合国际标准 ISO 6430 等的普通气缸。需要说明的是，不同厂商生产的符合国际标准的气缸，其在使用中并不能完全互换，而只有同时符合德国机械工业协会标准 VDMA 24562 的气缸才能完全互换。图 3-16a 所示为某标准气缸的尺寸，图 3-16b 所示为 SC 系列标准气缸实物图。标准气缸缸径及行程标准系列见表 3-4。

表 3-4 标准气缸缸径及行程标准系列 （单位：mm）

缸径	8、10、12、16、20、25、32、40、50、63、80、100、125、160、200、250、320、400 等
行程	25、50、80、100、125、200、250、320、400、500、630、800、1000、1250、2000 等

a) 尺寸

b) SC系列标准气缸实物图

图 3-16　某标准气缸

1—带螺纹的内六角圆柱头螺钉　2—终端缓冲调节螺钉　+—再加行程

3. 气马达

图 3-17a 所示是叶片式气马达的结构原理图。压缩空气由 A 孔输入时分为两路：一路经定子两端密封盖的槽进入叶片底部（图中未表示），将叶片推出，叶片靠此气压推力及转子转动后离心力的综合作用而紧密地贴在定子内壁上；另一路经 A 孔进入相应的密封空间而作用在两个叶片上，由于两叶片的伸出长度不等，故产生了转矩差，使叶片与转子沿逆时针方向旋转。若改变压缩空气的输入方向，即压缩空气自 B 孔进入，则可改变转子的转向。图 3-17b、c 所示分别为叶片式气马达的实物图和气马达的图形符号。

a) 结构原理图　　　　　　b) 实物图　　　　　　c) 图形符号

图 3-17　叶片式气马达

图 3-18a 所示为径向活塞式气马达的结构原理图。压缩空气经进气口进入分配阀（又称配气阀）后再进入气缸，推动活塞及连杆组件运动，在使曲轴旋转的同时，带动固定

在曲轴上的分配阀同步转动，使压缩空气随着分配阀角度位置的改变进入不同的缸内，依次推动各个活塞运动，并由各活塞及连杆带动曲轴连续运转。与此同时，与气缸相对应的气缸则处于排气状态。图3-18b所示为径向活塞式气马达的实物图。

a) 结构原理图　　　　b) 实物图

图 3-18　径向活塞式气马达

与电动机相比，气马达具有以下特点。

1）可以无级调速。只要控制进气阀或排气阀的阀口开度，即控制输入或输出压缩空气的流量，就能调节气马达的输出功率和转速。

2）能够实现瞬时换向。只要简单地操纵气阀来变换进、出气方向，即能实现气马达输出轴正转和反转的换接。

3）工作安全，适用于恶劣的工作环境，使用过的空气也不需要处理，不会造成污染。

4）有过载保护作用，不会因过载而发生故障。

5）具有较高的起动力矩，可以直接带负载起动。

6）功率范围及转速范围较宽。气马达的功率小到几百瓦，大到几万瓦，转速可以从零到25000r/min或更高。

7）可长时间满载运转，温升较小。

8）由于气马达具有输出功率小、耗气量大、效率低、噪声大和易产生振动等缺点，因此常用于潮湿、调温、高粉尘等恶劣环境。气马达不仅能用于矿山机械中的凿岩、钻采、装载等设备中，而且在船舶、冶金、化工、造纸等行业也得到了广泛应用。

4. 气缸的选择及使用要求

（1）气缸的选择

1）安装形式的选择。安装形式由安装位置、使用目的等因素决定，一般场合下，多用固定式气缸。在需要随工作机构连续回转时，应选择回转气缸；在既要求活塞杆做直线运动，又要求缸体本身做较大圆弧摆动时，应选用轴销式气缸；有特殊要求时，可选用特殊气缸。

2）作用力的确定。根据机构所需力的大小来确定气缸的推力或拉力。

3）气缸行程的确定。气缸行程与机构所需的行程有关，也受加工和结构的限制。

4）活塞（或缸体）运动速度的确定。运动速度主要取决于输入气缸的压缩空气流量、气缸进出气口大小，以及导管内径的大小。普通气缸的运动速度一般为0.5～1m/s。

5）气缸内径的选定。决定气缸内径的主要因素是气缸负载及气源供气压力。

（2）气缸在使用中的注意事项

1）应根据气缸的具体安装位置和运动方式，合理选择安装辅件。

2）在需要加装节流阀调速的情况下，应选择排气节流阀，以消除气缸的爬行现象。

3）有些气缸可以在没有油雾器的环境下正常工作，一旦使用了油雾器就需要一直使用。

4）活塞杆与工件之间宜采用柔性连接，以补偿轴向和径向偏差。

5）应尽量避免活塞杆头部螺纹退刀槽承受冲击力和转矩。

6）应保证气源的清洁，定期对气缸进行检查、清洗，尤其要注意对活塞杆的保养，以延长气缸的使用寿命。

5. 常见的气缸安装方式

如图 3-19 所示，气缸的安装方式有脚架安装、前法兰安装等。

a) 脚架安装   b) 前法兰安装   c) 前耳轴安装

d) 后耳环安装   e) 螺纹安装   f) 后法兰安装

g) 中间耳轴安装

图 3-19 常见的气缸安装方式

疑难诊断

问题 1：根据对普通气缸拆装的分析，造成气缸缓冲效果不佳的可能原因有哪些？如何改进？

答：1）缓冲部分的密封圈密封性能变差，应更换密封圈。

2）调节螺钉损坏，应更换调节螺钉。

3）外部原因，可能是气缸运动速度太快，应检查缓冲机构和结构是否合适。

问题 2：根据对普通气缸拆装的分析，造成气缸左、右两腔出现"窜气"（即在工作时，高压腔的压缩空气流入低压腔）的可能原因有哪些？

答：1）活塞密封圈损坏。

2）润滑不良。

3）活塞及缸筒内表面存在划伤缺陷。

4）活塞被卡住。

总结评价

通过以上的学习，对任务实践的完成情况和相关知识的了解情况做出客观评价，并填写表 3-5。

表 3-5　认识气缸与气马达任务评价

序号	评价内容	达标要求	自评	组评
1	普通气缸与标准气缸	熟悉普通气缸与标准气缸的结构和工作原理,正确识读气缸类型和参数,熟悉气缸缓冲形式,初步具备合理选用气缸的能力		
2	气马达	了解气马达的类型,熟悉其应用特点		
3	其他气缸	了解其他气缸的种类及应用特点		
4	简单故障的排除	能根据气缸的结构特点,诊断并排除与气缸相关的简单故障		
5	文明实践活动	遵守纪律,按规程活动		
总体评价				
再学习评价记录				

知识拓展

1. 特殊气缸简介

（1）膜片式气缸　膜片式气缸是一种利用压缩空气，通过膜片的变形来推动活塞杆做直线运动的气缸。它由缸体、膜片、膜盘和活塞杆等主要零件组成，分为双作用膜片缸和单作用膜片缸，如图 3-20a、b 所示。

膜片式气缸的膜片可以做成盘形膜片和平膜片两种形式。膜片材料为夹织物橡胶、钢片或磷青铜片。常用的膜片材料是厚度为 5~6mm 的夹织物橡胶，而金属膜片只用于行程较小的膜片式气缸。

膜片式气缸具有结构紧凑、维修方便、密封性能好、制造成本低等优点，但因膜片的变形量有限，故其行程较短（一般为 40~50mm），且气缸活塞上的输出力随着行程的

膜片式气缸的工作过程

a) 双作用膜片缸的结构图和图形符号　　b) 单作用膜片缸的结构图和图形符号　　c) 单作用膜片缸实物图

图 3-20　膜片式气缸

1—缸体　2—膜片　3—膜盘　4—活塞杆

加大而减小。膜片式气缸被广泛应用在化工生产过程中的调节器上。

图 3-20c 所示为单作用膜片缸的实物图。

（2）**手指气缸**　手指气缸俗称气爪。气爪能实现各种抓取功能，是现代气动机械手的关键部件。气爪有平行气爪、摆动气爪、旋转气爪、三点气爪等形式。图 3-21 所示为平行气爪，它通过两个活塞工作，两个气爪对心移动。这种气爪可以输出很大的抓取力，既可用于内抓取，也可用于外抓取。

（3）**摆动气缸**　摆动气缸也称摆动马达，是将压缩空气的压力能转变成气缸输出轴的有限回转机械能的一种气缸。

图 3-22a 所示为单叶片摆动气缸的结构原理图，定子 3 与缸体 4 固定在一起，叶片 1 和转子 2（输出轴）连接在一起。当左腔进气时，转子沿顺时针方向转动；反之，转子沿逆时针方向转动。单叶片摆动气缸多用于安装位置受到限制或转动角度小于

a）结构原理图　　b）实物图

图 3-21　平行气爪

1—双曲柄　2—滚轮

360°的回转工作部件，如夹具的回转、阀门的开启、转塔车床刀架的转位、自动线上物料的转位等场合。图 3-22b、c 所示分别为单叶片摆动气缸的实物图和图形符号。

a）结构原理图　　　　b）实物图　　　　c）图形符号

图 3-22　单叶片摆动气缸

1—叶片　2—转子　3—定子　4—缸体

（4）**冲击气缸**　冲击气缸是把压缩空气的能量转化为活塞高速运动能量的一种气缸。其活塞的最大速度可以达到 10m/s 以上，利用此动能做功，可以完成型材下料、打印、铆接、弯曲、折边、压套、破碎、高速切割等多种作业。冲击气缸的冲击能比普通气缸大上百倍。

图 3-23a 所示为冲击气缸的结构原理图。它由缸体、中盖、活塞和活塞杆等组成。中盖与缸体固结在一起，与活塞一起将气缸分成蓄能腔 3、活塞腔 2 和活塞杆腔 1，中盖上有一个喷嘴口 4。冲击气缸的工作过程如下。

1）活塞上移，将喷嘴口 4 关闭。

2）向蓄能腔充气，压缩空气通过喷嘴口的小面积作用在活塞上。因此，当蓄能腔压

力不高时，其对活塞的推力不足以推动活塞，喷嘴口处于关闭状态，蓄能器集聚能量。

3）当压力达到能克服活塞杆腔排气压力与摩擦力的总和时，活塞下移，喷嘴口开启，集聚在蓄能腔中的压缩空气通过喷嘴口突然作用在活塞全面积上，喷嘴口处的气流速度可达到声速。喷入活塞腔的高速气流进一步膨胀，给予活塞很大的向下推力和极高的速度，从而使其获得很大的动能。

a) 结构原理图　　　　b) 打标用冲击气缸实物图

图 3-23　冲击气缸

1—活塞杆腔　2—活塞腔　3—蓄能腔　4—喷嘴口
5—中盖　6—泄气口　7—活塞　8—缸体

图 3-23b 所示为打标用冲击气缸实物图。

2. 活塞杆的连接

活塞杆与工件之间宜采用柔性连接，以补偿轴向或径向偏差以及与气缸在平面上实现摆动连接。如可采用 Y 形带销接头、关节轴承接头、自对中球铰接头等，如图 3-24所示。

a) Y 形带销接头

b) 关节轴承接头

c) 自对中球铰接头　　　　d) 连接法兰

图 3-24　活塞杆与工件之间的连接方式

课后思考

1. 通过网络等资源，找出本项目中未提到的气缸种类，并说明其结构和应用特点。

2. 为什么有的气缸不需要油雾润滑？若使用油雾润滑反而会影响其使用效果？

🌐 学习反思

1. 尽管气压传动节约资源、过程清洁、传输快速，但存在噪声、传动不准确等问题。尽善尽美是人生追求，也是设计系统设备的追求。

2. 动手实践是职业教育教学中重要的环节之一。如果学生没有热爱实践、勇于实践、勤于实践的学习态度，则很难提升自己的职业素养。

气动控制元件及控制回路的组建与调试

📄 项目描述

在气动设备中，工作部件之所以能按设计要求完成动作，是通过对气动执行元件（气缸、气马达等）的运动方向、运动速度及压力大小进行控制和调节来实现的。其中，对气动执行元件运动方向的控制是最基本的。只有当气动执行元件的运动符合要求时，才有必要进一步对其运动速度和压力大小进行控制和调节。

为了发挥气动设备的特定功能，其气动系统必然有着不同的构成形式。无论多么复杂的气动系统，都是由一些基本的和典型的控制回路组成，如气动直接控制与间接控制回路、气动行程控制回路、气动速度和时间控制回路、气动压力控制回路等。这些控制回路又由具有特定功能的气动元件组成。图 4-1 所示为气动元件、回路和系统之间的关系。

图 4-1 气动元件、回路和系统之间的关系

为了能更好地分析、使用、维修和维护气压传动系统，必须熟悉典型气动回路和相关气动元件的基本功能，熟悉典型气动回路的构成和作用，能按工作要求正确组建和调试典型气动回路。

📖 学习目标

1. 强化成本控制意识、操作规范意识和团队协作意识，在探究问题和优化气动回路等过程中培养科学严谨、精益求精、勤恳踏实的工作态度，掌握逆向思维和辩证思维方法。

2. 能读懂典型气动控制元件的图形符号，熟悉其功能、规格型号、元件样本等。

3. 能读懂基本气动回路图，并能按回路图组建和调试简单的气动回路。

4. 能对基本气动回路中的简单故障进行诊断和排除。

5. 熟悉气动控制元件的装接和维护规范。

6. 能应用继电控制技术和 PLC 控制技术实现对气动回路的控制。

任务1 气动直接控制与间接控制回路的组建与调试

📋 任务描述

与电动机的直接起动和间接起动一样，对气动执行元件的控制也有直接控制和间接控制之分。

气动直接控制是通过人力或机械外力直接控制换向阀实现对气动执行元件的动作控制。直接控制所用元件较少、回路简单，多用于单作用气缸或双作用气缸的简单控制，但无法满足有多个换向条件的回路控制。由于直接控制是由人力或机械外力操控换向阀换向的，力量较小，因此只适用于所需压缩空气流量较小和控制阀尺寸相对较小的场合。

气动间接控制是指气动执行元件由气压控制换向阀来控制动作，人力或机械外力等外部输入信号只是通过其他方式直接控制气压控制换向阀，间接控制气动执行元件的动作。间接控制主要用于气动执行元件需要较大的压缩空气流量，控制要求比较复杂，控制信号不止一个，或者输入信号需要经过逻辑运算、延时等处理后才能控制气动执行元件动作的场合。

送料装置是机电（自动化）设备中常见的组成部分。如图4-2所示，利用送料装置将位于垂直料仓中的物料推送到传送带上，并由传送带将其送到规定的加工位置。其中，物料的推出是由一只气缸来实现的，当气缸活塞杆伸出时，物料推出；当气缸活塞杆缩回时，为下次物料推送做准备。本次任务是完成对该送料气缸的控制。

图 4-2 送料装置示意图

🌱 思维导图

🌐 **任务实践**

任务实践 1　送料装置直接控制

1. 回路图（图 4-3）

2. 回路分析

控制方案 1 采用的是单作用单杆气缸，适用于行程较小的场合；控制方案 2 采用的是双作用单杆气缸，适用于行程较大的场合。由于单作用单杆气缸活塞杆的伸出需要压缩空气驱动，活塞杆的缩回靠气缸内部弹簧复位，因此选用的换向阀为只有一个输出口的二位三通手动换向阀。对于双作用单杆气缸，因为活塞杆的伸出和缩回运动均需要压缩空气驱动，所以选用有两个输出口的换向阀。

a) 控制方案1　　　b) 控制方案2

图 4-3　送料装置直接控制回路图
1—气源装置　2—二位三通手动换向阀　3—单作用单杆气缸
4—排气装置　5—二位五通手动换向阀　6—双作用单杆气缸

送料装置直接控制回路仿真

3. 实施步骤

1）在教师的帮助下，按回路图中元件的图形符号选择合适的气缸、换向阀等气动元件。

2）在实训平台上固定气动元件。

3）分别按图 4-3 所示控制方案 1 和控制方案 2 进行回路的连接，并检查连接是否正确。

4）打开气源装置，按下按钮，观察气缸运动情况；松开按钮，观察气缸运动情况。

5）经教师检查评估后，关闭气源装置，拆下管路和元件，并将其放回原位。

任务实践 2　送料装置间接控制

1. 回路图（图 4-4）

2. 回路分析

与直接控制一样，送料装置间接控制方案 1 适用于行程较小的场合；控制方案 2 则适用于行程较大的场合。但是，采用间接控制方案后，二位三通手动换向阀按钮的作用只是控制气控换向阀控制口所需的气压，而不再直接控制气缸运动。

a) 控制方案1　　　b) 控制方案2

图 4-4　送料装置间接控制回路图
1—二位三通手动换向阀　2—二位三通单气控阀　3—单作用
单杆气缸　4—二位五通单气控阀　5—双作用单杆气缸

送料装置间接控制回路仿真

3. 实施步骤

1）利用 FluidSIM-H 或 Automation Studio 气动仿真软件进行运动仿真，如图 4-5 所示（软件使用方法见附录 B、C）。

a) 按钮未按状态(复位)　　　　b) 按钮按下状态

图 4-5　送料装置间接控制单作用气缸仿真结果

2）在教师的帮助下，按回路图中元件的图形符号选择合适的气缸、换向阀等气动元件。

3）在实训平台上固定气动元件。

4）分别按图 4-4 所示控制方案 1 和控制方案 2 进行回路的连接，并检查连接是否正确。

5）打开气源装置，按下按钮，观察气缸运动情况；松开按钮，观察气缸运动情况。

6）经教师检查评估后，关闭气源装置，拆下管路和元件，并将其放回原位。

📚 知识链接

1. 换向阀的功能及分类

换向阀是利用阀芯与阀体间相对位置的改变，使气路接通、切断或变换压缩空气的流动方向，从而使气动执行元件起动、停止或变换运动方向等的元件。按照控制方式不同，换向阀可分为气压控制换向阀、电磁控制换向阀、人力控制换向阀和机械控制换向阀；按阀芯结构不同，又可分为截止式换向阀、滑阀式换向阀和膜片式换向阀等。这里先介绍人力控制和气压控制换向阀，其他阀的工作过程与之相似。

2. 人力控制换向阀

人力控制换向阀是依靠人力对阀芯位置进行切换的换向阀。它分为手动阀和脚踏阀两大类。

图 4-6 所示为截止式二位三通手动换向阀。当手动推压按钮未被按下时，阀芯在弹簧力的作用下位于上位，进气口 1 关闭，工作气口 2 和排气口 3 相通（图 4-6a）；当手动推压按钮被按下时，阀芯在弹簧力的作用下位于下位，排气口 3 被关闭，进气口 1 和工作气口 2 相通（图 4-6b）。

图 4-7 所示为二位三通手动换向阀

a) 按钮未按状态　　　　b) 按钮按下状态

图 4-6　截止式二位三通手动换向阀

1—进气口　2—工作气口　3—排气口

的图形符号，图形符号的绘制要领及读法如下：

1）用方框表示换向阀的工作位置，有几个方框就表示有几个工作位置，简称"位"。

2）方框内的箭头表示在这一位置上气路处于接通状态，但箭头的方向并不一定表示压缩空气的实际流向。

3）方框内的符号"⊥"或"⊤"表示此通路被阀芯封闭，即该气口不通。

图4-7　二位三通手动换向阀的图形符号
1、2、3—气口

4）一个方框的上边和下边与箭头或"⊥"和"⊤"的交点表示换向阀外部连接的接口（气口），有几个交点就是有几个气口，简称"通"。

5）换向阀的读法。一般按照"几位"+"几通"+"控制方式"+"换向阀"表示。图4-7所示的换向阀可以读成"二位三通手动换向阀"。其他换向阀的读法依此类推。

6）针对图4-7所示的图形符号，也可以做这样的描述：这是二位三通手动换向阀，当手动推压按钮未被按下时，阀芯在弹簧的作用下处于复位状态，观察靠近弹簧的方框，气口1关闭，气口2与气口3相通；当手动推压按钮被按下时，观察靠近手动控制方式的方框，气口1与气口2相通，气口3关闭。

7）一般情况下，气动换向阀的进气口用P表示（或用数字1表示），排气口用T表示（或用数字3、5表示），工作气口用A、B等表示（或用数字2、4表示）。表4-1所列为气口两种表示方式的对比。

表4-1　气口两种表示方式的对比

气口	用数字表示（符合ISO 5599标准）	用字母表示（实际中常见）
进气口	1	P
工作气口	2、4	A、B、C
排气口	3、5	R、S、T
控制口	12、14	X、Y、Z
输出信号清零的控制口	10	(Z)
外控口	81、91	—
控制气路排气口	82、84	—

图4-8所示为二位三通手动换向阀的实物图。

图4-9所示为其他几种常见人力控制换向阀的操纵方式。

资料卡

我们可以从铭牌上或产品样本上了解换向阀有以下主要技术参数："位"数和"通"数，常以b/a形式，b—"位"数，a—"通"数；接口螺纹尺寸和阀的公称通径；公称流量；工作压力范围；控制方式；安装方式等。

图 4-8　二位三通手动换向阀的实物图

a) 杠杆式　　　　b) 手柄（带定位记忆）式　　　　c) 踏板式

图 4-9　其他几种常见人力控制换向阀的操纵方式

3. 气压控制换向阀

气压控制换向阀是利用气体压力使阀芯运动，从而改变气体流动方向（气流方向）的一种控制阀。其常用控制方式如下。

（1）加压控制　加压控制是指所加的控制信号压力是逐渐上升的，当气压达到阀芯的动作压力值时，阀换向。加压控制是最常用的一种控制方式。

（2）卸压控制　卸压控制是指所加的控制信号压力是逐渐减小的，当减小到某一压力值时，阀换向。

（3）延时控制　延时控制是利用气流经过小孔或缝隙被节流后，再向气室内充气。经过一定的时间，当气室内的压力升至一定值后，再推动阀芯动作而换向，从而达到延时的目的（见项目 4 任务 5）。

图 4-10 所示为截止式加压单气控二位三通换向阀。图 4-10a 所示为无控制信号 X 时，阀芯在弹簧与进气口 P 的气压作用下，使进气口 P 与工作气口 A 断开，工作气口 A 与排气口 T 接通，阀处于复位状态；图 4-10b 所示为有加压控制信号 X 时，阀芯在控制信号 X 的作用下向下运动，使进气口 P 与工作气口 A 接通，工作气口 A 与排气口 T 断开，阀处于动作状态。图 4-10c 所示为其图形符号，图 4-10d 所示为阀的实物图。

图 4-11 所示为滑柱式加压单气控二位五通换向阀，其工作过程与截止式加压单气控二位三通换向阀类似。图 4-11a 所示为无控制信号 X 时，阀芯在弹簧的作用下位于左位，进气口 P 与工作气口 B 接通，工作气口 A 与排气口 T_1 接通，排气口 T_2 处于关闭状态，阀处于复位状态；图 4-11b 所示为有加压控制信号 X 时，阀芯在控制信号 X 的作用下向

a) 弹簧复位状态　　b) 控制口加气状态　　c) 图形符号　　d) 实物图

图 4-10　截止式加压单气控二位三通换向阀

右运动，进气口 P 与工作气口 A 接通，工作气口 B 与排气口 T_2 接通，排气口 T_1 处于关闭状态，阀处于动作状态。图 4-11c 所示为其图形符号。

a) 弹簧复位状态　　b) 控制口加气状态　　c) 图形符号　　d) 实物图

图 4-11　滑柱式加压单气控二位五通换向阀

4. 消声器

在气动系统工作过程中，气缸、控制阀等气动元件将用过的压缩空气排向大气时，由于排出气体的速度很快，气体体积急剧膨胀，产生涡流，引起气体振动，会发出强烈的排气噪声。排气噪声可达 100~120dB，危害人体健康，使作业环境恶化，工作效率降低。为了消除和减弱这种噪声，应在控制阀等气动元件的排气口处安装消声器。

常见的消声器有吸收型、膨胀干涉型和膨胀干涉吸收型三种形式。图 4-12 所示为吸收型消声器。

a) 结构示意图　　b) 图形符号　　c) 实物图

图 4-12　吸收型消声器
1—消声罩　2—连接件

疑难诊断

问题1：按下手动换向阀手动推压按钮后，气缸活塞杆不动作，可能是什么原因？

答：根据实践经验，引起气缸活塞杆不动作的原因有很多，这里仅介绍几种常见的原因及其排除方法。

1）气源装置未正常供气。若气源供气阀未打开，则应重新打开供气阀；若气源供气压力不足，则应调整减压阀的供气压力。

2）气缸活塞卡死。若存在较大的非轴向负载，则应拆除负载；若活塞滑行阻力大，润滑不良，则应清除粉尘及异物，进行润滑。

3）换向阀不动作。若阀的滑行阻力大、润滑不良，则应清除粉尘，进行润滑；若密封圈变形老化，则应更换密封圈；若弹簧损坏，则应更换弹簧。

问题2：按下手动换向阀手动推压按钮后，气缸活塞杆不伸出只缩回，应如何调整？

答：1）换向阀选型错误。图4-13a、b所示两个换向阀都是二位三通手动换向阀，但它们之间存在明显的区别即常态时，气口通断状态不同：对于图4-13a所示换向阀，进气口P与工作气口A处于断开状态；对于图4-13b所示换向阀，进气口P与工作气口A则处于接通状态。

a) 常闭式　　　　b) 常通式

图4-13　两种常态形式二位三通手动换向阀比较

2）连接气缸的进、出气管接反，交换进、出气管即可。

总结评价

通过以上学习，对任务实践的完成情况和相关知识的了解情况做出客观评价，并填写表4-2。

表4-2　气动直接控制与间接控制回路的组建与调试任务评价

序号	评价内容	达标要求	自评	组评
1	FluidSIM-H 或 Automation Studio 气动仿真软件的使用	会熟练使用气动仿真软件		
2	图形符号的识别、命名与读法	熟悉图形符号的识别方法,能正确读出气动元件的名称		
3	气动直接控制和间接控制的直观理解	理解气动直接控制方法和间接控制方法,能按回路图组建并调节气动直接控制回路和间接控制回路		
4	回路的组建	能按回路图组建并调试回路		

（续）

序号	评价内容	达标要求	自评	组评
5	简单故障的排除	能对气动直接控制回路和间接控制回路中的简单故障进行诊断和排除		
6	文明实践活动	遵守纪律,按规程活动		
总体评价				
再学习评价记录				

知识拓展

截止式换向阀的特点

截止式换向阀和滑阀式换向阀是气动元件和液压元件的两种结构形式。截止式换向阀是气动元件中比较常见的,而滑阀式换向阀常见于液压元件。图4-14所示为两种换向阀结构形式示意图。

a) 截止式　　　　　　b) 滑柱式

图 4-14　两种换向阀结构形式示意图

与滑阀式换向阀相比,截止式换向阀有如下特点:

1) 阀芯的行程短,只要移动很小的距离就能使阀完全开启,故阀的开启时间短、流量特性好、结构紧凑,适用于大流量场合。

2) 一般采用软质材料（如橡胶）密封且阀芯始终存在背压,关闭时密封性好、泄漏量小,但换向力较大,换向时冲击也较大,因此不宜用在灵敏度要求较高的场合。

3) 抗粉尘及污染能力强,对过滤精度要求不高。

课后思考

1. 描述气动直接控制和间接控制的应用特点。

2. 如图4-15所示,二位五通手动换向阀能否用作二位三通手动换向阀,如何实现?

图 4-15　题 2 图

3. 读出图 4-16 所示气动元件图形符号的名称。

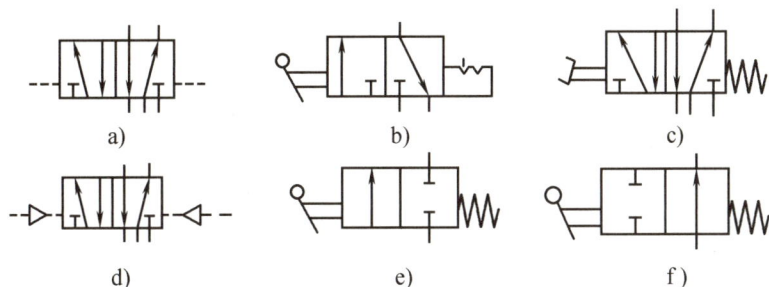

图 4-16　题 3 图

任务 2　气动逻辑控制回路的组建与调试

📋 任务描述

逻辑控制在生活及工业生产中经常用到。例如，用甲、乙两只开关控制一盏电灯，仅当甲、乙两只开关同时合上时，电灯才点亮；或者甲、乙两开关只要有一只合上，电灯就会被点亮。对于前者，两开关构成逻辑"与"的关系；对于后者，两开关则构成逻辑"或"的关系，如图 4-17 所示。

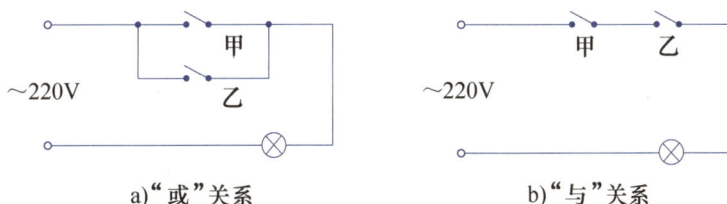

a)"或"关系　　　　　b)"与"关系

图 4-17　电灯的控制

在气动系统中，控制执行元件动作的信号往往有多个，信号之间常常需要建立一定的逻辑关系。处理这些输入控制信号之间的逻辑关系，实现执行元件的动作，是逻辑控制回路的主要功能。

逻辑关系有"是""非""与""或""与非""或非""同或"等，但"与""或"是气动系统中最常见的逻辑关系。

图 4-18 所示为用一个双作用气缸控制剪刀做剪切运动的木材剪切机示意图。为了确保施工者的安全，避免因误动作而造成人身意外伤害，要求施工者在切断起动过程中必须采用双手操作，即当施工者两手同时按下控制按钮或手柄后，气缸才做剪切动作；当松开任一控制按钮后，气缸

图 4-18　木材剪切机示意图

做返回动作。本次任务是实现对木材剪切机的逻辑控制。

思维导图

任务实践

木材剪切机的逻辑控制

1. 回路图（图 4-19）

2. 回路分析

木材剪切机的逻辑控制回路仿真

两个控制方案均采用两只气控换向阀控制气缸动作。控制方案 1 中两气控换向阀串联；控制方案 2 引入一只双压阀，实现"与"逻辑。

3. 实施步骤

1）利用 FluidSIM-H 或 Automation Studio 气动仿真软件进行运动仿真。

2）在教师的帮助下，按回路图中的元件图形符号选择合适的气缸、换向阀等气动元件。

3）在实训平台上固定气动元件。

4）分别按图 4-19 所示控制方案 1 和控制方案 2 进行回路的连接，并检查连接是否正确。

a) 控制方案1   b) 控制方案2

图 4-19　木材剪切机的逻辑控制回路图
1、2—二位三通单气控阀　3—二位五
通单气控阀　4—气缸　5—双压阀

5）打开气源装置，首先分别按下气控阀 1、2 的手动推压按钮，观察气缸运动情况；然后分别松开按钮，观察气缸运动情况。

6）判断该回路是否实现"与"逻辑，即当且仅当阀 1、2 的手动推压按钮被同时按下时，气缸才动作。

7）经教师检查评估后，关闭气源装置，拆下管路和元件，并将其放回原位。

知识链接

1. 双压阀

双压阀属于方向控制阀，它有两个进气口（X 和 Y）和一个排气口 A。如图 4-20a 所示，若先从进气口 X 输入压缩空气，随后也在进气口 Y 输入压缩空气，则进气口 Y 的压缩空气由排气口 A 输出；若先从进气口 Y 输入压缩空气，情况亦然。若从进气口 X 和 Y 输入的压缩空气压力不等，则高压侧的进气口被封闭，而从低压侧进气口输入的压缩空气通过排气口 A 输出。当压缩空气单独由进气口 X 或 Y 输入时，其压力促使阀芯移动，封闭了与排气口 A 的通道，即排气口 A 无气体输出。在逻辑控制中，双压阀又称"与门"逻辑元件。图 4-20b、c 所示分别为双压阀的图形符号和实物图。

双压阀的工作过程

a) 工作过程图　　　　　　b) 图形符号　　c) 实物图

图 4-20　双压阀

2. 梭阀

与双压阀一样，梭阀也属于方向控制阀，它也有两个进气口（X 和 Y）和一个排气口 A。如图 4-21a 所示，当仅从进气口 X 输入压缩空气时，阀芯向右移动将进气口 Y 封闭，从进气口 X 输入的压缩空气从排气口 A 输出；反之，从进气口 Y 输入的压缩空气从排气口 A 输出。当从进气口 X、Y 同时输入压缩空气时，哪端压力高，排气口 A 就与哪端相通，另一端就自动关闭。由于阀芯像织布的梭子一样来回运动，因此称为梭阀，它相当于两个单向阀的组合。图 4-21b、c 所示分别为梭阀的图形符号和实物图。在逻辑控制中，梭阀又称"或门"逻辑元件。

梭阀的工作过程

a) 工作过程图　　　　　　b) 图形符号　　c) 实物图

图 4-21　梭阀

3. 逻辑回路

逻辑功能可由气动逻辑元件实现，也可以由方向控制阀实现。下面介绍由方向控制阀实现的几种基本逻辑回路。

（1）是门回路　一个常闭式二位三通阀可构建一个是门回路，如图 4-22 所示。当有气控信号 X 时，阀的排气口有气体输出；当没有气控信号 X 时，阀的排气口没有气体输出。因此，起动按钮是一个是门。

（2）非门回路 若把二位三通阀换成常通式，可构建一个非门回路，如图 4-23 所示。当没有气控信号 X 时，阀的排气口有气体输出；当有气控信号 X 时，阀的排气口反而没有气体输出。因此，停止按钮是一个非门。

图 4-22 是门回路

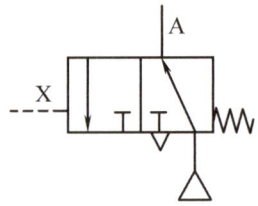

图 4-23 非门回路

（3）与门回路 把两个常闭式二位三通阀按图 4-24a 所示串联起来，就成了一个与门回路。图 4-24b 所示为将常断式二位三通的气源口作为信号输入口，也成为一个与门回路。在锻压和成形机床中，为避免发生事故，常采用与门回路，要求双手同时按下操作按钮时，机床才能正常工作。前面已述，一个双压阀也可构建一个与门回路。

（4）或门回路 把两个常闭式二位三通阀按图 4-25 所示并联起来，就组成了一个或门回路。由图可见，两个阀中只要有一个换向，或门回路就有气体输出。前面已述，一个梭阀可以构成一个或门回路。或门回路常用于需要进行两地控制的回路。

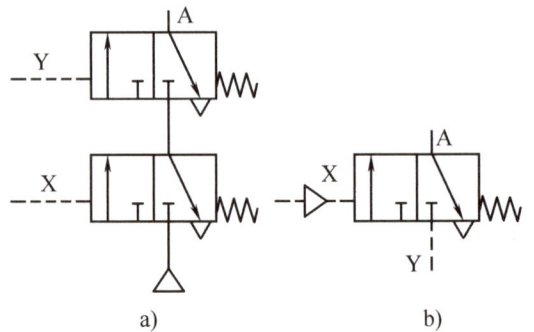

a) b)

图 4-24 与门回路

（5）记忆回路 一个双气控二位五通阀可构建一个双输出的记忆回路，如图 4-26 所示。当有气控信号 X 时，工作气口 A 有气体输出，工作气口 B 无气体输出；若此时气控信号 X 消失，则阀仍保持工作气口 A 有气体输出，即"记忆"。反之，若有气控信号 Y 时工作气口 B 有气体输出，工作气口 A 无气体输出；若此时气控信号 Y 消失，则阀仍保持工作气口 B 有气体输出状态。需要注意的是，信号输入口 X、Y 不能同时有信号输入，否则阀会出现不稳定状态。

图 4-25 或门回路

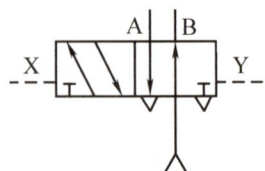

图 4-26 记忆回路

疑难诊断

问题1：若将任务实践中的双压阀误装成梭阀，情况将如何？

答：只要按下控制阀1、2中任何一个的手动推压按钮，气缸都将做剪切动作，即失去了安全保护作用。

问题2：对于任务实践，若控制阀1、2的手动推压按钮均已被按下，但气缸仍不动作，试分析可能的原因。

答：1）气源装置没有打开，检查相关气源供给控制阀。

2）控制阀选成常通式，更换控制阀，选择常闭式。

3）双压阀阀芯卡死，检查或更换双压阀阀芯。

总结评价

通过以上学习，对任务实践的完成情况和相关知识的了解情况做出客观评价，并填写表4-3。

表4-3　气动逻辑控制回路的组建与调试任务评价

序号	评价内容	达标要求	自评	组评
1	与回路	理解与回路的实现方法及双压阀，能够快速识读与回路，理解其应用特点，能组建并调试与回路		
2	或回路	理解或回路的实现方法及梭阀，能快速识读或回路，理解其应用特点，能组建并调试或回路		
3	其他逻辑回路	熟悉是回路、非回路、记忆回路的逻辑功能及其实现方法		
4	简单故障的排除	初步具备应用逻辑方法分析故障的能力		
5	文明实践活动	遵守纪律，按规程活动		
总体评价				
再学习评价记录				

课后思考

1. 采用图4-27所示回路能否实现任务实践中的控制要求？

图4-27　题1图

2. 在图4-28所示回路中，气缸活塞杆的伸出和缩回条件分别是什么？

3. 如图4-29所示，若将两个常闭式二位三通阀直接并联，能否实现或门关系？

图 4-28　题 2 图

图 4-29　题 3 图

任务 3　气动行程控制回路的组建与调试

任务描述

　　在田径赛场的 4×100m 接力赛中，要求四名运动员按照先后顺序分别跑完 100m，即第一位出发的运动员跑完 100m 后，第二位运动员才可以接着跑，以此类推，直到第四位运动员跑完最后 100m。后一位运动员能否起跑（动作），关键看前一位运动员是否能把接力棒顺利地交给后一位运动员，如图 4-30 所示。这里的接力棒交接，实质上就是后一位运动员的起跑动作信号。

　　同样，气动行程程序控制回路中的每一个动作都是由前一个动作的完成信号来起动的。因此，在回路中应该有对前一个动作完成情况进行检测的位置检测元件，即位置传感器。对于气缸运动，可在气缸活塞动作到位后，根据安装在气缸活塞杆或缸体相应位

图 4-30　接力赛运动交接（动作传递）

置的位置检测元件发出的信号起动下一个动作。也就是说，在一个回路中有多少个动作步骤，相应地就有多少个位置检测元件。有时，在安装位置检测元件比较困难或根本无法进行位置检测时，也可用其他类型的信号代替行程信号，如时间信号和压力信号等。此时，所用的检测元件也不再是位置传感器，而是相应的时间检测元件和压力检测元件。

1. 任务实践 1

　　以图 4-31 所示的送料装置为例，在气缸动作开始和结束位置增设两个位置检测元件，用以对气缸行程进行控制，实现气缸的单往复或多往复运动。

2. 任务实践 2

在任务实践 1 的基础上，再设置一个送料气缸，完成物料先向右、后向前的推送操作，如图 4-32 所示。气缸 A、B 两端装有接近开关，用作位置检测，以对双气缸的行程进行控制，并要求气缸 A、B 按照气缸 A 的活塞杆伸出、气缸 B 的活塞杆伸出、气缸 A 的活塞杆缩回、气缸 B 的活塞杆缩回的顺序做单往复运动。

图 4-31　单气缸送料装置行程控制示意图

图 4-32　双气缸送料装置行程控制示意图

A、B—气缸　SQ$_1$~SQ$_4$—行程开关

思维导图

任务实践

任务实践 1　单气缸送料装置行程控制

1. 气动回路图及控制电路（图 4-33）

2. 回路分析

控制方案 1 为单往复行程控制回路，选择了一个行程阀作为位置检测元件；控制方

a) 控制方案1(单往复)

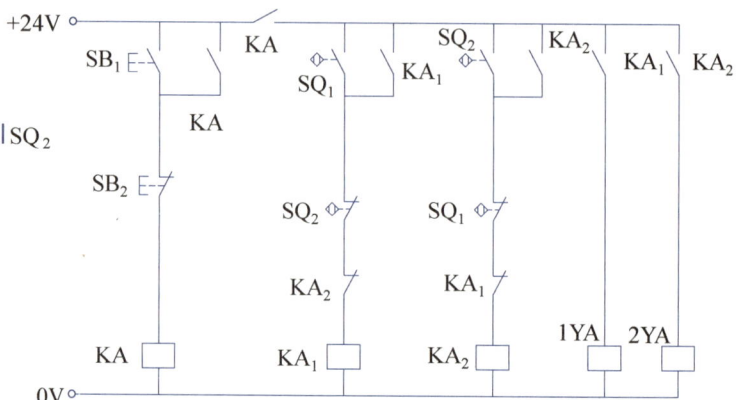

b) 控制方案2(连续往复)

图 4-33　送料装置行程控制回路图及控制电路图

1—二位五通双电控换向阀　2—气缸　3—二位五通双气控换向阀　4—手动二位三通换向阀

5—二位三通行程阀　SQ_1、SQ_2—行程开关或常开常闭触点　1YA、2YA—电磁铁

线圈　SB_1、SB_2—常开或常闭电气按钮　KA、KA_1、KA_2—中间继电器线圈或常开常闭触点

案 2 为连续往复行程控制回路，选择了两个接近开关作为位置检测元件。对于控制方案 1，二位三通行程阀 5 是气缸活塞杆缩回信号发生元件；对于控制方案 2，行程开关 SQ_2 是气缸活塞杆缩回信号发生元件。当撞块压下二位三通行程阀 5 或行程开关 SQ_2 时，发出信号通知气缸做返回运动。

3. 实施步骤

1）利用 FluidSIM-P 或 Automation Studio 气动仿真软件进行运动仿真。

2）在教师的帮助下，按回路图中的元件图形符号选择合适的气缸、换向阀等气动元件以及电气元件。

3）在实训平台上固定气动元件和电气元件。

4）分别按图 4-33 所示控制方案 1 和控制方案 2 进行回路的连接，并检查连接是否正确。对于控制方案 2，还需按控制电路图接好控制电路。

5）打开气源装置，按下换向阀 4 的按钮或起动开关 SB1，观察控制方案 1 气缸是否做单往复运动，控制方案 2 气缸是否做连续往复运动。

6）经教师检查评估后，关闭气源装置，拆下管路和元件，并将其放回原位。

任务实践 2 双气缸送料装置行程控制

1. 气动回路图及控制电路（图 4-34）

双缸单往复行程控制回路（行程阀）仿真

双缸单往复行程控制回路（接近开关）仿真

图 4-34 双气缸送料装置行程控制回路图及控制电路图（单往复）

1—二位三通手动换向阀 2、3—二位五通双气控换向阀 4、5、6、7—二位三通行程阀

8、9—二位五通双电控换向阀

2. 回路分析

控制方案 1 选择了四个行程阀作为位置检测元件；控制方案 2 选择了四个接近开关作为位置检测元件。对于控制方案 1，二位三通行程阀 5、7 是气缸活塞杆缩回信号发生元件；对于控制方案 2，接近开关 SQ_2、SQ_4 是气缸活塞杆缩回信号发生元件。当撞块压下二位三通行程阀 5、7 或活塞杆运动到接近开关 SQ_2、SQ_4 时，系统发出信号通知气缸活塞杆缩回。

3. 实施步骤

1）利用 FluidSIM-P 或 Automation Studio 气动仿真软件进行运动仿真。

2）在教师的帮助下，按回路图中的元件图形符号选择合适的气缸、换向阀等气动元件，以及电气元件。

3）在实训平台上固定气动元件。

4）分别按图 4-34 所示控制方案 1 和控制方案 2 进行回路的连接，并检查连接是否正确。对于控制方案 2，还需按控制电路图接好控制电路。

5）打开气源装置，按下换向阀 1 的按钮或起动开关 SB_1，观察气缸活塞能否做往复运动。

6）经教师检查评估后，关闭气源装置，拆下管路和元件，并将其放回原位。

知识链接

1. 机械控制换向阀

机械控制换向阀是利用安装在工作台上的凸轮、撞块或其他机械外力来推动阀芯动作，实现换向的换向阀。由于它主要用来控制和检测机械运动部件的行程，因此又称行程阀。行程阀常见的操控方式有顶杆式、滚轮式、单向滚轮式等，如图 4-35 所示。

a) 顶杆式　　　b) 滚轮式　　　c) 单向滚轮式

图 4-35　行程阀及其图形符号

顶杆式行程阀是利用机械外力直接推动阀杆的头部，改变阀芯位置，实现换向的一种形式。滚轮式行程阀的头部装有滚轮，可以减少阀杆所受侧向力。单向滚轮式行程阀常用来排除回路中的障碍信号，其头部滚轮可折回，只有在撞块从正方向通过滚轮时才能压下阀杆发生换向；反向通过时，行程阀不换向。

2. 电磁控制换向阀

电磁控制换向阀由电磁铁控制部分和主阀部分组成。电磁控制换向阀按控制方式不同，分为直动式电磁换向阀和先导式电磁换向阀两种。

图 4-36 所示为直动式单电控电磁换向阀。图 4-36a 所示为断电状态，图 4-36b 所示为通电状态。从图中可知，这种电磁阀的阀芯移动的动力源于电磁铁产生的电磁力，靠弹簧复位，因而换向冲击较大，故一般只制成小型。图 4-36c、d 所示为该电磁阀的图形符号和实物图。

a) 断电状态　　　　b) 通电状态　　　c) 图形符号　　　d) 实物图

图 4-36　直动式单电控电磁换向阀

图 4-37 所示为直动式双电控电磁换向阀。图 4-37a 所示为电磁铁 1 通电、2 断电时的状态，图 4-37b 所示为 2 通电、1 断电时的状态。可见，这种阀的两个电磁铁不能同时通电，否则会产生误动作。图 4-37c 所示为其图形符号。

a) 1通电、2断电　　　　b) 2通电、1断电　　　　c) 图形符号

图 4-37　直动式双电控电磁换向阀

1、2—电磁铁

图 4-38a、b 所示为先导式双电控电磁换向阀工作过程。当先导式电磁阀 1 的线圈通电（先导式电磁阀 2 的线圈必须断电）时，主阀的 K_1 腔进气、K_2 腔排气，主阀芯右移，进气口 P 与排气口 A、进气口 B 与排气口 T_2 接通，如图 4-38a 所示；反之，则 K_2 腔进气、K_1 腔排气，主阀芯左移，进气口 P 与排气口 B、进气口 A 与排气口 T_1 接通，如图 4-38b 所示。图 4-38c、d 所示为先导式双电控电磁换向阀的图形符号和实物图。

图 4-38e 所示为先导式三位五通双电控换向阀的图形符号，分别为中封式、中泄式、中压式。不同中位形式，其功能不一致。

a) 1通电、2断电　　　　　　　　　b) 2通电、1断电

图 4-38　先导式双电控换向阀工作过程

1、2—先导式电磁阀

c) 图形符号

d) 实物图

中封式　　　　　　　　中泄式　　　　　　　　中压式

e) 先导式三位五通双电控换向阀的图形符号

图 4-38　先导式双电控换向阀工作过程（续）

3. 行程开关

行程开关也称限位开关、位置传感器，包括非接触式接近开关和机械接触式行程开关，用于检测运动件的位置。

图 4-39a 所示为常见的机械接触式行程开关的外形，有直动式、滚轮式、可通过滚轮式及微动式等形式。图 4-39b 所示为行程开关的结构原理图，在机械外力的作用下，操纵杆克服复位弹簧力，使动触点与静触点接触或分离，以控制相关电路的接通或断开。

a) 常见机械接触式行程开关的外形　　　　b) 结构原理图　　　　c) 图形符号

图 4-39　行程开关

1—操纵杆　2—弓形弹簧　3—复位弹簧　4—静触点　5—动触点

在气动系统中，常用作位置检测的非接触式接近开关有电感传感器、电容传感器、光电传感器和磁性接近开关。在上述几种接近开关中，磁性接近开关是气动系统所特有的，它是利用安装在气缸活塞上的磁环和直接安装在缸筒上的传感器（磁性接近开关）来检测气缸活塞的位置。

按结构的不同，磁性接近开关分为电子式无触点型和磁簧管有触点型，按配线的不同，磁性接近开关分为二线式和三线式等。磁性接近开关主要技术参数包括工作电压、工作温度、动作范围等。

如图 4-40 所示，当随活塞移动的磁环靠近磁性接近开关时，舌簧开关的两根簧片被磁化而使触点闭合，产生电信号；当磁环离开磁性接近开关后，簧片失磁，触点断开。为确保磁环能检测到缸筒上的传感器，缸筒必须采用导磁性弱、隔磁性强的材料，如铝合金、不锈钢、黄铜等。

安装磁性接近开关时，有以下注意事项：

1）磁性接近开关需使用直流电源，并确保高、低电位连接正确。

2）不能将磁性接近开关置于有强磁场的地方（如电焊机），以避免电磁场干扰。

3）由于开关存在迟滞距离，因此在安装磁性接近开关时，可借助开关上的指示灯，使气缸在空载状态下变换活塞位置，反复数次，直到确定开关的位置为止。

4）为适应不同的气缸结构和安装方式，应选择与之相适应的磁性接近开关。磁性接近开关及其在气缸上的安装方式如图 4-41 所示。

图 4-40　磁性开关的工作原理

1—动作指示灯　2—保护电路　3—开关外壳　4—导线
5—活塞　6—磁环　7—缸筒　8—舌簧开关

a) 实物图　　　　　　b) 安装方式　　　　　　c) 图形符号

（三线式）

图 4-41　磁性接近开关及其在气缸上的安装方式

4. 中间继电器

中间继电器是用来增加控制电路中的信号数量或将信号放大的继电器，图 4-42a 所示为比较常见的中间继电器。由图 4-42b 可知，线圈得电后，铁心被磁化而吸住衔铁，克服复位弹簧力，使其内部的多组动触点和静触点闭合或断开，从而控制电路接通或断开。

a) 实物图　　　　　　　　　　　　　　b) 结构原理图

图 4-42　中间继电器

疑难诊断

问题 1：对于任务实践 1 方案 2，打开气源装置，按下起动按钮，气缸不动作，可能的原因有哪些？

答：1）气缸在原位时（收缩状态），行程开关 SQ_1 未被压下。检查行程开关 SQ_1 的状态，使其处于工作状态。

2）电气控制电路接错。检查线路，确定在按下起动按钮后，继电器 KA_1 动作，1YA 处于得电状态。

问题 2：对于任务实践 2，气缸 A 活塞杆伸出后不能自动缩回，可能的原因有哪些？

答：1）气缸 B 活塞杆在到达终点后，行程阀 7 或行程开关 SQ_4 未被撞块压下。检查行程阀 5 或行程开关 SQ_4 的工作状态，调整其安装位置。

2）对于控制方案 2，电气控制电路接错。检查线路，确定在行程开关 SQ_4 被压下后，继电器 KA_2 动作，2YA 处于得电状态。

总结评价

通过以上学习，对任务实践的完成情况和相关知识的了解情况做出客观评价，并填写表 4-4。

表 4-4　气动行程程序控制回路的组建与调试任务评价

序号	评价内容	达标要求	自评	组评
1	行程阀、行程开关	熟悉行程阀和行程开关的工作原理、连接方式、图形符号等		
2	行程控制回路	能读懂行程控制回路，能正确描述动作信号及动作转换，能正确组建并调试行程控制回路		
3	继电控制电路	能读懂继电控制电路，能独立完成电路的接线和调试		

（续）

序号	评价内容	达 标 要 求	自评	组评
4	简单故障的排除	能够初步分析并排除回路故障和电路故障		
5	文明实践活动	遵守纪律，按规程活动		
总体评价				
再学习评价记录				

📁 **知识拓展**

电气控制回路简介

气压传动顺序控制系统分为全气动控制方式和电气控制方式。由于电气控制方式的信号传输速度快、元件品种规格齐全，在气压传动顺序控制系统中越来越多地采用电气控制方式。一般来说，电气控制方式更适用于复杂的、要求远距离和集中控制的气动装置。

1. 基本电气逻辑回路

为了读懂电气逻辑控制回路，应熟悉基本电气逻辑回路，见表4-5。

表4-5 常用电气逻辑回路

逻辑门	电气回路	说明	逻辑门	电气回路	说明
是	SB K	按下按钮 SB，则继电线圈得电，常用作起动	或	SB$_1$ SB$_2$ K	只要按钮 SB$_1$ 或按钮 SB$_2$ 中有一个被按下，继电线圈便得电，常用作多地控制
非	SB K	按下按钮 SB，则继电线圈失电，常用作停止	与	SB$_1$ SB$_2$ K	当且仅当按钮 SB$_1$、SB$_2$ 同时被按下时，继电线圈才得电，常用作安全保护
禁	SB$_1$ SB$_2$ K	按下按钮 SB$_2$ 后，按钮 SB$_1$ 动作与否都不会使继电线圈得电；当按钮 SB$_2$ 未被按下时，按钮 SB$_1$ 才起作用，常用作互锁控制	记忆	SB$_1$ SB$_2$ K / K K$_1$ K̄ K$_2$	按下按钮 SB$_1$ 后，继电线圈 K 得电（K$_1$ 得电，K$_2$ 失电），再松开按钮 SB$_1$，继电线圈 K 仍然得电（K$_1$ 仍得电，K$_2$ 仍失电）；这就是单（双）记忆，直到按下按钮 SB$_2$ 时，继电线圈 K 才失电（K$_1$ 才失电，K$_2$ 才得电）

2. 手动操作回路

图4-43所示为只有当按钮 SB 被按下时，气缸活塞杆才伸出的手动单电操作回路。此回路中，换向阀是单电控式，按钮 SB 一松开气缸活塞杆即缩回。

图4-44所示的回路采用了能保持记忆的双电控换向阀，按钮 SB$_1$ 被按下后，换向阀换向，即使按钮 SB$_1$ 松开，气缸活塞杆仍保持在伸出位置上。若要气缸活塞杆缩回原位，需按下按钮 SB$_2$ 才行。同样，按钮 SB$_2$ 松开后，气缸活塞杆仍保持在缩回位置上。

3. 自保回路

如图4-45所示，当按钮 SB$_1$ 被按下时，线圈 K 通电，即使按钮 SB$_1$ 松开，因 K 常开触点闭合后有自保能力仍能使气缸 A 的活塞杆伸出。只有按钮 SB$_2$ 被按下后，气缸 A 的活塞杆才缩回原位。

图 4-43　手动单电操作回路

图 4-44　手动双电操作回路

4. 单往复自动操作回路

如图 4-46 所示，当按钮 SB 被按下后，加入脉冲输入信号，因继电器 K_1 自保，故电磁阀线圈 YA 通电，使气缸 A 的活塞杆伸出。当气缸 A 的撞块压下行程开关 SQ 后，继电器 K_2 断开，自保回路断电，电磁线圈 YA 也断电，使气缸 A 的活塞杆缩回原位。

图 4-45　自保回路

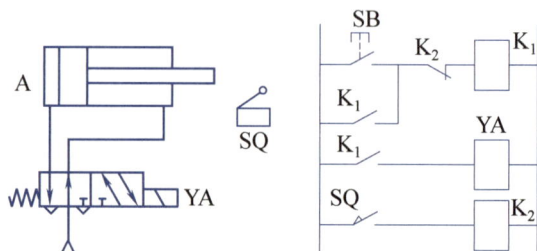

图 4-46　单往复自动操作回路

5. 连续自动往复回路

如图 4-47 所示，当按钮 SB_1 被按下后，气缸 A 的活塞杆随即不断伸出和缩回，直到按钮 SB_2 按下后才停止工作。按下按钮 SB_1 后，K_1 自保。在此状态下，因行程开关 SQ_1 被压下，K_2 处于自保状态，即线圈 YA 通电，气缸 A 的活塞杆伸出。当撞块压下 SQ_2 后，即解除了 K_2 自保，使气缸 A 的活塞杆缩回。如此往复直到停止按钮 SB_2 被按下，取消 K_1 自保，方停止工作。

图 4-47　连续自动往复回路

课后思考

1. 说出行程控制回路常用的位置检测元件。

2. 分任务 1 中控制方案 1 和分任务 2 中控制方案 1 为全气控回路（无电磁阀、行程开关等元件），与任务中另一种控制回路相比有何应用特点？

3. 若分任务 1 中控制方案 1 的气缸能实现连续自动往复，应如何改进全气控回路？同样，若分任务 1 中控制方案 2 的气缸能实现单往复，应如何改进控制电路？

4. 若将分任务 1 中控制方案 2 改成图 4-48 所示回路，则如何实现连续自动往复运动？

5. 若把任务实践中的二位电磁阀更换成图 4-38 所示的三位五通电磁阀，有何区别？

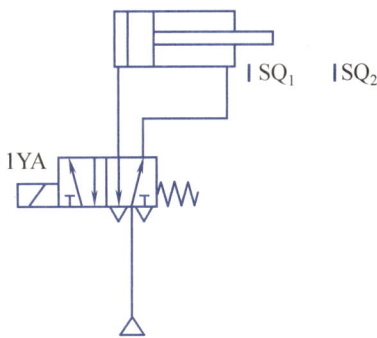

图 4-48　题 4 图

任务 4　气动多缸动作控制回路的组建与调试

任务描述

在气压传动系统中，为完成多个动作，对多个气缸的控制并不少见，如图 4-49 所示的气动夹具和 5D 动感影院气动平台等。在前面的任务中，主要完成对一个或两个气缸的控制，这为实现两个以上气缸的控制打下了基础。

多增加一个或几个气缸，整个气动回路并没有变得很复杂，更多的是通过改变控制电路，来实现多缸动作要求。随着 PLC 技术的出现，传统继电器控制方式受到了挑战，特别是对于较为复杂的控制电路，PLC 技术具有独特的优势。

a) 气动夹具

b) 5D 动感影院气动平台

图 4-49　多缸动作实例

本次任务是对具有三个气缸的气动打孔机控制回路进行组建和调试。如图 4-50 所示，该气动打孔机有一个夹紧气缸、一个推料气缸和一个钻孔气缸，其工作过程是：夹紧气缸 A 将工件从料斗中推出并夹紧→钻孔气缸 B 带动钻头做进给运动→钻孔完毕后，钻孔气缸 B 带动钻头返回→夹紧气缸 A 松开工件，并返回至原位→推料气缸 C 将加工后的工件推至工件框中→推料气缸返回原位，至此完成一个工件加工。重复上述动作程序，即可完成第二个工件的加工，如此循环。

三缸打孔机气动回路仿真

图 4-50　气动打孔机加工示意图

思维导图

任务实践

气动打孔机多缸控制

1. 气动回路图及控制电路

气动打孔机的气动回路图如图 4-51 所示。

气动打孔机 PLC 控制接线图如图 4-52 所示。

图 4-51　气动打孔机的气动回路图

图 4-52　气动打孔机 PLC 控制接线图

气动打孔机 PLC 控制电路地址分配见表 4-6。

表 4-6　气动打孔机 PLC 控制电路地址分配

输入地址	元件符号	说　明	输出地址	元件符号	说　明
X0	SQ_1	气缸 A 活塞杆缩回位置,传感器	Y0	1YA	控制气缸 A 活塞杆伸出,电磁阀
X1	SQ_2	气缸 A 活塞杆伸出位置,传感器	Y1	2YA	控制气缸 A 活塞杆缩回,电磁阀
X2	SQ_3	气缸 B 活塞杆缩回位置,传感器	Y2	3YA	控制气缸 B 活塞杆伸出,电磁阀
X3	SQ_4	气缸 B 活塞杆伸出位置,传感器	Y3	4YA	控制气缸 C 活塞杆伸出,电磁阀
X4	SQ_5	气缸 C 活塞杆缩回位置,传感器			
X5	SQ_6	气缸 C 活塞杆伸出位置,传感器			
X6	SB_1	起动按钮			
X7	SB_2	停止按钮			

气动打孔机 PLC 控制梯形图如图 4-53 所示。

2. 气动回路及控制电路分析

该气动回路共有三个气缸,三个气缸分别由三个二位五通电磁阀控制。每个气缸上装有两个行程开关，作为气缸在前进或后退动作结束后的信号发生元件。由此可见，信号输入元件是行程开关 $SQ_1 \sim SQ_6$，驱动元件是电磁铁 1YA、2YA、3YA 和 4YA。为配合控制，控制电路还增设了起动按钮 SB_1 和停止按钮 SB_2。动作转换通过编制 PLC 程序来实现。

3. 实施步骤

1）利用 FluidSIM-P 或 Automation Studio 气动仿真软进行运动仿真。

2）在教师的帮助下，按照回路图选择合适的气缸、换向阀等气动元件。

3）按照气动回路图完成气动管路的连接。

4）按照 PLC 控制接线图完成电气控制电路的连接。

5）按照梯形图，应用 SWOPC-FXGP/WIN-C 编程软件，完成程序的编制与调试。

6）打开气源装置，按下起动按钮，观察三个气缸的动作顺序；按下停止按钮，观察气缸活塞杆是否复位。

7）在教师的帮助下，分析并排除动作过程中出现的故障。

8）总结，整理场地。

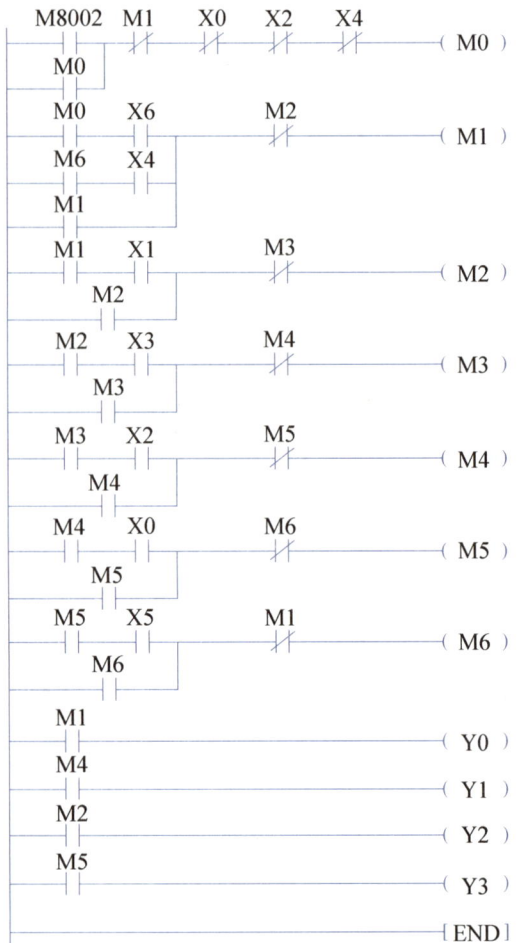

图 4-53　气动打孔机 PLC 控制梯形图

📚 知识链接

可编程逻辑控制器与梯形图编程

1. 可编程逻辑控制器

可编程逻辑控制器（Programmable Logic Controller，PLC）是计算机技术和继电器常规控制概念相结合的产物，是一种以微处理器为核心用于数字控制的特殊计算机。其硬件配置与一般微型计算机类似，主要由中央处理单元（CPU）、存储器、输入/输出接口、电源、编程器等组成，如图 4-54 所示。图 4-55 所示为可编程逻辑控制器的外形结构。

图 4-54　可编程逻辑控制器的组成

根据预定的工作顺序，由计算机将控制程序输入存储器中。工作时，CPU 根据输入信号的变化和存储器中输入的程序做比较后进行运算，送到输出接口处理后，使外部连接的元件工作。输入接口将接入外部各种按钮、行程开关和一些仪表的触点，并变换为 CPU 可接受的电压；输出接口则将 CPU 输出信号进行放大以驱动负载。

图 4-55　可编程逻辑控制器的外形结构

2. 梯形图编程

梯形图是可编程逻辑控制器常用的编程方法之一。

梯形图由一些触点、编程元件线圈、垂直的左右母线（或只有左母线）和其他连接线组成，如图 4-56 所示。采用梯形图编程时，PLC 程序中的"与""或"逻辑运算利用触点的串联、并联表示；"非"逻辑运算利用"常闭"触点表示；逻辑运算结果利用"线圈"的形式输出，其程序与继电器控制电路十分相似。

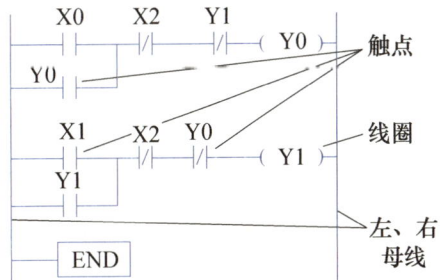

图 4-56　梯形图

梯形图中所使用的输入、输出和内部继电器等编程元件的"常开""常闭"触点，其本质是 PLC 内部某一存储器的数据"位"的状态。因此，梯形图中的触点可以在程序中被无限次使用，而不像物理继电器那样，受到实际安装触点数量的限制。由于同样的原因，梯形图中的"输出线圈"也可以在程序中进行多次赋值。此外，梯形图中的"连线"仅代表指令在 PLC 中的处理顺序（"从上至下""从左至右"），而不像继电器控制线路那样存在实际电流。

梯形图编程的最大特点是程序形象、直观，即使是不同厂家生产的 PLC，其形式仍十分相似，便于阅读与理解。FX PLC 基本顺控指令及梯形图见表 4-7。

表 4-7　FX PLC 基本顺控指令及梯形图

指令	梯形图	操作数	功能说明
取指令 LD	X	X,Y,M,S,T,C	常开触点逻辑运算开始

（续）

指令	梯形图	操作数	功能说明
取反指令 LDI	X（常闭触点符号）	X,Y,M,S,T,C	常闭触点逻辑运算开始
线圈输出指令 OUT	Y（线圈符号）	Y,M,S,T,C	线圈输出
与指令 AND	X1 X2（常开触点串联）	X,Y,M,S,T,C	常开触点串联
或指令 OR	X1 / X2（常开触点并联）	X,Y,M,S,T,C	常开触点并联
与非指令 ANI	X1 X2（常闭触点串联）	X,Y,M,S,T,C	常闭触点串联
或非指令 ORI	X1 / X2（常闭触点并联）	X,Y,M,S,T,C	常闭触点并联
置位指令 SET	X — SET M0		线圈接通保持
复位指令 RST	X — RST M0		线圈接通保持清除
NOP 空操作	消除流程程序		无动作
END 结束	顺序控制结束回到"0"		PLC 程序结束

注：X 表示输入接口寄存器；Y 表示输出接口寄存器；M 表示辅助寄存器；S 表示状态寄存器；T 表示延时器；C 表示计数器。

疑难诊断

问题：按下起动按钮 SB_1 后，气缸活塞杆不动作，试分析原因。

答：1）无压缩空气；检查气源装置。

2）换向阀故障，阀芯卡死等；检查或更换换向阀或阀芯。

3）行程开关故障；检查或更换行程开关。

4）控制程序未执行；检查并重新输入控制程序。

5）控制程序错误；重新调试。

总结评价

通过以上学习，对任务实践的完成情况和相关知识的了解情况做出客观评价，并填写表4-8。

表4-8 气动多缸动作控制回路的组建与调试任务评价

序号	评价内容	达标要求	自评	组评
1	PLC	熟悉 PLC 的结构及应用特点		
2	PLC 程序操作	能识读 PLC 程序（梯形图等），能编制简单的 PLC 控制程序，能使用 SWOPC-FXGP/WIN-C 编程软件进行程序的调试等操作		
3	简单故障的排除	能够初步分析并排除气动回路故障和控制电路故障		
4	文明实践活动	遵守纪律，按规程活动		
总体评价				
再学习评价记录				

知识拓展

汇 流 板

汇流板（图4-57a）是一种能将多个流体通道汇集到一起的固定物，也称气源分配区、阀板、阀座、气路板，是气动元件中的一个配件，多应用于气动控制回路，可以实现集中供气和集中排气，并节省气动元件所占空间。成套自动化设备在设计和使用中，气源装置（如空气压缩机）比较单一，而同时工作的电磁阀比较多，就需要把单一的气源装置分散到多个电磁阀上去，汇流板可以实现这样的功能。

汇流板内至少有两个分别贯穿的通道，分别为进气口和排气口，进气口的空气由气源装置供应，经过汇流板的分配，从排气口排出的空气通过气动软管、气动接头等配件的衔接，供应到成套设备中需要空气的元件（如电磁阀）上，如图4-57b所示。这样就实现了以少量气源装置同时供应多个气动元件工作的目的。

a) 汇流板   b) 气动元件安装在汇流板上

图4-57 汇流板及气动元件安装

课后思考

1. 将本项目任务3中任务实践的继电器控制改成 PLC 控制，试编制其梯形图，并实现控制要求。

2. 与继电器控制相比，PLC 控制具有哪些优势？

任务 5　气动速度和时间控制回路的组建与调试

任务描述

通常情况下，气压传动系统中气缸的速度控制是指气缸活塞从开始运动到其行程终点的平均速度的控制。在大多数气动回路中，气动执行元件动作的速度都应该是可调的，如工件或刀具的夹紧、物料的提升和放下、不同材质工件的冲压加工等。

影响气缸活塞运动速度的因素主要有工作压力、缸径，以及控制阀与气缸之间气管的截面积等。要降低气缸活塞的运动速度，一般可以通过选择小通径的控制阀或安装节流阀来实现。要提高气缸活塞的运动速度，可通过增大管道的通流截面积，或使用通径大的控制阀，或采用快速排气阀等来实现。其中，使用节流阀和快速排气阀均是通过调节进入气缸的压缩空气的流量或排出气缸的压缩空气流量来实现速度控制的。

对于时间控制，采用电气控制方式，用时间继电器可以很方便地实现；采用气动控制方式，则需要用专门的延时阀来实现。

1. 任务实践 1

送料装置的速度控制。以本项目任务 1 中的送料装置为例，送料时气缸做慢速推进，送料结束后，接近开关动作，通知气缸快速返回，以实现对气缸的速度控制。

2. 任务实践 2

压模机的速度和时间控制。在压模加工时，由气

图 4-58　压模机结构示意图
1—气缸　2—增力机构　3—模具　4—行程阀

缸驱动，带动模具做慢速推进动作，并进行压制加工，为保证压制效果，应在压制 10s 后，再通知气缸活塞快速返回，如图 4-58 所示。

思维导图

🌐 **任务实践**

任务实践 1　送料装置的速度控制

1. 气动回路图及电气控制图（图 4-59）

a) 气动回路图　　　　b) 电气控制图

图 4-59　送料装置速度控制气动回路图及电气控制图

1—二位五通电磁阀　2—单向节流阀　3—带消声器的快速排气阀　4—气缸

2. 回路分析

当电磁铁 YA 得电后，压缩空气经过单向节流阀 2 实现节流控制，从而控制气缸的推进速度；气缸的推进行程结束后，行程开关 SQ 动作，通知电磁铁 YA 失电，压缩空气经过单向节流阀中的单向阀进入气缸的有杆腔，气缸无杆腔的压缩空气经过快速排气阀直接排到大气中，实现快速排气。

3. 实施步骤

1）利用 FluidSIM-P 或 Automation Studio 气动仿真软件进行运动仿真。

2）在教师的帮助下，按气动回路图选择合适的气缸、换向阀等气动元件，按电气控制图选择电气元件。

3）在实训平台上固定气动元件。

4）按气动回路图连接管路，按电气控制图连接电路，并检查连接是否正确。

5）打开气源装置，按下起动按钮，观察气缸的运动速度。

6）经教师检查评估后，关闭气源装置，拆下管路和元件，并将其放回原位。

任务实践 2　压模机的速度和时间控制

1. 气动回路图（图 4-60）

2. 回路分析

此回路采用二位五通双气控阀实现气缸换向，由单向节流阀控制气缸的推进速度，延时阀控制压模时间，二位三通行程阀动作通知延时阀延时，延时结束后自动换向。

图 4-60　压模机的速度和时间控制回路图

1—二位三通手动阀　2—二位五通双气控阀　3—延时阀　4—单向节流阀　5—二位三通行程阀　6—气缸

3. 实施步骤

1）利用 FluidSIM-P 或 Automation Studio 气动仿真软件进行运动仿真。

2）在教师的帮助下，按气动回路图选择合适的气缸、换向阀等气动元件。

3）在实训平台上固定气动元件。

4）按气动回路图连接管路，并检查连接是否正确。

5）打开气源装置，按下起动按钮，观察气缸运动速度及终点延时情况。

6）经教师检查评估后，关闭气源装置，拆下管路和元件，并将其放回原位。

知识链接

1. 流量控制阀

在气压传动系统中，经常要求控制气动执行元件的运动速度，这就要靠调节压缩空气的流量来实现。流量控制阀是通过改变阀口的开度来实现流量控制的元件，包括节流阀、单向节流阀和排气节流阀等。

（1）节流阀　节流阀的原理是通过改变阀的通流面积来调节流量的大小。图 4-61 所示为节流阀。压缩空气由进气口 P 进入阀内，经阀座与阀芯间的节流通道从排气口 A 流出，通过调节螺杆可使阀芯上下移动，改变阀口的开度，实现对流量的调节。

（2）单向节流阀　单向节流阀是由单向阀和节流阀并联组合而成的组合式控制阀。图 4-62 所示为单向节流阀的工作原理，当压缩空气由 P 口

a) 结构原理图　　b) 图形符号

图 4-61　节流阀

1—阀座　2—调节螺杆　3—阀芯　4—阀体

至 A 口正向流动时，单向阀在弹簧和气压的作用下处于关闭状态，压缩空气经节流阀节流后流出；而当压缩空气由 A 口至 P 口反向流动时，单向阀打开，不起节流作用。单向节流阀的图形符号和实物图如图 4-63 所示。

图 4-62　单向节流阀的工作原理

a) 图形符号　　　　　　　b) 实物图

图 4-63　单向节流阀

（3）排气节流阀　排气节流阀与节流阀一样，也是靠调节阀口的开度来控制流量。必须指出，排气节流阀必须装在执行元件的排气口。它不仅能调节执行元件的运动速度，还因为它常带有消声器，故也起降低排气噪声的作用。

图 4-64a 所示为带消声器的排气节流阀的工作原理图，压缩空气从 A 口进入阀内，由节流阀口 1 节流后经由消声材料制成的消声器 2 排出。由于其结构简单且安装方便又能简化回路，故应用日益广泛。图 4-64b、c 所示分别为带消声器的排气节流阀的图形符号和实物图。

a) 工作原理图　　　　b) 图形符号　　　　c) 实物图

图 4-64　带消声器的排气节流阀

1—节流阀口　2—消声器

2. 快速排气阀

快速排气阀简称快排阀，它的作用是加快气缸运动速度以实现快速排气。通常气缸排气时，压缩空气从气缸进入，经由管路从换向阀的排气口排出。如果从气缸到换向阀的距离较长，而换向阀的排气口又小，则排气时间较长，气缸的动作速度较慢。若采用快速排气阀，则气缸内的压缩空气就能经由快速排气阀直接排出，从而加速了气缸的运动速度。图 4-65a 所示为快速排气阀的结构原理图。当压缩空气由 P 口进入时，膜片 1 向下变形，关闭 T 口，打开 P 口与 A 口的通路，压缩空气进入气动执行元件；当 A 口为进气口时，膜片 1 将 P 口关闭，压缩空气通过 T 口快速排出。图 4-65b、c 所示分别为快速排气阀的图形符号和实物图。

快速排气
阀的工作
过程

| a) 结构原理图 | b) 图形符号 | c) 实物图 |

图 4-65　快速排气阀
1—膜片　2—阀体

3. 延时阀

延时阀是气动系统中的一种时间控制元件，它利用节流阀和气室来调节换向阀气控口充气压力的变化速率来实现延时。如图 4-66a 所示，当信号输入口 K 有气压信号输入时，能使气室 2 的压力上升。由于节流阀 1 的存在，气室的压力上升速度较慢，达到单侧气控换向阀的动作压力需要一定的时间。当气室的压力升至给定压力值后，换向阀换向，换向阀的输出口 A 与进气口 P 接通产生输出，因此从 K 口有信号输入到 A 口有信号输出需要一定的时间。通过调节节流阀阀口的开度来调节气室压力的上升速度，从而达到延长时间的效果。这种当收到控制信号，延时一段时间后换向阀进、出气口才接通的延时阀，称为延时断开型延时阀；若改变换向阀的常态位置，则成为延时接通型延时阀。延时阀的实物图和图形符号如图 4-66b、c、d 所示。

4. 进气节流和排气节流

根据单向节流阀在回路中连接方式的不同，气动系统的速度控制方式有进气节流速度控制和排气节流速度控制两种。

图 4-67a 所示为进气节流控制方式，压缩空气经节流阀调节后进入气缸，推动活塞运动，气缸中的压缩空气不经过节流阀而经单向阀排出。当节流阀阀口的开度比较小时，由于进入气缸的压缩空气流量小，压力上升缓慢，当其中的气压达到能克服负载的值时，活塞前进，进入气缸的气压下降，作用在活塞上的力小于负载，活塞停止前进。这种因负载及供气的原因而使活塞忽走忽停的现象，称为气缸"爬行"。进气节流控制方式的主要缺点如下：

初始状态 延时动作状态

a) 工作原理图

c) 延时断开型图形符号

b) 实物图

d) 延时接通型图形符号

延时阀的
工作过程

图 4-66 延时阀

1—节流阀 2—气室 3—单侧（控）气控换向阀

1）当负载方向与活塞运动方向相反时，活塞运动易出现不平稳现象，即"爬行"。

2）当负载方向与活塞运动方向一致时，由于压缩空气经过换向阀排出，几乎没有阻尼，因此负载易产生"跑空"现象而使气缸失去控制。

图 4-67b 所示为排气节流控制方式，压缩空气经单向阀直接进入气缸，推动活塞运动，从气缸排出的压缩空气经节流阀节流后才能排出。与进气节流控制方式相比，排气节流控制方式因活塞是在左、右两腔有压力差的作用下运动，故减少了"爬行"现象发生的可能性。排气节流控制方式的主要特点如下：

1）气缸活塞的运动速度随负载变化较小，运动平稳。

2）能承受与活塞运动方向相同的负载。

a) 进气节流速度控制 b) 排气节流速度控制

图 4-67 气动速度控制方式

97

![疑难诊断]

问题1：任务实践2中，若无延时或延时不显著，试分析原因。

答：1）延时阀中节流器开口太大。

2）延时阀中气室气口堵塞。

问题2：任务实践1中，若气缸在有负载条件下运行，在运行过程中，突然增大负载或减小负载，气缸活塞的运动速度是否会发生变化？

答：1）由于空气的可压缩性，突然增大负载时，气缸内的空气被压缩，气缸活塞的运动速度将减慢。

2）由于同样的原因，突然减小负载时，气缸内的空气膨胀，气缸活塞的运动速度将加快，也称"自走"现象。

![总结评价]

通过以上学习，对任务实践的完成情况和相关知识的了解情况做出客观评价，并填写表4-9。

表4-9　气动速度和时间控制回路的组建与调试任务评价

序号	评价内容	达标要求	自评	组评
1	节流阀、快速排气阀、进气节流、排气节流、快速排气回路	熟悉节流阀、单向节流阀、快速排气阀的工作原理和图形符号,熟悉进气节流、排气节流控制方式及其特点,能按回路图或动作要求完成速度控制		
2	延时阀、延时回路	熟悉延时阀的工作原理、图形符号和形式,能按回路图或动作要求完成延时控制		
3	简单故障的排除	能对速度和时间控制回路中出现的简单故障进行诊断并予以排除		
4	文明实践活动	遵守纪律,按规程活动		
总体评价				
再学习评价记录				

![知识拓展]

使用气液阻尼缸的速度控制回路

由于空气的可压缩性，气缸活塞的运动速度很难平稳。尤其是在负载变化时，其速度波动更大。为此，可通过气液联合的方式控制气缸活塞的运动速度，即利用液体的不可压缩性调节油路中的节流阀来控制气缸活塞的速度，利用气压作为运动动力。

图4-68所示为使用气液阻尼缸的速度控制回路，它用气缸传递动力，由液压缸阻尼稳速，并由节流调速回路进行调速。电磁阀6通电后，气液阻尼缸快进，当活塞运动到一定位置时，其撞块压住行程阀4，油液经单向节流阀5中的节流阀节流，则气液阻尼缸1慢进；电磁阀6断电时，气液阻尼缸1则快退。这种回路具有调速精度高、运动平稳等特点，在金属切削机床中使用广泛。图4-69所示为气液阻尼缸实物图。

图 4-68　使用气液阻尼缸的速度控制回路

图 4-69　气液阻尼缸实物图

1—气液阻尼缸　2—油杯　3—单向阀

4—行程阀　5—单向节流阀　6—电磁阀

课后思考

1. 图 4-70 所示回路调速方式与图 4-67 有何区别？

2. 描述进气节流控制方式和排气节流控制方式的优缺点。

图 4-70　题 1 图

3. 延时阀相当于什么电气元器件？如何利用电气控制电路实现延时？

任务 6　气动压力控制回路的组建与调试

任务描述

在气压传动系统中，压力控制主要是指控制和调节气压传动系统中压缩空气的压力，以满足系统对压力的要求。它不仅是维持气压传动系统正常工作的必要条件，也关系到气压传动系统的安全性和可靠性，以及执行元件能否正常工作。例如，项目 2 任务 1 中气罐上的溢流阀是用来限制压缩空气最高压力的；项目 3 任务 1 中气源处理装置中的减压阀用来调节某一气动回路的压力。这里的压力控制是利用气动系统压力的变化作为控制信号，控制气阀动作、改变气路工作状态。生活中利用气体的压力作为控制信号的例子比较多。例如，电水壶中的水煮沸后，当产生的蒸汽压力达到一定值时，便"通知"电路断开，停止加热，如图4-71所示。

图4-71 电水壶加热

本任务是利用压力信号控制压印机动作。如图4-72所示，压印机常用于对塑料件等材料进行压印加工。按下起动按钮后，气缸活塞杆伸出，当活塞杆完全伸出时开始对工件进行压印。为达到压印效果，当压印压力升到一定值时，说明压印动作完成，气缸活塞杆才可以缩回。压印压力可根据工件材料的不同进行调整。

a) 实物图　　　　　　　　　　b) 结构示意图

图4-72 压印机

思维导图

任务实践

压料机的压力控制

1. 气动回路图和控制电路图（图 4-73）

a) 控制方案1

b) 控制方案2

压料机压力控制回路（行程阀）仿真

压料机压力控制回路（接近开关）仿真

图 4-73　压料机压力控制回路图

1—起动换向阀　2—二位五通双气控换向阀　3—压力顺序阀　4—压力表
5—行程阀　6—气缸　7—二位五通双电控换向阀　8—单向节流阀　9—压力开关

2. 回路分析

控制方案1是利用压力顺序阀的压力控制回路。按下起动换向阀1后，二位五通双气控换向阀2换向，气缸6的活塞杆做进气节流伸出动作，伸出至终点并压下行程阀5，为缩回做准备。这时气缸进气腔（无杆腔）压力开始上升，当达到压力顺序阀3的动作压力时，压力顺序阀打开，压力顺序阀中的换向阀换向，使二位五通双气控换向阀2换向，气缸 6 的活塞杆做缩回动作。

控制方案 2 是利用压力开关的压力来控制回路。按下起动按钮 SB_1 后，1YA 得电，二位五通双电控换向阀 7 换向，气缸 6 的活塞杆做进气节流伸出动作，伸出至终点并压下行程开关 SQ，为缩回做准备。这时气缸进气腔（无杆腔）压力开始上升，当达到压力开关 9 的动作压力时，压力开关常开触点 KP 合上，2YA 得电，使二位五通双电控换向阀 7 换向，气缸 6 活塞杆做缩回动作。

3. 实施步骤

1）利用 FluidSIM-P 或 Automation Studio 气动仿真软件进行运动仿真。

2）在教师的帮助下，按回路图中的元件图形符号选择合适的气缸、换向阀等气动元件，按控制电路图选择电气元件。

3）在实训平台上固定气动元件。

4）分别按控制方案 1 和控制方案 2 进行回路的连接，按控制方案 2 中的控制电路图连接电路，并进行检查。

5）打开气源，观察气缸的位置，按下起动按钮或起动换向阀，观察气缸的运动情况。

6）经教师检查评估后，关闭气源，拆下管路电路和元器件，并将其放回原位。

知识链接

1. 压力顺序阀

在气压系统中，调节和控制压力大小的控制元件称为压力控制阀，主要包括减压阀、溢流阀、顺序阀等。其中，减压阀和溢流阀在前面的任务中已做介绍。

在控制气压传动系统时，有时需要根据气压的大小来控制回路各执行元件的顺序动作，能实现这种功能的控制阀称为压力顺序阀。

压力顺序阀由两部分组成，一个单气控二位三通换向阀和一个顺序阀，如图 4-74 所示。当控制口 X 的压力未达到设定值时（设定值由调节旋钮 3 改变顺序阀弹簧 4 的压缩量来调定），如图 4-74a 所示，顺序阀不动作，换向阀 1 也不动作。当控制口 X 的压力达到设定值时，如图 4-74b 所示，顺序阀工字阀芯 5 抬起，顺序阀打开，从进气口 P 进入的压缩空气就能进入换向阀阀芯右侧的控制口，换向阀换向，压缩空气由进气口 P 进入 A 口。利用压力顺序阀的这种特性，可实现由压力大小控制的顺序动作。图 4-74c、d 所示分别为压力顺序阀的图形符号和实物图。

2. 压力开关

采用电气控制时，要实现气动执行元件在压力控制下的顺序动作，需要有能将压力信号转换为电气信号的控制元件。利用气压信号来接通或断开电路的装置称为压力开关，或称气电转换器或压力继电器。压力开关的输入信号是气压信号，输出信号是电信号。如图 4-75a 所示，当输入气压达到设定值时（通过调节弹簧压缩量来实现），顶杆 3 顶起，微动开关 1 动作，发出接通或断开电信号；当输入压力低于设定值时，压力开关复位，电气开关发出断开或接通信号。图 4-75b、c 所示分别为压力开关的图形符号和实物图。

a) 压力未达到设定状态　　　　　　　b) 压力达到设定状态

c) 图形符号　　　　　　　　d) 实物图

图 4-74　压力顺序阀

1—换向阀　2—顺序阀　3—调节旋钮　4—顺序阀弹簧　5—顺序阀工字阀芯　6—膜片

a) 结构原理图　　　　　b) 图形符号　　　　　c) 实物图

图 4-75　压力开关

1—微动开关　2—调节螺母　3—顶杆　4—膜片

疑难诊断

问题 1：在控制方案 1 中，按下起动换向阀后，气缸活塞杆能伸出但不能缩回，试分析原因。

答：1）行程阀未换向。

2）压力顺序阀设定的压力偏高或系统压力设定偏低，顺序阀不能动作。

3）压力顺序阀中的换向阀未能切换。

4）二位五通换向阀阀芯卡住，不能切换。

问题 2：在控制方案 2 中，按下起动换向阀后，气缸活塞杆能伸出但不能缩回，试分析原因。

答：1）电气控制电路接错，电磁铁不能得电。

2）行程开关未动作。

3）因压力不足或设定压力偏高等，导致压力开关未动作。

4）二位五通换向阀阀芯卡住，不能切换。

总结评价

通过以上学习，对任务实践的完成情况和相关知识的了解情况做出客观评价，并填写表 4-10。

表 4-10　气动压力控制回路的组建与调试任务评价

序号	评价内容	达 标 要 求	自评	组评
1	压力顺序阀、压力开关	熟悉压力顺序阀、压力开关的结构及工作原理、图形符号及应用特点		
2	压力控制回路	能识读压力控制回路,能按回路图组建并调试回路		
3	简单故障的排除	能对压力控制回路出现的简单故障进行原因分析,并予以排除		
4	文明实践活动	遵守纪律,按规程活动		
总体评价				
再学习评价记录				

知识拓展

过载保护回路

过载保护回路是利用气压传动系统的压力变化实现对气压传动系统保护的一种回路。如图 4-76 所示，在正常工作条件下，按下手动阀 1，换向阀 2 换向，气缸活塞杆向右运动，当活塞杆上挡铁碰到行程阀 5 时，压缩空气经梭阀 4 到达换向阀 2 右侧，换向阀 2 换向，气缸活塞杆缩回。若气缸活塞杆伸出时遇到故障，造成负载过大，则气缸无杆腔压力升高，当压力达到顺序阀 3 的设定压力时，顺序阀开启，压缩空气经梭阀到达换向阀 2 右侧，换向阀 2 换向，气缸活塞杆缩回，实现过载保护。

图 4-76　过载保护回路

1—手动阀　2—换向阀（主控阀）　3—顺序阀　4—梭阀　5—行程阀

课后思考

1. 气压传动系统中有哪些压力控制元件？在系统中有何作用？
2. 用 PLC 实现对任务实践中控制方案 2 的压力控制。

任务 7　真空吸附控制回路的组建与调试

任务描述

前述任务中使用的气动元件，包括气源发生装置、执行元件、控制元件等，都是在高于大气压力的条件下工作的，这些元件组成的系统称为正压系统。另一类元件可在低于大气压力的条件下工作，这类元件称为真空元件，它们组成的系统称为负压系统（或称真空系统）。

生活中利用真空或负压工作的例子很多，如家用吸贴、吸尘器等，如图 4-77 所示。

图 4-77　日常生活中应用真空实例

在工业生产中，对于任何具有光滑表面的物体，特别是非铁或非金属且不适合夹紧的物体，如较薄的纸张、塑料膜、铝箔、易碎的玻璃及其制品、集成电路等微型精密零件，都可以使用真空吸附。如今，真空系统已广泛用于轻工、食品、印刷、医疗、塑料制品，以及自动搬运和机械手等各种领域。图 4-78 所示为用于薄板搬运的真空吊具。本次任务是完成该吊具真空吸附控制回路的组建与调试。

图 4-78 真空吊具

思维导图

任务实践

真空吸附动作控制

1. 控制回路图（图 4-79）

2. 回路分析

实际上，用真空发生器构成的真空回路往往是正压系统的一部分，同时组成一个完整的气动系统。当电磁铁 YA 得电后，真空发生器开始工作，在吸盘内产生真空，利用压力差吸附物件。当电磁铁 YA 失电后，真空吸盘与大气相通，吸盘放开物件。

若将真空吸盘安装在物件输送装置（如送料气缸）上，即可完成物件的抓取、转移和放开动作。

3. 实施步骤

1）利用 FluidSIM-P 或 Automation Studio 气动仿真软件进行运动仿真。

2）在教师的帮助下，按回路图选择合适的减压阀、干燥器等正压气动元件，以及真空发生器、真空过滤器等真空元件。

3）按回路图进行管路连接，并检查连接是否正确。

4）打开气源装置，按下按钮，观察物件的吸附和放开情况。

5）经教师检查评估后，关闭气源装置，拆下管路和元件，并将其放回原位。

图 4-79　真空吸盘控制回路

1—过滤器　2—干燥器　3—减压阀　4—压力表
5—电磁阀　6—真空发生器　7—消声器
8—真空过滤器　9—真空压力开关　10—真空压力表
11—真空吸盘　12—物件　13—真空发生器组件

知识链接

1. 真空度

在真空技术中，将气压系统压强低于大气压的数值称为真空度。在工程计算中，为简化常取当地大气压为 0.1MPa，并以此为标准来度量真空度。

2. 真空系统的组成

真空系统一般由真空发生器（真空压力源）、吸盘（执行元件）、真空阀（控制元件，包括手动阀、机动阀、气控阀及电磁阀）及辅助元件（管件接头、过滤器和消声器等）组成。有些元件在正压系统和负压系统中是能通用的，如管件接头、过滤器、消声器及部分控制元件。

3. 真空发生装置

真空发生装置是产生真空的元件，包括真空泵和真空发生器。

1）真空泵。真空泵的结构形式和工作原理与空气压缩机类似，在气动系统中常用容积型真空泵，如回转式真空泵、膜片式真空泵和活塞式真空泵。

2）真空发生器。图 4-80 所示为真空发生器工作原理图，它由喷嘴、接收室、混合室和扩散室组成。压缩空气经过压缩喷射后，从喷嘴内喷射出来的一束流体称为射流。射流能吸收周围的静止流体和它一起向前流动，称为射流的卷吸作用。这样，在射流的周围便形成了一个低压区，接收室的流体便被吸进来，与主射流混合后，经接收室的另一端流出。当喷嘴两端的压差达到一定值时，气流以声速或亚声速流动，于是在喷嘴出口处，即接收室内可获得一定的负压。

图 4-81a 所示为普通真空发生器的结构原理图，P 口接气源，R 口接消声器，U 口接真空吸盘。压缩空气从真空发生器的 P 口经喷嘴流向 R 口时，在 U 口产生真空。当 P 口无压缩空气输入时，抽吸过程停止，真空消失。图 4-80b、c 所示分别为真空发生器的图形符号和实物图。

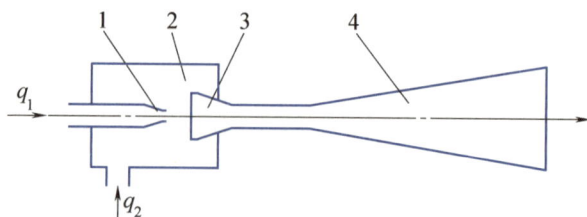

图 4-80　真空发生器工作原理图

1—喷嘴　2—接收室　3—混合室　4—扩散室

资料卡

　　向两张正对的白纸缝隙用力吹气（模拟高速气流），你会发现两张白纸并没有被吹开（分离），而是吸附在一起。这表明间隙处的气压要比白纸外侧的大气压低，即高速气流会导致压力下降。

a) 结构原理图　　　　　　b) 图形符号　　　　　　c) 实物图

图 4-81　普通真空发生器

　　真空发生器组件由电磁阀、压力开关、过滤器等真空元件构成，更便于安装使用，如图 4-82 所示。进入真空发器组件的压缩空气由内置的电磁阀控制。电磁铁通电时，由磁阀换向，压缩空气从 1 口（进气口）流向 3 口（排气口），产生真空；电磁铁断电时，真空消失，吸入的空气通过内置过滤器和压缩空气一起从排气口排出。内置消声器可减少噪声。真空压力开关用以控制真空度。图 4-82b 所示为真空发生器组件实物图。

a) 图形符号　　　　　　　　　　b) 实物图

图 4-82　真空发生器组件

1—进气口　2—真空口　3—排气口

4. 真空吸盘

真空吸盘是真空系统中的执行元件，用于将表面光滑且平整的工件吸起来并保持住。柔软又有弹性的真空吸盘可确保不会损坏工件。

图 4-83a、b、c 所示为常用真空吸盘的结构。真空吸盘通常由橡胶材料与金属骨架压制而成。橡胶材料多为丁腈橡胶、聚氨酯和硅橡胶等，其中硅橡胶吸盘适用于食品工业。

a) 圆形平吸盘　　　　b) 波纹形吸盘　　　　c) 真空吸盘的连接

d) 实物图　　　　　　　　e) 图形符号

带有弹簧加载杆和单向阀

图 4-83 真空吸盘

1—活塞杆　2—真空吸盘

图 4-83b 所示为波纹形吸盘，其适应性更强，允许工作表面有轻微的不平、弯曲和倾斜，同时波纹形吸盘吸持工件在移动过程中有较好的缓冲性能。

真空吸盘靠其上的螺纹直接与真空发生器或真空安全阀、空心活塞杆气缸相连，如图 4-83c 所示。图 4-83d、e 所示分别为真空吸盘的实物图和图形符号。

使用真空吸盘时应注意其安装位置，如图 4-84 所示，水平安装位置和垂直安装位置吸持

a) 水平安装　　　　b) 垂直安装

图 4-84 真空吸盘的安装位置

工件时的受力状态是不同的。如图 4-84a 所示，当真空吸盘水平安装时，除了要吸持住工件负载，还要考虑吸盘移动时工件的惯性力对吸力的影响；在图 4-84b 中，当真空吸盘垂直安装时，应提供足够的摩擦力。

疑难诊断

问题 1：真空吸盘起动后不能吸附物件，试分析原因。

答：1）真空发生器组件存在故障，不能产生真空；检查或更换相关真空元件。

2）真空吸盘损坏，影响吸附性能；更换真空吸盘。

3）工件被吸附表面不平整或存在异物，影响吸附性能；检查并选择平整的表面或去除异物。

4）吸附力不足；检查并调节真空度或更换相关真空元件。

问题 2：任务实践中，若电磁铁断电后，真空吸盘未能放下工作，试分析可能原因并说明改进措施。

答：1）真空吸盘未能及时恢复大气压力。

2）工件很轻，工件与吸盘有黏合。

若能顺利放下工件，可以在回路增加一只真空破坏电磁阀（向吸盘通气）。

总结评价

通过以上学习，对任务实践的完成情况和相关知识的了解情况做出客观评价，并填写表 4-11。

表 4-11　真空吸附控制回路的组建与调试任务评价

序号	评价内容	达标要求	自评	组评
1	真空发生器等真空元件	熟悉真空发生器等真空元件及其工作原理,能识读其图形符号,熟悉真空发生器组件		
2	真空吸附回路	能识读真空吸附回路图,能按回路图组建并调试真空吸附回路		
3	简单故障的排除	熟悉真空吸附回路的常见故障,能对简单故障进行诊断或排除		
4	文明实践活动	遵守纪律,按规程活动		
总体评价				
再学习评价记录				

知识拓展

马德堡半球实验

马德堡半球是一对铜质空心半球，被用于 1654 年 5 月 8 日由德国物理学家、时任马德堡市长奥托·冯·居里克进行的一项物理学实验，如图 4-85 所示。在这项实验中，实验者先将两个完全密合的半球中的空气抽掉，然后驱马从两侧向外拉，以展示大气压力的作用。马德堡半球实验作为物理学中的经典实验，至今仍被广泛用于课堂教学。最初用于实验的两个半球保存于位于慕尼黑的德意志博物馆中。

马德堡半球实验证明：大气有压力，而且其压力是非常强大的。实验中，将两个半球内的空气抽掉，使球内空气粒子的数量减少，压力下降，形成真空。球外的大气便把两个半球紧压在一起，因此两个半球就不容易分开了。

图 4-85　马德堡半球实验

课后思考

1. 查阅相关资料，归纳总结出真空吸附回路的优点与缺点。

2. 真空吸盘的理论吸力与哪些因素有关？

3. 图 4-79 所示回路，当 YA 失电后，有时吸盘并不能立即放开物件，如何改进该回路？（提示：真空破坏。）

学习反思

1. 不同领域的科学技术常具有相似性，加之时代和科技进步，促使各领域技术相互交融。其对学习气动液压技术的启发是：一是要用类比法学习该课程；二是学习气动液压技术需要与电气控制技术、传感技术等结合起来。

2. 虚拟仿真技术是伴随计算机技术的发展而快速发展起来的。运用气动与液压技术虚拟仿真软件可以解决在学习过程中遇到的一些问题。

3. 气动与液压技术是一门实践性很强的课程，学习者应以"做"作为课程学习过程的核心，要围绕"做什么""怎样做""做得如何""如何做得更好"等关键性问题去做，并在"做"的过程中去发现问题、解决问题。

4. 在某种意义上，从正压到负压，从泵到马达等就是一种逆向思维。逆向思维是对司空见惯的似乎已成定论的事物或观点反过来思考的一种思维方式。

 项目描述

以前，在一座城市中寻找某地点时，往往需要借助于一张地图（图 5-1），按地图上的标识确定行走路线。同样，认识一个气压传动系统，特别是复杂的气压传动系统时，必须借助气动设备生产企业提供的气压传动系统原理图。

图 5-1　地图

与地图仅标识建筑物的位置，不能描述其外形等特征一样，气压传动系统原理图也仅表达气动元件之间的连接关系，但不能描述其外形、安装位置等特征。因此，在识读气压传动系统原理图时，除了要读懂元件图形符号，以及不同工况下压缩空气的流向，还应建立图形符号与真实元件（包括规格型号、外形等）之间的对应关系，以及了解元件在设备中的安装位置等信息。

本项目主要是完成射芯机气压传动系统和对加工中心气动换刀系统的识读，并学习相关维护知识。

 学习目标

1. 提升对气动设备的使用和服务能力，建立客户至上的服务意识，进而树立责任感，形成敬业、乐业的职业态度，会用系统的、发展的、联系的观点解决工业生产过程中出现的问题。

2. 熟悉射芯机气压传动系统的工况，能根据其气压传动原理图描述系统在不同工况下压缩空气的流向，了解气压传动系统维护的一般知识和射芯机气压传动系统的特点。

3. 熟悉加工中心气动换刀系统的工况，能根据其气压传动原理图描述系统在不同工况下压缩空气的流向，了解阀岛的相关知识和气动换刀系统的特点。

任务 1 射芯机气压传动系统的识读与维护

任务描述

射芯机的功能是将液态或固态热固性树脂作为黏结剂的砂芯混合料射入加热后的芯盒内，砂芯在热的芯盒内很快硬化到一定厚度（5~10mm），然后将其取出，得到表面光滑、尺寸精确的优质砂芯成品。如图 5-2 所示，射芯机主要由射芯机构和芯盒定位夹紧机构组成，它采用气压传动，包括工作台上升、芯盒夹紧、射砂、排气、工作台下降、加砂等动作，如图 5-3 所示。该气动系统具有自动化程度高、动作可互锁、安全保护完善和系统简单等优点，因此射芯机被广泛应用于铸造机械领域中。

图 5-2 射芯机

图 5-3 射芯机工作循环

本任务是完成某型号射芯机气压传动系统的识读，以及气动设备相关维护知识的学习。

思维导图

任务实践

识读射芯机气压传动系统

1. 气压传动系统原理图

射芯机气压传动系统原理图如图 5-4 所示，其动作顺序见表 5-1。

a) 初始状态　　　　　　　　　　　　　　　b) 射砂状态

图 5-4　射芯机气压传动系统原理图

1—总阀　2—带有手动排水分离器的过滤器　3—油雾器　4—单向阀　5、6、23—电磁换向阀　7—单向顺序阀
8、15—快速排气阀　9—顶升缸　10—压力开关　11、22—夹紧缸　12—射砂头　13—储气包
14—压力表　16—快速射砂阀　17—闸门密封圈　18—加砂闸门　19—射砂筒　20—闸门气缸
21—排气阀　24—减压阀　25—芯盒　SQ_1、SQ_2—行程开关

表 5-1　射芯机动作顺序表

序号	动作名称	发信元件	电磁铁			动作时间/s
			1YA	2YA	3YA	
1	工作台上升	SQ$_1$	−	+	−	第 1~2s
2	芯盒夹紧	单向顺序阀	−	+	−	第 3s
3	射砂	压力开关	−	+	+	第 4s
4	排气	时间继电器	−	+	−	第 5s
5	工作台下降	时间继电器	−	−	−	第 6~7s
6	加砂	SQ$_2$	+	−	−	第 8~12s
7	停止加砂	时间继电器	−	−	−	第 13~14s

2. 系统分析

射芯机在原始状态下，加砂闸门 18 和环形薄膜快速射砂阀 16 关闭，射砂筒 19 内装满芯砂。按照射芯机的动作程序，其气压传动系统的工作过程分为四个步骤。

（1）工作台上升和芯盒夹紧　芯盒随同工作台被小车送到顶升缸 9 的上方，压下行程开关 SQ$_1$，电磁铁 2YA 得电，电磁换向阀 6 换向。经电磁换向阀 6 排出的压缩空气分为三路：第一路经快速排气阀 15 进入闸门密封圈 17 的下腔，用于提高密封圈的密封性能；第二路经快速排气阀 8 进入顶升缸 9，升起工作台，芯盒被压紧在射砂头 12 的下面，将芯盒压紧；当顶升缸 9 中的活塞上升到顶点，管路中的气压升高到 0.5MPa 时，单向顺序阀 7 开启，第三路压缩空气进入夹紧缸 11 和 22，芯盒水平夹紧。

（2）射砂　当夹紧缸 11 和 22 内的气压大于 0.5MPa 时，压力开关 10 动作，通知 3YA 得电，电磁换向阀 23 换向，排气阀 21 关闭，同时使环形薄膜快速射砂阀 16 的上腔排气。此时，储气包 13 中的压缩空气将顶起快速射砂阀 16 的薄膜，储气包 13 中的压缩空气快速进入射砂筒进行射砂，射砂时间的长短由时间继电器控制。射砂结束后，时间继电器通知 3YA 失电，电磁换向阀 23 复位，快速射砂阀 16 关闭，排气阀 21 打开，排出射砂筒内剩余的压缩空气。

（3）工作台下降　射砂筒排气后，由时间继电器通知 2YA 失电，电磁换向阀 6 复位，顶升缸 9 的活塞靠重力下降，夹紧缸 11 和 22 的活塞同时退回原位，闸门密封圈 17 下腔排气。当顶升缸 9 下降到最低位置后，射好的砂芯及芯盒由工作台小车带动与工作台一起被运送到取芯机处完成硬化和起模工序。

（4）加砂　当工作台下降到终点压下行程开关 SQ$_2$ 时，1YA 得电，电磁换向阀 5 换向，闸门气缸 20 的活塞左行，加砂闸门打开，由砂斗向射砂筒内加砂，加砂时间由时间继电器控制。达到设定时间时通知 1YA 失电，电磁换向阀 5 复位，闸门气缸 20 的活塞右行，加砂停止。至此，便完成一个动作循环。

3. 实施步骤

1）看懂气压传动系统原理图中各气动元件的图形符号，了解它们的名称及一般用途。

2）分析图中的基本回路及功用。

3）了解系统的工作程序及程序转换的发信元件。

4）按工作程序图逐个分析其程序动作。

5）归纳总结气压传动系统的特点。

知识链接

气压传动系统的维护简介

气压传动系统的维护分为日常维护、定期维护和系统大修。具体应注意以下几个方面：

1）日常维护时，需要对冷凝水和系统润滑进行管理。

2）开机前后要放掉系统中的冷凝水。

3）随时注意压缩空气的清洁度，定期清洗过滤器的滤芯。

4）定期给油雾器加油。

5）开机前检查各调节手柄是否在正确位置，行程阀、行程开关、挡块的位置是否正确、牢固。对活塞杆、导轨等外露部分的配合表面进行擦拭后方能开机。

6）长期不使用时，应将各手柄放松，以免因弹簧失效而影响元件的性能。

7）间隔三个月须对气压传动系统检修，一年应进行一次大修。

8）定期检验受压容器，并对漏气、漏油、噪声等进行防治。

疑难诊断

问题：就射砂机气压传动系统（图5-4）而言，若其不射砂，试分析可能的原因。

答：1）压力开关10未动作。

2）电磁换向阀23未换向。

3）储气包内压缩空气的压力不足。

总结评价

通过以上学习，对任务实践的完成情况和相关知识的了解情况做出客观评价，并填写表5-2。

表 5-2　射芯机气压传动系统的识读与维护任务评价表

序号	评价内容	达标要求	自评	组评
1	射芯机	熟悉射芯机的工作过程,了解其工作特点		
2	气压传动系统原理图	熟悉气压传动系统原理图中气动元件的功能,能按原理图及动作程序表描述不同工况下压缩空气的流向		
3	系统维护	熟悉气动设备的一般维护知识		
4	简单故障的排除	能判断并排除简单故障		
5	文明实践活动	遵守纪律,按规程活动		
总体评价				
再学习评价记录				

课后思考

1. 射芯机气压传动系统包括哪些基本回路？

2. 图5-5所示为组合机床中的工件夹紧气压传动系统原理图，试分析和回答下列问题：

（1）指出各元件的名称。

（2）描述该气压传动系统能完成怎样的工作循环。

（3）当阀1位于右位时，描述控制气路和主气路情况。

图 5-5　题 2 图

A—定位气缸　　B、C—夹紧气缸

任务 2　加工中心气动换刀系统的识读与维护

任务描述

气压传动系统在数控机床上也得到广泛的应用，例如，某型号卧式加工中心的换刀装置就采用了气压传动，如图 5-6 所示。在加工中心中，有一个用于存放工件加工所用刀具的刀库，而主轴每次仅能驱动一把刀具进行切削加工，当主轴完成一个加工工序后，需要从刀库中调用另一把刀具，再进行下一工序的加工。刀具在刀库中的转位由伺服电动机通过齿轮、蜗杆传动来实现，主轴上的刀具与刀库中刀具的交换由气压传动实现。气压传动系统在换刀过程中实现主轴定位、主轴松刀、拔刀、向主轴锥孔吹气和插刀等动作，如图 5-7 所示。这种换刀装置不需要使用机械手，结构比较简单。

图 5-6　XH754 型卧式加工中心

图 5-7　加工中心换刀工作循环

本任务是完成 XH754 型卧式加工中心气动换刀系统的识读，并了解相关知识。

思维导图

任务实践

加工中心气动换刀系统的识读

1. 气动系统原理图

加工中心气动换刀系统原理图如图 5-8 所示，其动作顺序见表 5-3。

图 5-8　加工中心气动换刀系统原理图

1—气源处理装置　2—二位二通双电控换向阀　3、5、10、11—单向节流阀　4—二位三通双电控换向阀

6—二位五通双电控换向阀　7、8—快速排气阀　9—三位五通双电控换向阀　12—单向阀

13—补油箱　14—消声器　A—主轴定位缸　B—气液增压器　C—插拔刀缸

表5-3 加工中心换刀动作顺序表

	1YA	2YA	3YA	4YA	5YA	6YA	7YA	8YA
主轴定位				+				
主轴松刀				+		+		
拔刀				+		+		+
向主轴锥孔吹气	+			+		+		+
停止吹气	−	+		+		+		+
插刀				+		+	+	−
刀具夹紧				+	+	−		
主轴复位			+	−				

2. 系统分析

当数控系统发出换刀指令时，主轴停止旋转，同时4YA得电，压缩空气经气源处理装置1→换向阀4→单向节流阀5→主轴定位缸A的右腔，使气缸A的活塞左移，主轴自动定位。定位后压下无触点开关，使6YA得电，压缩空气经换向阀6→快速排气阀8→气液增压器B的上腔→增压腔的高压油使活塞杆伸出，实现主轴松刀，同时使8YA得电，压缩空气经换向阀9→单向节流阀11→插拔刀缸C的上腔，缸C下腔排气，活塞下移实现拔刀。由回转刀库交换刀具，同时1YA得电，压缩空气经换向阀2→单向节流阀3向主轴锥孔吹气。稍后1YA断电，2YA得电，停止吹气。接着8YA断电，7YA得电，压缩空气经换向阀9→单向节流阀10→缸C下腔→活塞上移，实现插刀动作。然后6YA断电，5YA得电，压缩空气经换向阀6→气液增压器B的下腔→活塞返回，主轴的机械机构使刀具夹紧。最后4YA断电，3YA得电，定位缸A的活塞在弹簧力的作用下复位，恢复到开始状态，换刀结束。至此，便完成了换刀动作。

3. 实施步骤

1) 看懂图中各气动元件的图形符号，了解它们的名称及一般用途。
2) 分析图中的基本回路及其功用。
3) 了解系统的工作程序及程序转换的发信元件。
4) 按工作程序图逐个分析其程序动作。
5) 归纳总结系统特点。

📚 知识链接

刀具夹紧增（压）力原理

为了提高刀具的夹紧力，气动换刀系统采用了气液增压器。气液增压器是将一液压缸与增压器作一体式结合，使用压缩空气作为动力源，利用增压器大、小受压活塞的面积之比将低气压提高数十倍变为高气压，供液压缸使用，如图5-9所示。根据帕斯卡原理，气液增压器的输出力F为

图5-9 增（压）力原理图

$$F = P_2 A_3 = \frac{P_1 A_1}{A_2} A_3$$

式中　P_1——输入压缩空气的压力；

　　　P_2——增压后的输出压力；

　A_1、A_2——气液增压器大、小活塞的横截面积；

　　　A_3——输出端横截面积。

疑难诊断

问题：任务实践中的数控系统发出换刀指令后，刀具能够交换，但刀具夹不紧，试分析原因。

答：1）增压缸故障，不能增压。

2）换向阀 6 未换向。

3）刀具夹紧机械机构故障。

总结评价

通过以上学习，对任务实践的完成情况和相关知识的了解情况做出客观评价，并填写表 5-4。

表 5-4　加工中心气动换刀系统的识读任务评价

序号	评价内容	达标要求	自评	组评
1	气压传动系统在数控设备中的使用	能举例说明气压传动系统在数控设备中的应用，熟悉加工中心的换刀过程		
2	加工中心气动换刀系统	熟悉气压传动原理图中气动元件的功能，能按原理图及动作程序表描述加工中心的换刀过程		
3	气液增压器	熟悉增压原理及增压工作过程，了解气液增压器在其他设备中的应用		
4	简单故障的排除	能判断并排除简单故障		
5	文明实践活动	遵守纪律，按规程活动		
总体评价				
再学习评价记录				

知识拓展

阀 岛 简 介

阀岛（图 5-10）是一个专用名词，指的是控制器与传感器，以及操作和显示单元之间的接口，控制器与能量转换单元之间的接口，以及能量转换单元与执行机构之间的接口。

阀岛是由多个电控阀构成的控制元器件，它集成了信号输入/输出及信号的控制，犹如一个控制岛屿。阀岛是气电一体化控制元器件，从最初带多针接口的阀岛发展为带现场总线的阀岛，继而出现了可编程阀岛及模块式阀岛。阀岛技术和现场总线技术相结合，不仅确保了电控阀的布线容易，而且大大简化了复杂系统的调试、性能检测和诊断维护等工作。

图 5-10　阀岛

课后思考

1. 请描述气动换刀系统信号及动作转换过程。

2. 图 5-11 所示为压力机气压传动系统原理图，试分析和回答下列问题：

（1）指出图中各元件的名称。

（2）描述该气压传动系统能够完成怎样的工作循环。

（3）利用互联网查阅元件 6 的外形及应用特点。

图 5-11　题 2 图

学习反思

1. 某设备的气压（或液压）传动系统或其中的回路设计并不存在最佳答案，只是相对合理，这也是留给创新者的空间。创新没有界限，创新就在我们身边，平时学习和工作中的小问题也是创新点，我们要善于发现问题，找到创新点。

2. 从气动元件到气动回路，再到气动系统，是一个归纳过程，也是化零为整、形成完整知识体系的过程。

项目 6 液压源系统与液压执行元件认知

项目描述

与气压传动系统类似，液压源系统与液压执行元件是液压传动系统的两个重要组成部分。

由于工况场合不同，对液压传动系统的要求也不一样，如对承载情况、运行速度、运行方式、运行精度、工作环境等的要求是不一样的。因此，液压源系统与液压执行元件的形式也不尽相同。随着科技的进步和人们需求的多样化，液压泵、液压缸、液压马达的品种也越来越丰富，并且已经系列化和标准化。对于液压元件的用户来说，更加关注的是这些液压元件的性能、参数、安装形式等是否满足工作要求；对于液压设备的用户来说，更多关注的是设备的稳定性和故障率，能否及时诊断和排除简单故障。

本项目的主要目的是认识液压源系统和液压执行装置中液压元件的类型、性能参数、结构形式、类型选用等。

学习目标

1. 强化操作规范性对工程实践、企业生产管理的价值，能把"学规律"与"学规范"结合起来。
2. 理解液压泵、液压马达、液压缸等的工作过程。
3. 熟悉液压泵、液压马达、液压缸等的性能参数及选用方法，能拆装液压缸。
4. 熟悉液压源系统的基本构成。
5. 熟悉液压泵站及常用液压缸的安装形式，能按要求装接液压泵站。
6. 了解液压泵、液压马达、液压缸的简单故障诊断和排除方法。

任务 1 认识液压泵与液压泵站

任务描述

在人体结构中，心脏负责为全身血液的流动提供动力（图6-1），液压泵相当于液压传动系统的心脏，它使油液运动并为液压传动系统提供动力，使其进入工作状态。液压

图 6-1 人体心脏供血系统

泵是将机械能转换成受压液体压力能的装置。

泵在日常生活中普遍存在，如手动水井取水泵、农用喷雾器，甚至医用注射器也可以认为是一种简易的泵，如图 6-2 所示。

图 6-2 生活中的泵

究其工作原理，工业设备中使用的液压泵与生活中的泵并无本质区别。但是，为满足工业生产的不同要求，各种液压泵的结构却大相径庭，其类型和规格也非常丰富。本任务的目的是熟悉液压泵的类型、结构特点和性能参数，能正确装接和调试液压泵站。

🌱 思维导图

任务实践

任务实践1　CB 型齿轮泵的拆装

1. CB 型齿轮泵结构图（图 6-3）

图 6-3　CB 型齿轮泵结构

1—轴承外圈　2—螺塞　3—滚子　4—后泵盖　5、13—键　6—齿轮　7—泵体　8—前泵盖　9—螺钉

10—压环　11—密封环　12—主动轴　14—泄油孔　15—从动轴　16—定位销

2. 结构分析

CB 型齿轮泵主要由前、后泵盖 8 和 4，泵体 7，一对相互啮合的齿轮 6 和轴 12、15 等零件组成。图 6-4 所示为 CB 型齿轮泵各零件的装配关系。

图 6-4　CB 型齿轮泵各零件的装配关系

3. 实施步骤

1）根据教学条件选择一只合适的液压泵。

2）根据装配关系，逐一拆下液压泵零部件并编号，填写表 6-1。

表 6-1　CB 型齿轮泵的拆装总结

编号	零件名称	数量	与之相配合件的编号	所在部件名称	装拆顺序要求
1					
2					
...					
主要结论					

3）分析液压泵的密封原理，判断液压泵的吸、压油口。

4）清洗各零件。

5）按顺序装配各零件，防止漏装或错装零件。

6）检查泵轴转动的灵活性，转向与泵吸、压油口的协调性，有条件的学校可以做泵的性能测试。

7）整理场地。

任务实践 2　简易液压泵站装接与调试

1. 简易液压泵站安装结构图（图 6-5）

a) 简易液压泵站安装结构图　　　b) 液压源图形符号

图 6-5　简易液压泵站

1—吸油管　2—压油管　3—液压泵　4—联轴器　5—电动机及安装基座　6—过滤器

2. 结构分析

简易液压泵站主要由液压泵、电动机及联轴器、调压阀（图中未画出），以及油箱（图中未画出）、过滤器、油管、管接头等辅助元件构成。要求电动机主轴与液压泵泵轴同轴。

3. 实施步骤

1）课前准备变量、定量叶片泵各一只。

2）安装电动机。

3）安装液压泵及联轴器。

4）安装油管等辅助元件，接调压阀。

5）松开调压阀，分别选用定量和变量叶片液压泵，通电试车，观察振动、噪声情况，观察出口油液，调节变量泵的排量，观察流量变化情况（在出口处接流量计）。

6）整理场地。

知识链接

1. 液压泵的工作原理

图 6-6 所示为单柱塞液压泵工作原理图。由柱塞 2 和缸体 3 形成一个密封容积 a，柱塞在弹簧 4 的作用下始终压紧在偏心轮 1 上，原动机驱动偏心轮 1 旋转，柱塞 2 做往复运动，使密封容积 a 的大小发生周期性的交替变化。当 a 由小变大时，就形成真空，油箱中的油液在大气压力的作用下，经吸油管顶开单向阀 6 进入密封容积 a 而实现吸油；反之，当 a 由大变小时，a 腔中吸满的油液将顶开单向阀 5 流入液压传动系统而实现压油。当原动机驱动偏心轮不断旋转时，液压泵就不断地吸油和压油。

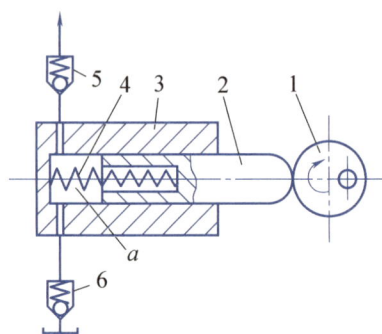

由此可知，液压泵的吸、压油是依靠密封容积的变化来实现的，因此这种泵也称容积泵。容积泵具有以下特点：

1）具有若干个密封容积，密封容积的大小决定液压泵的排油量。

2）密封容积能交替变化。

图 6-6　单柱塞液压泵工作原理图
1—偏心轮　2—柱塞　3—缸体　4—弹簧
5、6—单向阀（配流装置）

3）具有相应的配流装置，将吸油腔和压油腔隔开。吸油时，保证密封容积与油箱相通，同时关闭供油通路；压油时，则与供油管路相通而与油箱切断。液压泵的结构不同，其配流装置也不相同。

4）作为外部条件，液压泵在吸油时，油箱油液面必须和大气相通。

2. 液压泵的主要性能参数

（1）压力

1）工作压力。液压泵实际工作时的输出压力称为工作压力。工作压力的大小取决于外负载的大小。

2）额定压力。液压泵在正常工作条件下，按试验标准规定连续运转的最高压力称为液压泵的额定压力。该压力受泵本身的泄漏和结构强度所制约。

（2）排量和流量

1）排量 V。液压泵每转一周，由其密封工作腔容积的变化计算得出的排出液体的体积称为液压泵的排量。排量的大小取决于液压泵的密封工作腔的几何尺寸，而与转速 n 无关，其常用单位为 m^3/r、cm^3/r 或 mL/r。若液压泵的排量固定，则为定量泵；若液压泵的排量可变，则为变量泵。

2）理论流量 q_t。理论流量是指在不考虑液压泵流量泄漏的情况下，单位时间内所排出的液体体积。其计算公式为

$$q_t = Vn \tag{6-1}$$

3）实际流量 q。液压泵在某一具体工况下，单位时间内所排出的液体体积称为实际

流量，它等于理论流量 q_t 减去泄漏流量 Δq，即

$$q = q_t - \Delta q \tag{6-2}$$

（3）功率

1）输入功率 P_{in}。液压泵的输入功率是指作用在液压泵主轴上的机械功率。当输入转矩为 T、角速度为 ω 时，有

$$P_{in} = T\omega \tag{6-3}$$

2）输出功率 P_{out}。液压泵的输出功率是指液压泵在工作过程中，出口压力 p（设液压泵的进口压力为零）和输出流量 q 的乘积，即

$$P_{out} = pq \tag{6-4}$$

（4）效率

1）容积效率 η_V。由于液压泵流量上的损失，液压泵的实际输出流量总是小于其理论流量。液压泵的实际流量和理论流量之比称为容积效率，即

$$\eta_V = \frac{q}{q_t} \tag{6-5}$$

2）机械效率 η_M。由于液压泵在转矩上的损失，液压泵的实际输入转矩 T 总是大于理论上所需要的转矩 T_t。液压泵的理论转矩 T_t 与实际输入转矩 T 之比称为液压泵的机械效率，即

$$\eta_M = \frac{T_t}{T} \tag{6-6}$$

3）总效率 η。液压泵的总效率为泵的输出功率和输入功率之比，即

$$\eta = \frac{P_{out}}{P_{in}} = \frac{pq}{T\omega} = \frac{pq_t \eta_V}{T_t \omega} \eta_M$$

又因为 $pq_t = T_t\omega$（理论输入功率等于理论输出功率），则

$$\eta = \eta_M \eta_V \tag{6-7}$$

3. 液压泵的类型

目前，常用的液压泵有齿轮泵、叶片泵和柱塞泵等。按其输出油液的方向能否改变，液压泵可分为单向泵和双向泵；按其在单位时间内所能输出油液的体积是否可调节，可分为定量泵和变量泵；按其额定压力的高低，又可分为低压泵（工作压力 $p \leqslant 2.5\text{MPa}$）、中压泵和高压泵（工作压力 $p > 10\text{MPa}$）。图 6-7 所示为液压泵的图形符号。

（1）齿轮泵　按结构不同，齿轮泵可分为外啮合齿轮泵和内啮合齿轮泵，其中以外啮合齿轮泵应用最广。

图 6-8a 所示为外啮合齿轮泵的结构原理图。在泵体内有一对模数、齿数相同，齿宽相等的齿轮，当吸油口和压油口分别用油管与油箱及液压传动系统接通后，齿轮各齿槽和泵体，以及与齿轮前、后端面贴合的前、后泵盖间形成密封工作腔，而啮合线又把它们分隔成两个互不相通的吸油腔和压油腔。当齿轮按图示方

图 6-7　液压泵的图形符号

a）单向定量泵　　b）单向变量泵

液压力的作用方向　　流量可调节

机械连接

向旋转时，右侧轮齿脱开啮合，让出空间使密封工作腔容积增大而形成真空，在大气压力作用下从油箱吸进油液，并被旋转的齿轮带到左侧。在左侧，齿与齿进入啮合，使密封工作腔的容积减小，油液从齿间被挤出去，从压油口流到液压传动系统中。图 6-8b 所示为外啮合齿轮泵的实物图。

外啮合齿轮泵的工作过程

压油　　　吸油

a) 结构原理图　　　　　　　　　　b) 实物图

图 6-8　外啮合齿轮泵

外啮合齿轮泵具有结构简单、尺寸小、重量轻、制造方便、价格低廉、工作可靠、自吸能力强、对油液污染不敏感、维护容易等特点，但其中的一些机件因承受不平衡径向力会磨损严重，使其泄漏量增大，特别是通过齿轮端面与侧盖板之间轴向间隙的轴向泄漏，约占总泄漏量的 80%，因此其工作压力的提高受到了限制。此外，它的流量脉动大，因此压力脉动和噪声都较大。外啮合齿轮泵主要用于环境差、精度要求不高（工作压力 $p<10\text{MPa}$）的场合。

> **资料卡**
> 液压泵的压力脉动如同人体的脉搏脉动。压力脉动大，说明油液流出不平稳，会对液压系统元件的工作带来不利。

（2）叶片泵　按结构不同，叶片泵分为双作用叶片泵和单作用叶片泵，前者是定量泵，后者是变量泵。

图 6-9a 所示为双作用叶片泵的结构原理图。该泵主要由转子 1、定子 2、叶片 3 和安装在定子、转子两侧的配流盘等组成，转子和定子同心安装。定子内表面近似椭圆形，由两段长径圆弧、两段短径圆弧和四段过渡圆弧组成。两侧的配流盘上开有四个配流窗口（图中虚线所示），窗口的位置与四条过渡曲线对应。转子旋转时，由于离心力和叶片根部油压的作用，叶片顶部紧靠定子内表面。这样，在每两个叶片之间和定子的内表面、转子的外表面及前、后配流盘之间便形成了一个个密封的工作腔。当转子沿图示顺时针方向旋转时，密封工作腔的容积在左上角 A 和右下角 C 处逐渐增大，形成局部真空而吸油，为吸油区；在右上角 B 和左下角 D 处逐渐减小而压油，为压油区。这种泵的转子每转一圈，每个密封工作腔完成吸油、压油各两次，故称为双作用叶片泵。又因为泵的两个吸油区和压油区是径向对称的，使作用在转子上的径向液压力平衡，所以又称卸荷式叶片泵。图 6-9b 所示为双作用叶片泵的实物图。双作用叶片泵具有容积效率较高、流量

图 6-9 双作用叶片泵

1—转子 2—定子 3—叶片 4—压油通道 5—吸油通道

均匀（流量脉动小）等特点，对精度要求较高的液压设备常选用双作用叶片泵。

图 6-10 所示为单作用叶片泵结构原理图，它由转子 1、定子 2、叶片 3 和安装在定子、转子两侧的配流盘等组成。与双作用叶片泵不同的是，定子是一个与转子偏心安装的圆环，两侧的配流盘上开有两个油窗，一个为吸油窗口（图中虚线所示），另一个为压油窗口。这样，转子每转一周，转子、定子、叶片和配流盘之间形成的密封容积只变化一次，完成一次吸油和压油，因此称为单作用叶片泵。因为转子单向承受压油腔油压的作用，径向力不平衡，所以又称非卸荷式叶片泵。这种泵的工作压力不宜过高，其最大特点是只要改变转子和定子的偏心距 e 和偏心方向，就可以改变输油量和输油方向而成为变量叶片泵。

图 6-10 单作用叶片泵结构原理图

1—转子 2—定子 3—叶片

若在图 6-10 所示单作用叶片泵的上、下侧增设限压弹簧和反馈柱塞，就变为外反馈限压式变量叶片泵，如图 6-11 所示。如图 6-11a 所示，当泵输出的工作压力 p 不高时，定

a) 结构原理图   b) 实物图

图 6-11 外反馈限压式变量叶片泵

1—转子 2—定子 3—限压弹簧 4、7—调节螺钉 5—配流盘 6—反馈缸柱塞

子 2 在限压弹簧 3 的作用下被推向左端，定子中心 O_2 和转子中心 O_1 之间有一个初始偏心量 e_0，这时泵的输出流量最大。当泵的工作压力 p 升高，作用在柱塞上的力超过限压弹簧 3 的预紧力时，限压弹簧被压缩，定子右移，输出流量减小。当泵的压力达到某一数值时，偏心量接近于零，泵的输出流量也接近于零，此后不管外界负载怎样加大，泵的压力都不再升高，该压力称为泵的极限工作压力。图 6-11b 所示为外反馈限压式变量叶片泵的实物图。

限压式变量叶片泵适用于液压设备有"快进""工进""保压"要求的场合。快进时，负载小、压力低、流量大，泵的转子和定子的偏心距最大；工进时，负载大、压力高、速度慢、流量小，泵的转子和定子的偏心距减小；保压时，泵的转子和定子的偏心距接近于零（即同心），仅提供小流量以补偿系统的泄漏。

（3）柱塞泵　柱塞泵是靠柱塞在缸体中做往复运动，使密封工作腔的容积发生变化来实现吸油与压油的液压泵。按柱塞的排列和运动方向不同，柱塞泵可分为径向柱塞泵和轴向柱塞泵。径向柱塞泵的外形尺寸较大，目前生产中应用不多。

图 6-12a 所示为轴向柱塞泵的结构原理图。这种泵的主体由缸体 1、配流盘 2、柱塞 3 和斜盘 4 等组成，柱塞沿圆周均匀地分布在缸体内，斜盘轴线与缸体轴线倾斜成一角度 γ，柱塞靠机械装置或在低压油（图中为弹簧）的作用下压紧在斜盘上，配流盘 2 和斜盘 4 固定不动。若传动轴沿图 6-12a 所示方向回转，当柱塞进入后半面时，柱塞向外伸出，柱塞底部缸孔的密封工作腔容积增大，通过配流盘的吸油窗口吸油；当柱塞进入前半面时，柱塞被斜盘推入缸体，使缸孔的密封工作腔的容积减小，通过配流盘的压油窗口压油。缸体每转一周，每个柱塞各完成一次吸、压油。改变斜盘倾角，就能改变柱塞行程的长度，即改变液压泵的排量；改变斜盘倾角方向，就能改变吸油和压油的方向，即成为双向变量泵。图 6-12b 所示为轴向柱塞泵的实物图。

a) 结构原理图　　　　　b) 实物图

图 6-12　轴向柱塞泵
1—缸体　2—配流盘　3—柱塞　4—斜盘　5—传动轴　6—弹簧

与齿轮泵和叶片泵相比，柱塞泵具有压力高、结构紧凑、效率高、流量调节方便等优点，广泛应用于需要高压、大流量、大功率的系统中和流量需要调节的场合，如龙门刨床、拉床、液压机、工程机械、矿山冶金机械、船舶等。

4. 液压站

液压站又称液压泵站，是独立的液压装置。它按要求逐级供油，并控制液压油的流动方向、压力和流量，适用于主机与液压装置可分离的各种液压机械。用户只要用油管将液压站与主机上的执行机构（液压缸或液压马达）相连，液压机械即可实现各种规定的动作和工作循环。

液压站一般由液压泵装置、集成块或阀组合、油箱等组合而成，如图6-13所示。各部件的功能如下。

（1）**液压泵装置**　液压泵装置中装有液压泵和电动机，二者一般通过联轴器相连。液压泵装置是液压站的动力源，负责将机械能转化为液压油的压力能。

（2）**集成块**　集成块由液压阀及通道体组装而成，其功用是对液压油进行方向、压力和流量的调节。

（3）**阀组合**　板式阀装在立式阀板上，在阀板后配置连接油管，其功能与集成块相同。

（4）**油箱**　油箱为板焊的半封闭容器，其上还装有滤油网、冷却器、空气过滤器等，用来储油和进行油的冷却及过滤。

图 6-13　液压站

5. 液压管件

液压管件主要包括油管和管接头，如图6-14所示。

（1）**油管**　液压系统中使用的油管分为硬管和软管两类。油管的特点及适用范围见表6-2。

图 6-14　液压管件

表 6-2　油管的特点及适用范围

种　类		特点及适用范围
硬管	钢管	能承受高压,价格低廉,耐油,耐蚀性好,刚性好,但装配时不能任意弯曲;常在拆装方便处用作压力管道,中、高压用无缝管,低压用焊接管
	纯铜管	易弯曲成各种形状,但承压能力一般不超过10MPa,抗振能力较弱,又易使油液氧化;通常用在液压装置内配接不便之处
软管	尼龙管	乳白色、半透明,加热后可以随意弯曲成形或扩口,冷却后又能定形不变,承压能力因材质而异,范围为2.5~8MPa
	塑料管	质轻耐油、价格便宜、装配方便,但承压能力低,长期使用会变质老化;只宜用作压力低于0.5MPa的回油管、泄油管等
	橡胶管	高压管由耐油橡胶夹几层钢丝编织网制成,钢丝网层数越多,耐压性能越强,价格越贵,用作中、高压系统中两个相对运动件之间的压力管道;低压管由耐油橡胶夹帆布制成,可用作回油管道

（2）**管接头** 管接头是油管与油管、油管与液压元件之间的可拆式连接件。它必须具有拆装方便、连接牢固、密封可靠、外形尺寸小、通流能力大、压降小、工艺性好等特点。

管接头的种类很多，按通路数量和流向可分为直通、弯头、三通和四通；按连接方式不同，可分为焊接式、卡套式、扩口式等，其规格品种可查阅有关手册。液压系统中常用的管接头见表6-3。

表 6-3 液压系统中常用的管接头

名称	结构简图	特点和说明
焊接式管接头	 1—接管 2—螺母 3、6—密封圈 4—接头体 5—本体	1. 连接牢固,利用球面进行密封,简单可靠 2. 必须保证焊接质量,必须采用厚壁钢管,装拆不便
卡套式管接头	 1—接头体 2—管路 3—螺母 4—卡套	1. 轴向尺寸要求不严,装拆方便 2. 对油管径向尺寸要求较高,为此要采用冷拔无缝钢管
扩口式管接头	 1—接头体 2—管套 3—螺母	1. 利用油管管端的扩口在管套的压紧下进行密封,结构简单 2. 适用于钢管和塑料管等低压管道的连接
扣压式管接头	 1—接头体 2—螺母	用来连接高压软管
快速接头	 1、7—弹簧 2、6—阀芯 3—钢球 4—外套 5—接头体	1. 用在经常拆装处 2. 操作简单方便

6. 油箱

油箱的功用是储存油液，散发油液中的热量，释放出混在油液中的气体，分离沉淀油液中的污物等。

液压系统中的油箱有整体式和分离式两种。整体式油箱与机体做在一起，利用机体的内腔作为油箱。这种油箱结构紧凑，各处漏油易于回收，但增加了设计和制造的复杂性，维修不便，散热条件不好，并且会使机体或邻近构件产生热变形。分离式油箱单独设置，与机体分开，减少了油箱发热和液压源振动对机体工作精度的影响，因此得到了普遍的应用，特别是在精密机械上应用很广。

分离式油箱如图 6-15 所示。由图可见，油箱内部用隔板 7、9 将吸油管 1 与回油管 4 隔开。顶部、侧部和底部分别装有滤油网 2、液位计 6 和排放污油的放油阀 8。安装液压泵及其驱动电动机的上盖 5 则固定在油箱顶面上。

图 6-15　分离式油箱
1—吸油管　2—滤油网　3—盖　4—回油管
5—上盖　6—液位计　7、9—隔板
8—放油阀　10—吸油过滤器

疑难诊断

问题 1：起动液压泵后，压油口无油输出，试分析原因，并给出改进措施。

答：1) 液压泵旋转方向不正确；更改电动机相序，从而改变电动机的旋转方向。

2) 漏气或堵塞；检查管道、过滤器、油箱等是否存在漏气或堵塞的情况，如有须进行清洗或更换。

3) 油箱中油液面太低；检查油液面高度，并将吸油管插入油液面以下。

4) 变量液压泵定子和转子同心；改变定子和转子的偏心距。

问题 2：起动液压泵后，产生较大的噪声，试分析原因，并给出改进措施。

答：1) 液压泵吸空；检查管道、过滤器等是否存在漏气或堵塞的情况，如有须进行清洗或更换。

2) 吸油过滤器容量太小；增加过滤器的容量。

3) 液压泵与电动机轴线不同心；按技术要求进行调整。

4) 液压泵内部故障；更换液压泵或内部部件。

总结评价

通过以上学习，对任务实践的完成情况和相关知识的了解情况做出客观评价，并填写表 6-4。

表 6-4　认识液压泵及液压泵站任务评价

序号	评价内容	达标要求	自评	组评
1	液压泵的工作原理及主要参数	能借助生活实例解释液压泵的工作原理,熟悉液压泵铭牌参数,能识读液压泵图形符号		

（续）

序号	评价内容	达标要求	自评	组评
2	液压泵的结构、主要类型及应用特点	了解液压泵的结构，熟悉常用液压泵的类型和应用范围，能正确拆装结构简单的液压泵		
3	液压泵站	熟悉液压泵站各组成部分的功能，能正确拆装液压泵站		
4	液压管件	熟悉液压管件，能正确装接液压管件		
5	液压泵常见故障	能对液压泵运行中出现的简单故障进行诊断和排除		
6	文明实践活动	遵守纪律，按规程活动		
总体评价				
再学习评价记录				

🧠 课后思考

1. 若液压泵运转速度很低时没有液压油输出，试分析可能的原因。

2. 一台液压泵的机械效率 $\eta_M = 0.92$，转速 $n = 950 r/min$ 时的理论流量 $q_t = 160 L/min$，若液压泵的工作压力 $p = 2.95 MPa$，实际流量 $q = 152 L/min$。试求：（1）液压泵的总效率；（2）液压泵在上述工况下所需的电动机功率；（3）驱动液压泵所需的转矩。

3. 简述油箱的主要功能。

任务 2　认识液压缸与液压马达

📋 任务描述

执行元件是液压传动系统中输出功率的部件，其作用是将压力能转变为机械能，是实际工作的装置。正像人的手臂一样，执行元件的动作方式有线性和旋转两种形式（图 6-16）。液压缸是线性执行元件，它输出的是力和直线运动；液压马达是旋转执行元件，它输出的是转矩和旋转运动。

按油液压力作用方式的不同，液压缸可分为单作用液压缸和双作用液压缸。对于单作用液压缸，受压油液只能进入液压缸的一端，活塞以受压油液推动它的方向在液压缸缸体中滑行，但返回时，必须利用弹力、重力等外力将活塞推回原来的位置；对于双作用液压缸，受压油液可以进入液压缸的任何一端，活塞可以沿两个方向工作。

a) 线性执行元件　　b) 旋转执行元件

图 6-16　手臂动作与液压执行元件

液压马达是一种输出旋转运动的执行元件，其动作与液压泵相反。液压泵输出油液，而液压马达则由这种油液驱动。

相比液压马达，液压缸的应用更为广泛。本任务的重点是认识常见液压缸的结构、类型及应用特点等。

思维导图

任务实践

单杆活塞缸的拆装

1. 单杆活塞缸结构图（图 6-17）

图 6-17 单杆活塞缸结构图

1—缸底端盖　2—带放气孔的单向阀　3、10—连接法兰　4、9、13、15—密封圈　5—导向环　6—缓冲套

7—缸筒　8—活塞杆　11—缓冲节流阀　12—导向套　14—压盖　16—防尘圈　17、21—连接螺钉

18—缸盖（缸头）　19—活塞　20—无杆端缓冲套

135

2. 结构分析

单杆活塞缸主要由缸筒、活塞、活塞杆、前后端盖及密封和缓冲装置等构成。为保证活塞能在缸体内左右移动，须使缸体、活塞、活塞杆及导向套的轴线之间达到一定的同轴度要求。此外，为防止缸体内的油液向外泄漏，以及在液压缸左、右两腔之间泄漏，液压缸部件之间还有一定的密封要求。

3. 实施步骤

1）根据教学条件选择一只合适的单杆液压缸。

2）根据装配关系，逐一拆下液压缸组成零部件并编号，填写表6-5。

表6-5　单缸活塞缸的拆装总结

编号	零件名称	数量	与之相配合件的编号	所在部件名称	装拆顺序要求
1					
2					
...					
主要结论	活塞与活塞杆组件的连接方式				
	端盖与缸体组件的连接方式				
	静态密封方式				
	动态密封方式				
	缓冲方式				
	排气方式				
	安装方式				

3）分析液压缸活塞与活塞杆之间、端盖与缸体之间的连接方式。

4）分析液压缸是否具有缓冲装置，以及如何实现缓冲。

5）分析液压缸是否具有排气装置。

6）分析液压缸的安装方式。

7）清洗各零件。

8）按顺序装配各零件，防止漏装或错装零件。

9）检查液压缸活塞的运动是否灵活，有条件的学校可对液压缸进行性能测试。

10）整理场地。

知识链接

1. 常见液压缸

按结构特点，液压缸可分为活塞式液压缸、柱塞式液压缸和摆动执行器三类。典型液压缸的图形符号如图6-18和图6-19所示。

（1）活塞式液压缸　活塞式液压缸按使用要求不同，主要有双杆式和单杆式两种。

> **资料卡**
> 液压执行元件与气动执行元件的结构、图形符号和形式均很类似，应注意区别。

a) 无弹簧式　　　　b) 弹簧式　　　　c) 柱塞式　　　　d) 摆动式

图 6-18　单作用液压缸的图形符号

1) 双杆式活塞缸。活塞两端都有一根直径通常相等的活塞杆伸出的液压缸称为双杆式活塞缸，它一般由缸体、缸盖、活塞、活塞杆和密封件等零件构成。

a) 单杆式　　　　b) 双杆式　　　　c) 摆动式

图 6-19　双作用液压缸的图形符号

图 6-20 所示为双杆式活塞缸的工作原理。活塞缸的进、出油口布置在缸筒两端，当液压油从进、出油口交替输入液压缸时，油液压力作用在活塞的端面，活塞通过活塞杆（或缸体）带动工作台移动。图 6-20a 所示为实心式安装方式，当活塞的有效行程为 l 时，整个工作台的运动范围为 $3l$，因此机床占地面积大，一般适用于小型机床。当工作台行程要求较长时，可采用图 6-20b 所示的空心式安装方式，其工作台的移动范围只为液压缸有效行程 l 的 2 倍，因此占地面积小。

a) 实心式(缸体固定)安装方式　　　　b) 空心式(活塞杆固定)安装方式

图 6-20　双杆式活塞缸的工作原理

由于双杆式活塞缸两端活塞杆的直径通常是相等的，因此其左腔和右腔的有效面积也相等。当分别向左腔和右腔输入相同压力和流量的油液时，液压缸左、右两个方向上的推力和速度相等。双杆式活塞缸的推力 F 和速度 v 可按下式计算

$$F = (p_1 - p_2)A = \frac{\pi(D^2 - d^2)}{4}(p_1 - p_2) \tag{6-8}$$

$$v = \frac{q}{A} = \frac{4q}{\pi(D^2 - d^2)} \tag{6-9}$$

式中　A——活塞的有效工作面积（m^2）；

D、d——活塞的直径和活塞杆的直径（m）；

p_1、p_2——液压缸进、出油口的压力（Pa）；

q——输入流量（m^3/s）。

资料卡

活塞式液压缸的主要技术参数有缸径、活塞杆直径、最大行程、工作压力、油口尺寸、安装方式等。

2）单杆式活塞缸。单杆式活塞缸的活塞只有一端带活塞杆。单杆式活塞缸也有缸体固定和活塞杆固定两种形式，但它们的工作台移动范围都是活塞有效行程的2倍。

如图6-21所示，由于液压缸两腔的有效工作面积不相等，因此它在两个方向上的输出推力和速度也不相等，其值分别为

$$F_1 = p_1 A_1 - p_2 A_2 = \frac{\pi(p_1-p_2)D^2 + \pi p_2 d^2}{4} \tag{6-10}$$

$$F_2 = p_1 A_2 - p_2 A_1 = \frac{\pi(p_1-p_2)D^2 - \pi p_1 d^2}{4} \tag{6-11}$$

$$v_1 = \frac{q}{A_1} = \frac{4q}{\pi D^2} \tag{6-12}$$

$$v_2 = \frac{q}{A_2} = \frac{4q}{\pi(D^2-d^2)} \tag{6-13}$$

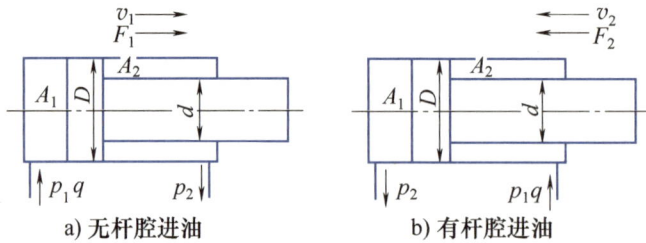

a) 无杆腔进油   b) 有杆腔进油

图6-21 单杆式活塞缸的工作原理

（2）柱塞式液压缸 图6-22a所示为柱塞式液压缸的结构原理图。它由缸筒、柱塞、导向套等零件组成。由于这种液压缸的柱塞和缸筒不接触，运动时由缸盖上的导向套来导向，因此缸筒的内壁不需要精加工，特别适用于行程较长的场合。图6-22b所示为柱塞式液压缸的实物图。

a) 结构原理图   b) 实物图

图6-22 柱塞式液压缸

1—缸筒 2—柱塞 3—导向套 4—弹簧圈

柱塞式液压缸只能实现一个方向的运动，反向运动需要靠外力，如重力、弹簧力，或成对使用柱塞缸（图6-23）来实现。

柱塞式液压缸输出的推力和速度分别为

$$F = pA = \frac{\pi d^2}{4}p \tag{6-14}$$

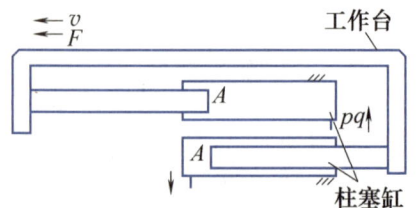

图6-23 柱塞式液压缸成对使用

$$v = \frac{4q}{\pi d^2} \qquad\qquad (6\text{-}15)$$

式中　d——柱塞的直径（m）。

（3）摆动执行器　摆动执行器又称摆动马达，它是一种输出转矩并实现往复摆动的液压执行元件。常用的摆动执行器有单叶片式和双叶片式两种，分别如图6-24a、b所示。摆动执行器由叶片轴1、缸体2、定块3和回转叶片4等零件组成。定块固定在缸体上，叶片和叶片轴连接在一起，当进、出油口交替输入液压油时，叶片带动叶片轴做往复摆动，输出转矩和角速度。单叶片摆动执行器输出轴的摆角小于310°，双叶片摆动执行器输出轴的摆角小于150°，但其输出转矩是单叶片摆动执行器的2倍。图6-24c所示为双叶片摆动执行器的实物图。

a) 单叶片式　　　　　b) 双叶片式　　　　　c) 双叶片摆动
执行器实物图

图 6-24　摆动执行器
1—叶片轴　2—缸体　3—定块　4—回转叶片

2. 液压马达

从原理上讲，液压泵可以用作液压马达，液压马达也可用作液压泵。但事实上，同类型的液压泵和液压马达虽然在结构上相似，但因工作情况不同，两者在结构上也存在如下差异：

1）液压泵的进油口比出油口大，液压马达的进、出油口大小相同。

资料卡

　液压马达与液压泵之间的关系，就像电动机与发电机之间的关系。从原理上讲，电动机与发电机是可以互相转换的，液压马达与液压泵也是可以互相转换的。

2）液压马达要能实现正、反转，结构应具有对称性；液压泵则为单方向转动，不要求对称，但要有自吸能力。

3）液压马达的结构及润滑，应能保证在宽速度范围内正常工作。

4）液压马达应有较大的起动转矩和较小的脉动。

按结构不同，液压马达可分为齿轮式、叶片式和柱塞式（轴向柱塞式和径向柱塞式）三类，如图6-25所示。

图6-26所示为液压马达的图形符号。

3. 液压缸的结构

（1）缸体组件　缸体组件包括缸筒、前后缸盖和导向套等，缸体组件中缸筒与端盖

a) 齿轮式马达　　b) 叶片式马达　　c) 轴向柱塞式马达　　d) 径向柱塞马达

图 6-25　液压马达

液压力的作用方向　　流量可调节

输出机械连接

a) 单向定量马达　　b) 单向变量马达

图 6-26　液压马达的图形符号

的连接形式很多，主要有法兰式、半环式、拉杆式、螺纹式和焊接式等，如图 6-27 所示。

a) 法兰式　　b) 半环式　　c) 拉杆式　　d) 螺纹式

e) 焊接式

图 6-27　缸体组件的常见形式

（2）活塞组件　活塞组件包括活塞和活塞杆。活塞和活塞杆的连接形式有多种，如图 6-28 所示。整体式和焊接式结构简单、轴向尺寸小，但损坏后需要整体更换；锥销式易于加工、装配简单，但承载能力小；螺纹式结构简单、拆卸方便，但螺纹加工，会削弱活塞杆的强度；卡环式连接强度高、结构复杂、装卸方便。

（3）液压缸缓冲装置　液压缸缓冲装置的作用是防止活塞在行程终了时和缸盖发生撞击。常见的缓冲装置如图 6-29 所示。从原理上看，各种缓冲装置均利用活塞运行接近端盖时减少流出液体的流量来实现减速。

a) 整体式   b) 焊接式   c) 锥销式

d) 螺纹式   e) 卡环式

图 6-28 活塞和活塞杆的连接形式

a) 圆柱形环隙式   b) 圆锥形环隙式

c) 可变节流式   d) 可调节流式

图 6-29 常见的缓冲装置

（4）液压缸的排气 液压传动系统中混入空气后会使其工作不稳定，产生振动、噪声、低速爬行，以及起动时突然前冲等现象。要保证液压缸正常工作，需要排除积留在液压缸内的空气。一般情况下，将液压缸的进、出油口设置在最高处；对运动平稳性要求较高的液压缸，须设置排气塞，如图 6-30 所示。工作前打开排气塞，空运行液压缸往返数次，空气即可通过排气塞排出，工作时关闭排气塞。

4. 液压缸的安装形式

与气缸的安装形式类似，液压缸的安装部位主要有活塞头部、液压缸两端和中间部位。确定液压缸的具体安装形式时，需要考虑动作要求、设备安装位置等因素。

5. 液压缸的密封

密封是解决液压传动系统泄漏问题最重要、最有效的手段。液压传动系统若密封不良，会出现内、外泄漏，如图 6-31 所示。液压缸的泄漏不仅会污染环境，还可能将空气吸入液压传动系统，从而影响液压泵的工作性能和液压

a) 打开排气状态 b) 关闭排气状态

图 6-30 排气塞

执行元件运动的平稳性。泄漏严重时，会造成系统容积效率过低和工作压力达不到要求。另外，若密封过度，也会造成密封部分的剧烈磨损，缩短密封件的使用寿命，增大液压

141

元件内的运动摩擦阻力，降低液压传动系统的机械效率。

（1）液压元件对密封装置的主要要求

1）良好的密封性能，即泄漏量应尽量少甚至没有，并且随着压力的增加能自动提高密封性能（称为自封性）。

2）密封装置和运动件之间的摩擦阻力要小。

3）密封件的耐蚀能力强，不易老化，耐磨性好，磨损后在一定程度上能自动补偿。

4）结构简单，工艺性好，使用和维护方便，价格低廉。

5）密封件与液压油有良好的相容性。

图 6-31　液压缸泄漏的主要途径

（2）常用的液压元件密封装置

1）间隙密封。间隙密封是利用相对运动件配合面之间的微小间隙进行密封的，常用于柱塞、活塞或阀的圆柱配合副中。间隙密封的密封性能与间隙的大小、压力差、配合表面的长度和直径的加工精度等因素有关，其中以间隙的影响最大。在圆柱配合的间隙密封中，常在阀芯的外表面开有几条等距离的均压槽，其主要作用是使径向压力均匀分布，减小液压卡紧力，同时使阀芯在孔中具有良好的对中性，以减小间隙的方法来减少泄漏；同时，均压槽所形成的阻力对减少泄漏也有一定的作用。均压槽的宽度一般为 0.3~0.5mm，深度为 0.5~1.0mm，如图 6-32 所示。

间隙密封的优点是摩擦力小，缺点是磨损后不能自动补偿，主要用于直径较小、有相对运动的圆柱配合副，如液压泵内的柱塞与缸体之间、滑阀的阀芯与阀孔之间的配合。

图 6-32　间隙密封

2）O 形密封圈密封。O 形密封圈是一种截面为圆形的橡胶圈，如图 6-33 所示，一般用耐油橡胶制成。O 形密封圈具有良好的密封性能，其内、外侧和端面都能起密封作用，结构紧凑，与运动件之间的摩擦阻力小，制造容易，拆装方便，成本低，并且高、低压均可以用，既可用于静密封，又可用于动密封。因此，O 形密封圈在液压系统中得到了广泛的应用。

O 形密封圈良好的密封效果在很大程度上取决于安装槽尺寸的正确性。一般槽宽和槽深在有关手册中有推荐值。图 6-34 所示为 O 形密封圈装入密封沟槽的情况，δ_1、δ_2 为

图 6-33　O 形密封圈密封

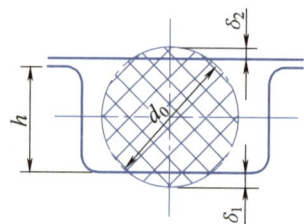

图 6-34　O 形密封圈装入密封沟槽的情况

O形密封圈装配后的预压缩量，通常用压缩率 W 表示，$W=\left[\left(d_0-h\right)/d_0\right]\times100\%$。对于固定密封、往复运动密封和回转运动密封，其压缩率应分别达到 15%~20%、10%~20% 和 5%~10%，这样才能取得令人满意的密封效果。

当油液的工作压力超过 10MPa 时，O形密封圈在往复运动中容易被油液压力挤入间隙而提早损坏，如图6-35a所示。为此，要在它的侧面放置厚度为 1.2~1.5mm 的聚四氟乙烯挡圈，单向受力时在受力侧的对面安放一个挡圈，如图6-35b所示；双向受力时，则在两侧各放一个挡圈，如图6-35c所示。

a) 未安放挡圈　　b) 一侧安放挡圈　　c) 两侧安放挡圈

图 6-35　O 形密封圈加挡圈

3）唇形密封圈。唇形密封圈的截面形状有 Y 形、V 形、U 形、L 形等，这类密封圈的共同特点是都具有一个与密封面接触的唇边。安装时，唇口必须对着液压油压力高的一侧。低压时，唇边靠自身的预压缩弹性力实现密封；高压时，唇口在液压油压力的作用下张开，使唇边与被密封面贴得更紧，压力越高则唇边被压得越紧，密封性越好。可见，唇形密封圈能随着工作压力的变化自动调节密封性能，当压力降低时，唇边的压紧程度也随之降低，从而减少了摩擦阻力和功率消耗。此外，它还能自动补偿唇边的磨损，保持密封性能不降低。

图6-36所示为液压缸中普遍使用的小 Y 形密封圈，它常用于活塞和活塞杆的密封。图6-36a所示为轴用密封圈，图6-36b所示为孔用密封圈。这种小 Y 形密封圈的特点是断面宽度和高度的比值大，增加了底部支承宽度，可以避免由摩擦力造成的密封圈的翻转和扭曲。小 Y 形密封圈密封可靠、寿命长、摩擦力小，工作压力可达 20MPa，在液压系统中得到了广泛应用。

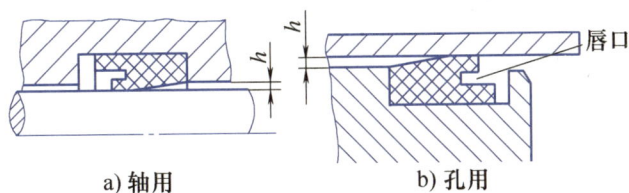

a) 轴用　　b) 孔用

图 6-36　小 Y 形密封圈

图6-37所示为 V 形密封圈的组成，它由多层涂胶织物压制而成，由支承环、密封环和压环三个零件组成，三个环叠在一起使用。V 形密封圈可用于内径和外径的密封，具有密封性能好、耐高压（工作压力可达 50MPa）、寿命长等优点，常用于直径大、压力高、行程长的场合；其缺点是摩擦阻力大、轴向尺寸长。

a) 支承环　　b) 密封环　　c) 压环

图 6-37　V 形密封圈的组成

疑难诊断

　　问题1：任务实践中，若采用Y形密封圈用于活塞密封，为何活塞处要使用一对密封圈，而其他位置仅用一只密封圈。

　　答：安装Y形密封圈时，一定要将其Y形开口（唇口）对着液压油方向，这样才能保证当压力升高时，密封圈的密封效果也随之提高。在液压传动系统工作过程中，因为活塞左、右两腔都会通入液压油，所以为防止左、右两腔油液泄漏，需要设置一对密封圈。然而，其他部位不存在这种情况，仅一边通入液压油，因此只需要设置一只密封圈即可。

　　问题2：液压缸产生"爬行"现象的原因有哪些？

　　答：1）当缸壁拉毛，局部磨损或腐蚀严重时，一般会产生"爬行"。

　　2）密封圈压得太紧。

　　3）活塞与活塞杆的安装不同轴，或者活塞杆不直。

　　4）排气装置不灵，未完全排气。

总结评价

　　通过以上学习，对任务实践的完成情况和相关知识的了解情况做出客观评价，并填写表6-6。

表6-6　认识液压缸与液压马达任务评价

序号	评价内容	达标要求	自评	组评
1	液压的类型,液压马达的类型	了解常见液压缸和液压马达的类型及应用特点		
2	液压缸的结构	熟悉活塞式液压缸的主要组成及装配关系,熟悉其各组成部件的主要形式,能正确拆装液压缸		
3	液压缸、液压马达的参数	理解液压缸、液压马达的主要参数		
4	液压缸故障	能对液压缸使用过程中出现的简单故障进行诊断并予以排除		
5	文明实践活动	遵守纪律,按规程活动		
总体评价				
再学习评价记录				

课后思考

　　1. 一双杆式活塞缸，要求活塞杆的运动速度 $v = 5cm/s$，已知活塞直径 $D = 200mm$，活塞杆直径为 $d = 0.8D$。试确定所需流量 q（m^3/s）的大小。

　　2. 某柱塞式液压缸的柱塞直径 $d = 14cm$，缸体内径 $D = 28cm$，输入流量 $q = 25L/min$，求柱塞的运动速度。

　　3. 比较单杆式活塞缸采用缸体与活塞杆两种固定方式的受力特点。

学习反思

1. 在液压传动系统中，从动力元件到执行元件的能量传递是逐渐减少的，且传递效率低于机械传动。因此，节约能源、提高传动效率是液压传动科研工作者的主攻方向之一，也是学习者关注的重点之一。

2. 尽管液压泵、液压缸（马达）种类较多，但它们的工作原理是一致的，这为学习者"化繁为简"提供了一种思路。

项目 7

液压控制阀及基本回路的组建与调试

✈ 项目描述

人们在搬运重物时（图 7-1），需要由大脑控制手臂的运动方向、移动速度及施加作用力的大小。同样，由液压传动系统完成相关动作时，如钻削加工（图 7-2），需要由液压传动系统控制液压执行元件（液压缸）的运动方向、运动速度和输出力的大小，以满足钻孔时钻头的钻入与退出、钻削速度及钻削力的要求。

图 7-1　人搬运重物

图 7-2　钻削加工示意图

在液压传动系统中，把控制液压执行元件的运动方向、作用力和速度的液压元件称为液压控制阀，简称液压阀；把由液压泵、液压缸（马达）、液压阀、油管等液压元件组合而成，用于完成不同功能（如速度控制等）的回路称为液压基本回路。一个液压传动系统是由一个或若干个功能不同的液压基本回路构成的。

显然，液压控制阀是液压基本回路的核心液压元件，液压基本回路实现的功能与液压控制阀的功能紧密相关。认识液压控制阀和认识液压基本回路同等重要，认识它们是识读液压传动系统原理图的基础，是安装、调试、维护液压传动系统的保障。

📖 学习目标

1. 强化成本控制意识、节能意识、规范意识、团队协作意识，在问题探究和液压基本回路优化等过程中培养严谨务实和精益求精的工作态度，掌握辩证思维方法和气液电液对应理论。
2. 理解方向控制阀的工作原理，能够组建并调试常见的方向控制回路。
3. 理解压力控制阀的工作原理，能够组建并调试常见的压力控制回路。
4. 理解流量控制阀的工作原理，能够组建并调试常见的速度控制回路。
5. 熟悉多缸动作基本回路，能够组建并调试多缸动作控制回路。

任务1　方向控制回路的组建与调试

资料卡
至今仍发挥作用的都江堰工程。

都江堰工程

📋 任务描述

像交通警察或信号灯（图7-3）控制车行方向一样，方向控制阀的作用是控制油液的流向。通过控制进入液压执行元件油液的通、断和改变流向，以实现液压传动系统中液压执行元件的起动、停止和换向作用的回路称为方向控制回路，方向控制阀是方向控制回路的核心液压元件。

图7-3　汽车流向与液压油流向的控制

本任务是以图7-2所示的钻削加工为例，实现钻头的进退动作，并保证钻头在不工作时不发生"漂移"（锁紧）。在此，需要引入由换向阀等液压元件组成的换向回路或锁紧回路。

思维导图

任务实践

任务实践1　钻削加工进、退方向的控制

1. 回路图及控制电路图（图7-4）

a) 控制方案1　　　　　　　　　　　　b) 控制方案2

图7-4　钻削加工进、退方向回路图和控制电路图

1—液压源（液压泵等）　2—单向阀　3—三位四通手动换向阀　4—双作用液压缸
5—单作用液压缸　6—二位三通电磁换向阀

2. 回路分析

控制方案1是采用手动换向阀控制双作用液压缸的液压回路。扳动手动换向阀的手柄，可以实现液压缸的进、退运动，即实现液压缸的方向控制。

控制方案2是采用电磁换向阀控制单作用液压缸的液压回路。当电磁铁YA通电时，液压缸完成前进动作；当电磁铁YA失电时，单作用液压缸的活塞杆则依靠缸内弹簧复位，做返回动作，从而实现对液压缸方向的控制。

3. 实施步骤

1）利用 FluidSIM-H 或 Automation Studio 液压仿真软件进行运动仿真。

2）在教师的指导下选择相关液压元件，并在实训平台上固定液压元件。

3）分别按控制方案 1、2 的回路图连接管路，对于控制方案 2，还需要按控制电路图连接控制电路。

4）对于控制方案 1，分别将手柄放在左、中、右三个位置，依次观察液压缸活塞杆的运动情况。

5）对于控制方案 2，分别按下起动按钮 SB_1 和停止按钮 SB_2，观察液压缸活塞杆的运动情况。

6）按教师要求思考相关问题。

7）整理场地。

任务实践 2　液压缸锁紧控制

1. 回路图（图 7-5）

图 7-5　液压缸锁紧控制回路

1—液压源　2—单向阀　3—三位四通手动换向阀　4—双作用液压缸　5—双向液压锁

2. 回路（结构）分析

所谓锁紧，就是防止液压缸"漂移"，即在液压缸不工作时，工作部件能在任意位置上停留，防止其在外力作用下发生移动。

控制方案 1 采用的是 O 型中位机能的三位换向阀，此方法最简单。当阀芯处于中位时，液压缸的进、出油口都被封闭，将活塞锁紧。这种锁紧回路因受到滑阀泄漏的影响，故锁紧效果较差。

控制方案 2 采用的是双液控单向阀，即液压锁，此方法最为常用。在液压缸的进、回油路中都串接了液压锁，活塞可以在行程的任何位置锁紧。由于液控锁具有良好的密封性能，即使在外力作用下，也能使执行元件长期锁紧。为了保证在三位换向阀中位时锁紧，液压锁的控制口 K_1、K_2 须与油箱相通，即换向阀应采用 H 型或 Y 型中位机能。

3. 实施步骤

1）在教师的指导下选择相关液压元件，并在实训平台上固定液压元件。

2）分别按控制方案1、2的回路图连接管路。

3）对于控制方案1、2，分别将手柄放在中间位置，对液压缸施加外力，观察液压缸活塞杆的运动情况。

4）按教师要求思考相关问题。

5）整理场地。

📚 知识链接

1. 单向阀

液压传动系统中常用的单向阀有普通单向阀和液控单向阀两种。

（1）普通单向阀 普通单向阀的作用是只允许液流沿一个方向流动，反向液流则被截止。它要求正向液流通过时压力损失小，反向液流被截止时密封性能好。

> **资料卡**
>
> 普通单向阀类似于电学中的二极管。前者控制液流单向流动，后者控制电流单向流动。

图 7-6a 所示为管式普通单向阀。它是由阀体、阀芯和弹簧等零件组成的。当油液从 P_1 口流入时，其克服弹簧力使阀芯右移，阀口开启，油液经阀口、阀芯上的径向孔 a 和轴向孔 b 从 P_2 口流出；若油液从 P_2 口流入，则在油液压力和弹簧力的作用下，阀芯的锥面紧压阀座，阀口关闭，使油液不能流过。

普通单向阀的工作过程

a) 管式普通单向阀

b) 板式普通单向阀

c) 图形符号

图 7-6 普通单向阀

1—阀体　2—阀芯　3—弹簧

图 7-6b 所示为板式普通单向阀。由图可知，板式单向阀与管式单向阀的区别在于阀口的连接形式不同。管式单向阀的阀口加工有螺纹，阀口之间用管子连接起来，连接处采用螺纹结构；板式单向阀的阀口为光孔，并加工有用于安装密封圈的沉孔，并且所有

阀口设计在同一个安装平面上，阀通过阀块或阀板实现与其他阀的连接。图 7-6c 所示为普通单向阀的图形符号。

单向阀中的弹簧主要是用来克服阀芯的摩擦阻力和惯性力，使单向阀工作灵敏且可靠，因此普通单向阀的弹簧刚度都选得较小，以免油液流过时产生较大的压力损失。若将单向阀中的弹簧换成刚度较大的弹簧，则可将其置于回油路中用作背压阀。

普通单向阀应用非常灵活，可以用作单向阀和背压阀，也可以与其他液压元件联合使用。任务实践中的单向阀被安装在液压源（泵）的出油口处（图 7-4 和图 7-5），用以防止因液压传动系统的压力冲击而影响液压泵的正常工作，同时可防止在液压泵不工作时液压传动系统的油液倒流回油箱。

（2）液控单向阀 图 7-7a 所示为液控单向阀的结构原理图。当控制口 K 处无液压油流入时，其功能与普通单向阀一样，液压油只能从进油口 P_1 流向出油口 P_2，不能反向流动。当控制口 K 处有液压油流入时，控制活塞 1 右侧的 a 腔接通泄油口，控制活塞在油液压力的作用下向右移动，推动顶杆 2 顶开阀芯，使油口 P_1 和 P_2 接通，油液就可以从 P_2 口流向 P_1 口。由于控制活塞有较大的作用面积，因此 K 口的控制压力可以小于主油路的压力，一般为主油路压力的 $30\% \sim 50\%$。图 7-7b、c 所示分别为液控单向阀的实物图和图形符号。

a) 结构原理图　　　　　　b) 实物图　　　　　　c) 图形符号

图 7-7 液控单向阀

1—控制活塞 2—顶杆 3—阀芯

液控单向阀具有良好的单向密封性，常用于执行元件需要长时间保压、锁定的情况，也可防止液压缸停止运动时因自重而下滑。这种阀也称液压锁。若将两个液控单向阀组合起来，就形成了双向液压锁，即双液控单向阀，它可有效防止液压缸沿两个方向运动，常用于汽车起重机的支脚油路，也可用于矿山采掘机械液压支架的锁紧回路。图 7-8a、b、c 所示分别为双液控单向阀的结构示意图、图形符号和实物图。

2. 换向阀

换向阀是利用阀芯与阀体间相对位置的改变，使油路接通、切断或变换油液的流动方向，从而使液压执行元件起动、停止或变换运动方向的一种液压阀。

a) 结构示意图　　　　　　　b) 图形符号　　　　　　　c) 实物图

图 7-8　双液控单向阀

1—弹簧　2—阀芯　3—阀座　4—活塞

> **资料卡**
>
> 气动阀和液压阀的图形符号类似或相同，其功能相似，读法也基本一致。因此，学习时应注意区别和联系这两种阀。

按阀芯相对于阀体的运动方式，换向阀可分为滑阀式和转阀式两种形式。滑阀式换向阀在液压系统中远比转阀式换向阀用得广泛。按改变阀芯与阀体之间相对位置的动力源的种类或操作方式，换向阀分为手动、机动、电磁动、液动和电液动等。图 7-9 所示为常用滑阀的操纵方式及其符号。

a) 手柄式　　　　　　b) 踏板式　　　　　　　　推杆式　滚轮杠杆式
　　　　　　　　　　　　　　　　　　　　　　　　　c) 机械式

液压直接控制 液压间接控制

d) 电磁动　　　　　　　　　　　e) 液动和电液动

图 7-9　常用滑阀的操纵方式及其符号

（1）常用换向阀简介

1）手动换向阀。图 7-10a 所示为自动复位式手动换向阀。推动手柄到右位时，P 口与 A 口相通，B 口经阀芯轴向孔与 T 口相通；推动手柄到左位时，P 口与 B 口相通，A 口经阀芯轴向孔与 T 口相通；松开手柄 1，阀芯 2 在弹簧 3 的作用下自动回复中位，这时 P、A、B、T 口全部关闭。该阀适用于动作频繁、工作持续时间短的场合，如工程机械的液压传动系统。

> **资料卡**
>
> 换向阀主要技术参数包括油口通径、工作流量、连接形式、操纵方式，对于电磁阀还包括工作电压等。

将自动复位式手动换向阀阀芯左端的弹簧3改成图7-10a中上部的定位机构，就成为定位式手动换向阀，其定位缺口数由阀的工作位置数决定。由于定位机构的作用，松开手柄后，阀仍保持在所需的工作位置上。这种阀主要用于机床、液压机等需要较长时间保持工作状态的情况。图7-10b所示为弹簧复位和带定位机构手动换向阀的图形符号。图7-10c所示为手动换向阀的实物图。

a) 自动复位式及带定位机构手动换向阀结构原理图　　b) 图形符号　　c) 实物图

弹簧复位

带定位机构

图 7-10　手动换向阀
1—手柄　2—阀芯　3—弹簧

2）电磁换向阀。电磁换向阀是利用电磁铁的通电吸合与断电释放，推动阀芯来实现液流通、断或改变液流方向的。电磁换向阀因操作方便、布置灵活、易于实现动作转换，因此应用最为广泛。

在图7-11a所示的电磁换向阀中，当电磁铁未通电，阀芯位于图示位置时，P口与A口相通，B口关闭；当电磁铁通电吸合时，推杆1将阀芯2推向右端，这时P口与B口相通，A口关闭。图7-11b、c所示分别为该换向阀的图形符号和实物图。

a) 结构原理图　　b) 图形符号　　c) 实物图

图 7-11　二位三通电磁换向阀
1—推杆　2—阀芯　3—弹簧

在图7-12a所示的电磁换向阀中，当两端的电磁铁未通电时，阀两端的弹簧使阀芯处于中间位置，此时，P、A、B、T_1、T_2口互不相通；当左端电磁铁通电吸合时，阀芯被推至右端，P口与A口相通，B口与T_2口相通，T_1口关闭；当右端电磁铁通电吸合时，阀芯被推至左端，P口与B口相通，A口与T_1口相通，T_2口关闭。为避免阀芯位置不确定，左、右两电磁铁不能同时通电。图7-12b、c所示分别为该换向阀的图形符号和实物图。

3）液动换向阀。液动换向阀是利用控制油路中的液压油来改变阀芯位置的换向阀。

a) 结构原理图

b) 图形符号　　　　　　c) 实物图

图 7-12　三位五通电磁换向阀

它适用于流量较大的场合。

在图 7-13a 所示的液动换向阀中，当控制口 K_1、K_2 不通液压油时，阀芯在两端弹簧的作用下处于中间位置，P、A、B、T 口互不相通；当 K_1 口接通液压油，K_2 口接通回油时，阀芯向右移动，P 口与 A 口相通，B 口与 T 口相通；当 K_2 口接通液压油，K_1 口接通回油时，阀芯向左移动，P 口与 B 口相通，A 口与 T 口相通。与电磁阀一样，液动换向阀两个控制油口 K_1、K_2 不能同时通液压油。图 7-13b、c 所示分别为该液动换向阀的图形符号和实物图。

a) 结构原理图　　　　b) 图形符号　　　　c) 实物图

图 7-13　三位四通液动换向阀

（2）换向阀的中位机能　换向阀阀芯处于中间位置时，各油口的连通情况称为换向阀的中位机能（也称滑阀机能）。不同的中位机能可以满足液压系统的不同要求。三位换向阀的主要中位机能及其特点和作用见表 7-1。

表 7-1　三位换向阀的主要中位机能及其特点和作用

中位机能代号	结构原理图	图形符号	特点和作用
O			在中间位置时,油口全部关闭。液压缸锁紧,液压泵不卸荷,并联的其他液压执行元件的运动不受影响。从静止到起动较平稳,但换向冲击大

（续）

中位机能代号	结构原理图	图形符号	特点和作用
M			在中间位置时，液压泵卸荷，液压缸锁紧，不能并联其他执行元件。由于液压缸中充满油，因此从静止到起动较平稳，但换向冲击大
H			在中间位置时，油口全开，液压泵卸荷，液压缸为浮动式，不能与其他执行元件并联使用。由于液压缸的油液流回油箱，因此从静止到起动有冲击，但换向较平稳
Y			在中间位置时，泵口关闭，液压缸浮动，液压泵不卸荷。可并联其他执行元件，其运动不受影响。由于液压缸中的油液流回油箱，因此从静止到起动有冲击
P			在中间位置时，回油口关闭，泵口和两液压缸口连通，可以形成差动回路。液压泵不卸荷，可并联其他执行元件。从静止到起动较平稳；换向过程中，由于液压缸两腔均通液压油，因此换向时最平稳

由表7-1可知，不同中位机能一般是通过改变阀芯结构获得的；三位换向阀的中位机能会影响系统是否保压、系统是否卸荷、换向是否平稳、换向精度是否保证、液压缸是否处于"浮动"状态等。

资料卡

液压泵卸荷分两种方式：一种是压力卸荷，即输出压力 $p=0$；另一种是流量卸荷，即输出流量 $q=0$。这两种方式的目的是输出功率为零。

疑难诊断

问题1：对于任务实践1中的控制方案2，若换向阀通电后液压缸的活塞杆不动作，试分析可能的原因。

答：1）液压泵未工作或不供油。

2）电磁换向阀未换向。

3）控制电路接错。

4）液压缸活塞或活塞杆卡住，不能动作。

问题2：对于任务实践2，若换向阀不动作，但液压缸在外力作用下仍发生"漂移"，试分析可能的原因。

答：1）液压缸存在内泄漏，即存在"窜油"现象。

2）换向阀或液压锁存在故障，密封不良。

总结评价

通过以上学习，对任务实践的完成情况和相关知识的了解情况做出客观评价，并填写表7-2。

表7-2 方向控制回路的组建与调试任务评价

序号	评价内容	达标要求	自评	组评
1	方向控制阀（单向阀及换向阀）及其图形符号	熟悉常用方向控制阀（单向阀、液控单向阀、液压锁、手动换向阀、机动换向阀、电磁换向阀、液动换向阀等）的工作过程，能够识读其图形符号；能够理解典型的中位机能		
2	换向回路、锁紧回路	能正确分析执行元件的换向过程，能按回路图组建并调节换向回路；能正确分析典型锁紧回路，并熟悉其锁紧特点		
3	简单故障的排除	能对简单故障进行分析与排除		
4	文明实践活动	遵守纪律，按规程活动		
总体评价				
再学习评价记录				

知识拓展

电磁铁简介

按所使用电源的不同，电磁铁可分为交流和直流两种；按其衔铁工作腔是否有油液，又可分为干式和湿式。交流电磁铁的起动力较大，不需要专门的电源，吸合、释放快，动作时间为 0.01~0.03s。交流电磁铁的缺点是若电源电压下降15%以上，则电磁铁的吸力明显减小，若衔铁不动作，则干式电磁铁会在 10~15min 后烧坏线圈（湿式电磁铁为 1~1.5h），且冲击及噪声较大、寿命短。因而在实际使用中，交流电磁铁允许的切换频率一般为 10 次/min，不得超过 30 次/min。直流电磁铁工作较可靠，吸合、释放动作时间为 0.05~0.08s，允许使用的切换频率较高，一般可达 120 次/min，最高可达 300 次/min，且冲击小、体积小、寿命长，但需要使用专门的直流电源，成本较高。

随着人们对液压传动系统控制要求的提高，应用比例电磁铁对液压阀的控制是液压技术应用的趋势之一。比例电磁铁的功能是将比例控制放大器输出的电信号转换成力或位移。液压设备的各种比例阀，如比例换向阀、比例溢流阀等，就是比例电磁铁与普通液压阀结合的结果。比例电磁铁因推力大、结构简单、对油液清洁度要求不高、维护方便、成本低、衔铁腔可做成耐高压结构，是电液比例控制元件中应用广泛的电—机械转换元件。用于换向阀上的比例电磁铁的结构如图 7-14a 所示，主要由线圈、衔铁、推杆、壳体等组成。当有信号输入线圈时，线圈内磁场对衔铁产生作用力，衔铁在磁场中按信号电流的大小和方向成比例、连续地运动，再通过固连在一起的销带动推杆运动，从而控制滑阀阀芯的运动。图 7-14b 所示为比例电磁铁的图形符号。

a) 结构　　　　　　b) 图形符号

图 7-14　比例电磁铁

1—推杆　2—限位片　3—导套　4—隔磁环
5—衔铁　6—线圈　7—轴承环

课后思考

1. 图 7-15 所示为由手动换向阀（先导阀）控制液动换向阀（主阀）的换向回路。与任务实践 1 相比，该回路有何应用特点？

2. 若将任务实践 1 控制方案 1 中的手动换向阀换成三位四通电磁阀，则如何实现液压缸的方向控制？

3. 用 PLC 实现任务实践 1 控制方案 2 中液压回路的控制。

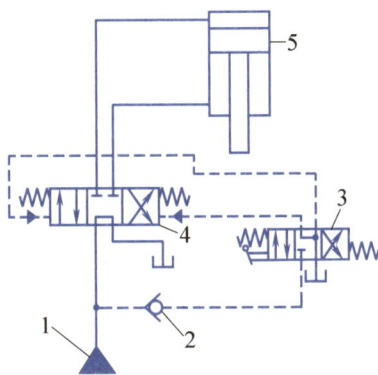

图 7-15　题 1 图

1—液压源　2—单向阀　3—手动换向阀
4—液动换向阀　5—液压缸

任务 2　调压及卸荷回路的组建与调试

任务描述

在前文中讲过"工作压力决定负载"。压力的急剧上升也会带来破坏液压元件的危险。因此，任何一个液压传动系统都应具有限制或调节系统内部压力的控制装置，即压力控制回路。利用压力控制回路，可以实现液压传动系统的调压、限压、减压和液压泵泄压等功能。压力控制回路的核心元件是压力控制阀（主要有溢流阀和减压阀）。本任务是组建和调试调压回路及卸荷（泄压）回路。

以本项目任务 1 中的钻孔加工为例，当钻孔对象的尺寸、材料等发生改变后，所需要的钻削力也会发生改变（图 7-16），这就需要液压传动系统具有与此相适应的调压装置。

不仅如此，当完成一个零件的钻孔加工后，需要重新装夹新零件并对其进行加工，或者加工过程中需要测量零件时，执行元件能短时等待。为了避免液压泵驱动电动机的频繁起动，使其近于空转状态，通常的做法是使液压泵卸荷，即让液压泵的出油口与油箱直接相通（图 7-17），从而保证其出口压力接近于零，以达到减少功率损耗、降低系统发热量、延长液压泵电动机使用寿命的目的。

图 7-16　钻削力的变化

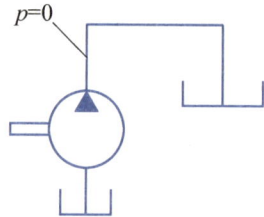

图 7-17　卸荷状态的液压泵（压力卸荷）

思维导图

任务实践

任务实践1 钻孔加工调压回路

1. 调压回路图（图7-18）

调压回
路仿真

a) 控制方案1   b) 控制方案2

图7-18 调压回路图

1—直动式溢流阀 2—节流阀 3—压力表 4—先导式溢流阀 5—远程调压阀

2. 回路分析

控制方案1是采用直动式溢流阀的调压回路，直动式溢流阀与液压泵并联。它一般用于定量泵节流调速的液压传动系统，由节流阀调节进入执行元件的流量，定量泵中多余油液则从溢流阀溢流回油箱。在工作过程中，溢流阀总是处于溢流状态。液压泵的工作压力由溢流阀调定。

控制方案2是采用先导式溢流阀，并将其远程控制口与远程调压阀相连，即实现远程调压，调节远程调压阀，控制溢流阀，实现对液压泵出油口压力的控制。这里应注意的是，只有在溢流阀的调整压力高于远程调压阀的调整压力时，远程调压阀才能起到调压作用。

3. 实施步骤

1）利用FluidSIM-H或Automation Studio液压仿真软件进行运动仿真。

2）先松开溢流阀调压旋钮，然后按照回路图，在实训平台上装接各液压元件。

3）起动液压泵，调节溢流阀调压旋钮，观察压力表，设定液压泵出油口压力，如0.3MPa；对于控制方案2，可通过调节远程调压阀实现压力的设定。

4）重复步骤2），可对液压泵设定其他压力值。

5）将节流阀的开口分别调至全开和半开两种状态，扳动换向阀手柄，观察液压缸的活塞杆在运动时和终点停止时压力表的读数，并将其填入表7-3。

6）在教师的指导下，分析讨论相关问题。

7）总结，整理场地。

表 7-3　压力表读数

状态	节流阀全开		节流阀半开	
	液压缸活塞杆运动时	液压缸活塞杆在终点停止时	液压缸活塞杆运动时	液压缸活塞杆在终点停止时
压力值/MPa				
主要结论				

任务实践 2　钻孔加工卸荷回路

1. 卸荷回路图（图 7-19）

卸荷回路仿真

a) 控制方案1　　b) 控制方案2　　c) 控制方案3　　d) 控制方案2、3电气图

图 7-19　钻孔加工卸荷回路图

1—直动式溢流阀　2—换向阀　3—压力表　4、6—二位二通电磁阀　5—先导式溢流阀

2. 回路分析

控制方案 1 利用 M 型中位机能实现液压泵卸荷。当换向阀处于中间位置时，液压泵中的油液直接流入油箱，压力表的读数应为零。

控制方案 2 利用二位二通电磁阀实现液压泵卸荷。当二位二通电磁阀通电时，液压泵的出油口直接与油箱相通，液压泵卸荷。

控制方案 3 用先导式溢流阀的远程控制口接油箱实现液压泵卸荷。当二位二通电磁阀通电时，溢流阀的远程控制口接通油箱，溢流阀主阀口全开，液压泵输出的油液经溢流阀流回油箱，液压泵卸荷。

3. 实施步骤

1）利用 FluidSIM-H 或 Automation Studio 液压仿真软件进行运动仿真。

2）按回路图的要求选择液压元件，在实训平台上装接各液压元件，并完成相关控制电路连接。

3）将换向阀置于中间位置，也就是不工作状态，溢流阀保持任务实践 1 设定值。

4）起动液压泵，分别让电磁阀 4、6 通电，观察压力表的读数是否为零。

5）讨论，总结，整理场地。

📚 知识链接

溢 流 阀

溢流阀是液压系统中调压回路的核心元件，其主要作用有两个：一是在系统中起溢流稳压作用；二是在系统中起安全保护作用。起溢流稳压作用时，主要用于定量泵供油系统；起安全保护作用时，主要用于变量泵供油系统（图 7-20）。常用的溢流阀按其结构形式和基本动作方式可分为直动式和先导式两种类型。

1. 直动式溢流阀

图 7-21a 所示为直动式溢流阀的结构原理图。当进油口 P 的压力较低时，阀芯在弹簧的作用下处于最下端，将 P 口和 T 口断开，阀口处于关闭状态，溢流阀不溢流；当进油口 P 的压力上升到作用在阀芯底面的液压力大于弹簧力时，阀芯上移，阀口打开，油液由 P 口经 T 口溢流回油箱。当通过溢流阀的油液流量改变时，阀口开度也改变，但因阀芯的移动量很小，作用在阀芯上的弹簧力的变化也很小，所以可以认为，当有油液溢流回油箱时，溢流阀进油口处的压力基本为定值，也就是说溢流即稳压或稳

图 7-20　溢流阀用于安全保护

1—变量泵　2—溢流阀（安全阀）

直动式溢流阀的工作过程

a) 结构原理图　　　b) 图形符号　　　c) 实物图

图 7-21　直动式溢流阀

1—调节螺母　2—弹簧　3—阀芯

压即溢流。通过旋松或旋紧溢流阀的调节螺母，可以对溢流阀的开启压力进行调节。图7-21b、c所示分别为直动式溢流阀的图形符号和实物图。

直动式溢流阀是依靠系统中的液压油直接作用在阀芯上的液压力与弹簧力相平衡，以控制溢流压力的。由于弹簧的尺寸与系统的工作压力相对应，当工作压力提高时，弹簧力要增大，弹簧的刚度也要随之增大，而弹簧的尺寸受阀结构的限制，并且当溢流量变化时，溢流压力的波动也将加大。因此，直动式溢流阀只适用于低压系统。

2. 先导式溢流阀

图7-22a所示为先导式溢流阀的结构原理图。它由先导阀和主阀两部分组成，通过先导阀的打开和关闭来控制主阀的启闭动作。

在远程控制口K口（该口与主阀上腔、先导阀进口相连）封闭的情况下，油液由P口进入，经阻尼孔后作用在先导阀阀芯上。当压力不高时，作用在先导阀阀芯上的油液压力不足以克服先导阀弹簧的作用力，先导阀关闭，阻尼孔内的油液不流动，主阀阀芯上、下两端油液压力相等。这时，主阀阀芯在弹簧的作用下处于最下端，进、出油口被主阀阀芯切断，P口与T口不能形成通路，溢流阀不溢流。

当进油口P的压力增大，使得作用在先导阀上的油液压力大于先导阀弹簧力时，先导阀打开，油液就会从P口通过阻尼孔经先导阀流向T口。由于阻尼孔的存在，油液会产生一定的压力损失，使主阀阀芯的下部压力大于上部压力，即形成压力差。主阀阀芯在压力差的作用下克服弹簧力而向上运动，油液从P口向T口流动，溢流阀开始溢流。当主阀阀芯上的全部作用力处于平衡状态时，主阀开度保持不变，P口压力也保持一定值。调节先导阀弹簧的预紧力，即可调节溢流阀的溢流压力。由于先导阀的阀芯面积很小，因此先导阀中弹簧的刚度不必很大就可以获得较高的溢流阀溢流压力。一般中高压、大流量溢流均采用先导式溢流阀。

当远程控制口K与一远程调压阀相连时，就可以通过远程调压阀调节溢流阀主阀上端的压力，实现溢流阀的远程调压。可见，为使远程调压阀能起调压作用，其调压力应低于先导阀的调压力。当其通过二位二通换向阀接油箱时，就能使溢流阀进油口处的压力降至零或接近于零，实现系统卸荷。图7-22b、c所示分别为先导式溢流阀的图形符号和实物图。

疑难诊断

问题1： 对于任务实践1中的控制方案2，调节远控阀时，压力表显示无压力或压力不变化，试分析原因并说明解决措施。

答：1）主阀阀芯阻尼孔堵塞；清洗或更换油液。

2）主阀阀芯在开启位置处卡死；检修，重新装配。

3）主阀阀芯复位弹簧折断或弯曲，使主阀阀芯不能复位；更换弹簧。

4）先导阀弹簧折断或未安装，锥阀未安装或损坏；补装或更换弹簧或锥阀。

5）进、出油口接反；纠正进、出油口。

6）阀芯和阀座间的密封性较差；检修或更换。

问题2：对于任务实践1中的控制方案2，调节远程控制阀时，压力波动不稳定，试分析原因并说明解决措施。

答：1）主阀阀芯动作不灵活；检查并调整。

2）主阀阀芯阻尼孔堵塞；清洗或更换油液。

3）阀芯与阀座接触不良；检修或更换。

4）先导阀调压弹簧变形；更换弹簧。

5）调节螺钉的紧固螺母松动；检查并调整。

问题3：对于任务实践2，液压泵不卸荷，试分析原因并说明解决措施。

答：1）对于控制方案1，阀芯被卡住；检查并调整。

2）对于控制方案2，电磁阀未换向或被卡住；检查并调整。

3）对于控制方案3，电磁阀未换向或被卡住，或者溢流阀阀芯被卡住等；检查调整或更换。

a) 结构原理图(管式)　　　　　b) 图形符号　　　　　c) 实物图(板式)

图 7-22 先导式溢流阀

1—先导阀阀芯　2—先导阀阀座　3—阀盖　4—阀体　5—阻尼孔　6—主阀阀芯
7—主阀阀座　8—主阀弹簧　9—先导阀调压弹簧　10—调节螺钉　11—手轮

📄 总结评价

通过以上学习，对任务实践的完成情况和相关知识的了解情况做出客观评价，并填写表7-4。

气动与液压技术 第3版

表 7-4　调压及卸荷回路的组建与调试任务评价

序号	评价内容	达标要求	自评	组评
1	溢流阀	熟悉直动式溢流阀和先导式溢流阀的工作原理、图形符号及性能特点等		
2	调压回路	熟悉常见调压回路，能识读、组建和调试调压回路		
3	卸荷回路	熟悉常见卸荷回路，能识读、组建和调试卸荷回路		
4	简单故障的排除	能诊断调压回路和卸荷回路中出现的常见故障，并予以排除		
5	文明实践活动	遵守纪律，按规程活动		
总体评价				
再学习评价记录				

知识拓展

1. 溢流阀的压力-流量特性

压力-流量特性又称溢流特性，它表示溢流阀在某一调定压力下时，其溢流量的变化与阀进口实际压力之间的关系。图 7-23 所示为直动式和先导式溢流阀的压力-流量特性曲线。图中，横坐标为溢流量 q，纵坐标为阀的进油口压力 p。溢流量为额定值 q_n 时所对应的压力 p_n 称为溢流阀的调定压力。溢流阀刚开启时（溢流量为额定溢流量的 1%），阀的进油口的压力 p_0 称为开启压力。调定压力 p_n 与开启压力 p_0 的差值称为调压偏差，即溢流量变化时溢流阀工作压力的变化范围。调压偏差越小，其性能越好。由图可见，先导式溢流阀的压力-流量特性曲线比较平缓，调压偏差小，故其性能比直动式溢流阀好。

图 7-23　压力-流量特性曲线

因此，先导式溢流阀宜用于要求系统溢流稳压的场合，直动式溢流阀则宜用作安全阀。

2. 比例溢流阀

图 7-24a 所示为电液比例溢流阀的结构原理图，其下部与常规溢流阀的主阀相似，上部则为比例先导压力阀。图中，比例电磁铁衔铁上的电磁力通过顶杆 6 直接作用于先导锥阀 2，从而使先导锥阀 2 的开启压力与线圈 7 中的电流成比例。改变线圈中的电流，可在衔铁上获得与其成比例的吸力。因此，用一个比例先导压力阀可以代替若干个先导压力阀和换向阀来实现多级压力控制或连续压力控制，也简化了液压系统。图 7-24b 所示为电液比例溢流阀的图形符号。

a) 结构原理图   b) 图形符号

图 7-24 电液比例溢流阀

1—阀座 2—先导锥阀 3—极靴 4—衔铁 5、8—弹簧 6—顶杆 7—线圈 9—先导阀

课后思考

1. 图 7-25 中的溢流阀在回路中起什么作用？

图 7-25 题 1 图

2. 设图 7-26 所示回路中各阀的调整压力为 $p_3 > p_1 > p_2$，该回路能实现哪几级压力？

3. 在图 7-27 所示的液压传动系统中，要使溢流阀阀口打开，使油液从 P 口通过 T 口流回油箱的压力为 23.52×10^5 Pa，液压泵的输出流量为 4.17×10^{-4} m³/s（25L/min），活塞面积 $A = 5 \times 10^{-3}$ m²。若不计流量损失，试计算下列四种情况下，系统的压力及活塞的运动速度各为多少：（1）负载 $F = 9800$N；（2）负载 $F = 14700$N；（3）负载 $F = 0$；（4）负载 $F = 11760$N。（假定经溢流阀流回油箱的流量 $q_溢 = 5$L/min）

图 7-26 题 2 图

图 7-27 题 3 图

4. 在调压实践中，若出现先导溢流阀阻尼孔堵塞或无阻尼作用时，可能的后果是什么？

任务3 减压回路的组建与调试

📋 任务描述

在一个液压系统中，一只液压泵有时需要向几个执行元件供油，而各执行元件所需的工作压力不尽相同。当执行元件所需的工作压力低于液压泵的供油压力时，可在该分支油路中串联一个减压阀，所需压力由减压阀来调节。例如，夹紧系统、润滑系统及控制系统等往往不需要太高压力的液压油，一般需要设置减压回路，以维持该系统压力的稳定性。减压回路的核心液压元件是减压阀。

本任务仍以本项目任务1中的钻孔加工为例。为了固定工件，除用于钻头进给的进给液压缸以外，系统还设置了一只夹紧液压缸。夹紧液压缸所需液压油的压力低于进给液压缸的进给压力，为此需要组建一个减压回路，用于控制工件的夹紧，如图7-28所示。

图 7-28　工件的夹紧

🌱 思维导图

任务实践

工件夹紧的控制

1. 控制回路图及控制电路图（图 7-29）

减压回路仿真

图 7-29　工件夹紧控制回路图及控制电路图

1—先导式溢流阀　2—先导式减压阀　3—单向阀　4—压力表　5—二位四通电磁阀　6—夹紧液压缸

2. 回路分析

当二位四通电磁阀 5 未通电时，液压泵输出的油液经减压阀 2、单向阀 3 到达夹紧液压缸的无杆腔，夹紧液压缸的活塞杆左行。夹紧液压缸的活塞杆左行至完全夹紧工件时，停止运动。这时油液压力升至减压阀调定压力，使夹紧力保持恒定。当主油路压力低于减压阀调定压力时，回路中的单向阀 3 用以防止油液倒流，起短时保压作用。

3. 实施步骤

1）利用 FluidSIM-H 或 Automation Studio 液压仿真软件进行运动仿真。

2）在教师的帮助下，按回路图选择合适的减压阀、单向阀、换向阀、液压缸等液压元件。

3）在实训平台上固定液压元件。

4）按回路图及控制电路图进行管路连接和电路连接，并检查连接是否正确。

5）先松开溢流阀和减压阀调压旋钮，然后起动液压泵，分别设置溢流阀和减压阀的稳压值，注意溢流阀的稳压值应大于减压阀的稳压值。

6）电磁铁通电、断电，观察夹紧液压缸的活塞杆在运行时和运行到终点时压力表的读数，即溢流阀进口压力和减压阀出口压力，并将其填入表 7-5。

表 7-5　压力表读数

电磁铁	夹紧液压缸的活塞杆运行时		夹紧液压缸的活塞杆运行至终点后	
	YA 失电	YA 得电	YA 失电	YA 得电
压力表 1 读数				
压力表 2 读数				
主要结论				

7）在教师的指导下，分析讨论相关问题。

8）总结，整理场地。

知识链接

减　压　阀

减压阀是使出口压力（二次压力）低于进口压力（一次压力）的一种压力控制阀。根据减压阀所控制的压力不同，可将其分为定值减压阀、定差减压阀和定比减压阀，其中以定值减压阀应用最广。同溢流阀一样，减压阀也有直动式减压阀和先导式减压阀之分。

图 7-30a 所示为先导式减压阀的结构原理图。其先导阀与溢流阀的先导阀相似，但弹簧腔的泄漏油单独引回油箱。主阀部分与溢流阀的主阀有明显区别：主阀阀芯在弹簧的作用下位于下端，阀口打开，即减压阀在常态时进、出油口完全相通。

> **资料卡**
> 减压阀的主要技术参数有通径、连接形式、额定流量、进口压力、减压范围等。

a) 结构原理图(板式)　　　b) 图形符号　　　c) 实物图(板式)

图 7-30　先导式减压阀

1—调节手轮　2—调节螺钉　3—先导阀阀芯　4—阀座　5—先导阀阀体　6—主阀阀体　7—主阀阀芯
8—端盖　9—阻尼孔　10—主阀弹簧　11—先导阀调压弹簧

当负载小且减压阀出油口 P_2 压力低于先导阀调压弹簧的调定压力时，先导阀关闭，主阀阀芯上阻尼孔 9 中的油液不流动，主阀阀芯上、下端的油液压力相等，主阀阀芯在弹簧的作用下仍位于下端，减压阀阀口打开，不起减压作用；当负载增大且减压阀的出油口 P_2 压力超过先导阀调压弹簧的调定压力时，先导阀打开，主阀阀芯的阻尼孔 9 中有油液通过，并在主阀阀芯上、下端形成压力差，主阀阀芯在压力差的作用下克服主阀弹簧 10 的弹力向上运动，减压阀阀口开度减小，减压阀起减压作用。此时，由于减压阀阀口的开度能在出油口压力波动时自动调节，因此减压阀的出油口压力可以维持稳定不变。

图 7-30b、c 所示分别为先导式减压阀的图形符号和实物图。

先导式减压阀和先导式溢流阀的区别如下：

1）减压阀保持出油口压力基本不变，而溢流阀则保持进油口压力基本不变。

2）在不工作时，减压阀进、出油口互通，而溢流阀进、出油口不通。

3）为保证减压阀出油口压力调定值恒定，其先导阀弹簧腔内的泄漏油需要通过泄油口 L 单独外接油箱；而溢流阀的出油口是通油箱的，因此其先导阀弹簧腔内泄漏的油液可通过阀体上的通道和出油口相通，不必单独外接油箱。

疑难诊断

问题 1：起动液压泵后，减压阀出油口无压力或不起减压作用，试分析原因并说明解决措施。

答：1）主阀在全封闭位置卡死；检修或更换。

2）未向减压阀供油；检查并排除。

3）泄油口不通；检查并清洗。

4）调压弹簧弯曲、卡住；检查并更换弹簧。

问题 2：起动液压泵后，减压阀出油口压力不稳定，试分析原因并说明解决措施。

答：1）主阀阀芯与阀体的几何精度降低，工作不灵敏；检修。

2）主阀阀芯弹簧变形或卡住，使阀芯移动困难；检查并更换弹簧。

3）阻尼孔阻塞；检查并清洗。

4）先导阀弹簧变形或先导阀阀芯与阀座接触不良；检修或更换。

5）吸入空气；检查并排气。

总结评价

通过以上学习，对任务实践的完成情况和相关知识的了解情况做出客观评价，并填写表 7-6。

表 7-6 减压回路的组建与调试任务评价

序号	评价内容	达标要求	自评	组评
1	减压阀	熟悉直动式减压阀和先导式减压阀的工作原理、图形符号及性能特点等		
2	减压回路	熟悉减压回路的应用特点，能识读、组建、调试减压回路		
3	简单故障的排除	能诊断减压回路中出现的常见故障，并予以排除		
4	文明实践活动	遵守纪律，按规程活动		
总体评价				
再学习评价记录				

知识拓展

增压器与增压回路简介

与减压回路相对的是增压回路，常用在某些短时或局部需要高压的液压系统中，并以增压器与低压泵配合使用。增压器的增压原理如图 7-31a 所示，大活塞腔输入低压力（p_1）的液压油，小活塞腔输出高压力（p_2）的液压油，增大压力关系式为

$$p_2 = \frac{D^2}{d^2} p_1 \tag{7-1}$$

a) 增压原理　　　　b) 实物图

图 7-31　增压器

由于 $D>d$，因此 $p_2>p_1$。

图 7-32 所示为利用增压器 2 增压的单作用增压回路。当系统在图示位置工作时，供油压力 p_1 进入增压器的大活塞腔，此时，在小活塞腔即可得到所需的较高压力 p_2；当二位四通电磁换向阀右位接入系统时，增压器返回，辅助油箱中的油液经单向阀补入小活塞腔。该回路只能间歇增压，因此被称为单作用增压回路。

课后思考

1. 对于夹紧回路，一般系统采用失电夹紧，即当电磁铁失电时，夹紧液压缸处于夹紧状态，这是为什么？

2. 对于任务实践，若去掉回路中的单向阀，会出现什么后果？

3. 图 7-33 所示为减压阀用于控制油路的一个实例。减压阀 1 将主油路的部分油液减

图 7-32　增压回路
1—电磁阀　2—增压器　3—补油装置
4—单作用液压缸

图 7-33　减压阀用于控制油路
1—减压阀　2—顺序阀
3—换向阀　4—溢流阀

压后供给液动换向阀的控制油路，这样可避免主油路压力变化对控制油路压力的影响。试说明其工作原理。

任务4　节流调速回路的组建与调试

📋 任务描述

由于空气具有可压缩性，在气压传动系统中，若要获得稳定的运动速度是比较困难的，因此速度控制不是气压传动系统的核心。与气压传动不同的是，由于液压油几乎不可压缩，这为获得稳定速度创造了条件，因而对液压执行元件的速度控制是液压传动系统的关键。采用哪种速度控制方式，是设计液压系统时首先要考虑的因素。

如何调节液压执行元件的运动速度？在不考虑油液泄漏的情况下，液压缸的运动速度等于流入（出）液压缸的油液流量与液压缸有效面积之比，即 $v = q/A$；液压马达的转速等于流入液压马达的油液流量与液压马达排量之比，即 $n = q/V$。因此，控制液压缸活塞杆的运动速度 v 或液压马达转速 n 的主要方法是控制流量或排量。基于此，液压传动系统的调速方式主要有节流调速、容积调速和容积节流调速。

本任务仍以本项目任务1中的钻孔加工为例，采用节流调速，实现钻削加工进给运动。

🌱 思维导图

任务实践

钻削加工进给运动节流调速控制

1. 节流调速回路图（图 7-34）

a) 控制方案1　　　　b) 控制方案2　　　　c) 控制方案3
（进油路节流调速）　（回油路节流调速）　（旁油路节流调速）

图 7-34　节流调速回路图
1—节流阀　2—电磁阀　3—溢流阀

2. 回路分析

控制方案 1 采用的是进油路节流调速。该回路中的节流阀安装在液压泵和液压缸之间，用节流阀来控制进入液压缸的油液流量，以达到调节液压缸活塞杆运动速度的目的。节流阀阀口开度越大，液压缸的运动速度越快。

控制方案 2 采用的是回油路节流调速。该回路中的节流阀安装在液压缸和油箱之间，用节流阀来控制流出液压缸的油液流量，以达到调节液压缸活塞杆运动速度的目的。节流阀阀口开度越大，液压缸的运动速度越快。

控制方案 3 采用的是旁油路节流调速。该回路中的节流阀安装在液压泵和油箱之间，节流阀直接调节液压泵溢流回油箱的油液流量，从而实现调速作用。节流阀阀口开度越大，液压缸活塞杆的运动速度越慢。

3. 实施步骤

1) 利用 FluidSIM-H 或 Automation Studio 液压仿真软件进行运动仿真。

2) 在教师的帮助下，按回路图选择合适的液压缸、节流阀等液压元件。

3) 分别按控制方案 1、2、3 的回路进行管路连接，并检查连接是否正确。

4) 先松开溢流阀调压旋钮，然后起动液压泵，在教师的帮助下设置溢流阀的调定压力。

5) 调节节流阀阀口开度，由最大到关闭，观察其间液压缸的活塞杆往复运动速度的变化情况。

6) 给液压缸增加一个负载，重复步骤 5，将液压缸活塞杆运动速度的变化情况填入表 7-7。

表 7-7　液压缸活塞杆运动速度的变化情况

液压缸		液压缸活塞杆伸出时		液压缸活塞杆缩回时	
		节流口阀口开度减小	节流口阀口开度增大	节流口阀口开度减小	节流口增大
控制方案 1	无负载				
	有负载				
控制方案 2	无负载				
	有负载				
控制方案 3	无负载				
	有负载				
主要结论					

注：填"不变""增大"或"减小"。

7）在教师的指导下，分析归纳回路特点、功能等。

8）总结，整理场地。

📚 知识链接

1. 流量控制阀

在液压系统的管路中，装有截面突然收缩的装置被称为节流装置。突然收缩处的流动称为节流，一般采用各种形式的孔口来实现节流。液体在流经孔口时会产生压力损失，使系统发热、液体黏度下降、泄漏增加，但另一方面，它可以用来实现对流量和压力的控制。液压技术中的节流元件、阻尼元件的工作原理都基于此。液体流经小孔的流量的计算公式为

$$q = KA\Delta p^m \tag{7-2}$$

式中　q——通过孔口的流量（m^3/s）；

　　　m——由孔口形状决定的指数，当孔口为薄壁小孔（小孔长度 l 与直径 d 之比 $l/d \leqslant 0.5$）时，$m = 0.5$，当孔口为细长孔（$l/d > 4$）时，$m = 1$；

　　　K——孔口的形状系数，其值可查有关手册；

　　　Δp——孔口前后压力差（Pa）；

　　　A——孔口截面面积（m^2）。

（1）流量控制阀的节流口形式　流量控制阀是依靠改变节流口通流面积的大小或通流通道的长短来控制流量的液压阀。根据液体流经节流小孔的流量通式 $q = KA\Delta p^m$ 可知，影响流量 q 的因素，不仅有孔口截面面积 A，还包括孔口前后压力差 Δp、由孔口形状决定的指数 m 及流经孔口油液的黏度等。

从液压传动系统对流量控制阀的要求来看，最理想的节流口，其通过的流量只与通流截面面积 A 有关，而与其他因素无关。但从制造工艺等因素来看，实际节流口往往达不到理想节流口的要求。表 7-8 所列为几种常用节流口的形式及其性能和应用。

（2）节流阀　图 7-35a 所示为普通节流阀的结构原理图。这种节流阀的节流通道呈轴向三角槽式。液压油从进油口 P_1 流入孔道 a 和阀芯 1 左端的三角槽，进入孔道 b，再从出油口 P_2 流出。转动调节手柄 3，通过推杆 2 使阀芯做轴向移动，以改变节流口的通

流截面面积来调节流量，阀芯在弹簧 4 的作用下始终贴紧在推杆上，这种节流阀的进、出油口可互换。图 7-35b、c 所示分别为普通节流阀的图形符号和实物图。

表 7-8　几种常用节流口的形式及其性能和应用

序号	节流口形式	结构示意图	性能和应用
1	针阀式		通道长，易堵塞，流量受油温影响较大。一般用于对调速性能要求不高的场合
2	偏心槽式		性能与针阀式节流口相同，但制造容易，其缺点是阀芯上的径向力不平衡，旋转阀芯时较费力。一般用于压力较低、流量较大和对流量稳定性要求不高的场合
3	轴向三角槽式		结构简单，水力直径中等，可得到较小的稳定流量，并且调节范围较大，但节流通道有一定的长度，油温变化对流量有一定的影响。目前被广泛应用
4	周向缝隙式		阀口做成薄刃形，通道短，水力直径大，不易堵塞，油温变化对流量影响小，因此其性能接近于薄壁小孔。适用于低压、小流量的场合
5	轴向缝隙式		在阀孔的衬套上加工出图示的薄壁阀口，阀芯做轴向移动即可改变开口大小，其性能与周向缝隙式节流口相似

节流阀的
工作过程

a) 结构原理图　　b) 图形符号　　c) 实物图

图 7-35　普通节流阀

1—阀芯　2—推杆　3—调节手柄　4—弹簧

（3）调速阀 普通节流阀的刚性差，在节流开口一定的条件下，通过它的工作流量受工作负载（即出口压力）变化的影响，不能保持执行元件运动速度的稳定。因此，普通节流阀只适用于工作负载变化不大和对速度稳定性要求不高的场合。由于工作负载的变化很难避免，为了改善调速系统的性能，通常采用调速阀，它能使节流阀前后的压力差在负载变化时始终保持不变。

图 7-36a 所示为调速阀的工作原理图，它是由节流阀和定差减压阀串联而成的。液压泵的出油口（即调速阀的进油口）压力 p_1 在溢流阀的调整下基本保持不变，而调速阀的出油口压力 p_3 则由液压缸负载 F 决定。油液先经定差减压阀产生一次压力降，将压力降到 p_2，p_2 经通道 e、f 作用到定差减压阀的 d 腔和 c 腔；节流阀的出油口压力 p_3 又经反馈通道 a 作用到定差减压阀的上腔 b。当定差减压阀的阀芯在弹簧力 F_s、油液压力 p_2 和 p_3 的作用下处于某一平衡位置时（忽略摩擦力和液动力等），有

$$p_2A_1+p_2A_2=p_3A+F_s$$

式中 A、A_1、A_2——b 腔、c 腔和 d 腔内液压油作用于阀芯的有效面积，且 $A=A_1+A_2$。

故 $$p_2-p_3=\Delta p=\frac{F_s}{A} \tag{7-3}$$

因为弹簧的刚度较低且工作过程中定差减压阀阀芯的位移很小，可以认为 F_s 基本保持不变。因此，节流阀两端的压力差 p_2-p_3 也基本保持不变，这就保证了通过节流阀的流量的稳定性。图 7-36b、c、d、e 所示分别为调速阀的详细图形符号、简易图形符号、流量特性曲线及实物图。

图 7-36 调速阀
1—节流阀 2—定差减压阀

2. 节流调速回路

节流调速回路有三种形式，即进油路节流调速回路、回油路节流调速回路和旁油路节流调速回路。

（1）进油路节流调速回路 如图 7-37a 所示，进油路节流调速回路中，节流阀安装在液压泵和液压缸之间。用节流阀来控制进入液压缸的油液流量，以达到调节液压缸活塞杆运动速度的目的。定量泵输出的多余油液通过溢流阀流回油箱。由于溢流阀有溢流作用，因此液压泵的出油口压力就是溢流阀的调整压力，并基本保持不变。在这种回路中，液压缸活塞杆的运动速度取决于进入液压缸的油液流量 q_1 和液压缸的有效面积 A_1，即

$$v = \frac{q_1}{A_1} \tag{7-4}$$

进入液压缸的油液流量 q_1 就等于通过节流阀的油液流量。

a) 进油路节流调速回路　　b) 回油路节流调速回路　　c) 旁油路节流调速回路

图 7-37　节流调速回路

（2）回油路节流调速回路 如图 7-37b 所示，在回油路节流调速回路中，节流阀安装在液压缸的回油路上。用节流阀控制液压缸的排量 q_2，也就控制了进入液压缸的油液流量 q_1，这是因为它们之间存在固定的比例关系，即

$$\frac{q_1}{A_1} = \frac{q_2}{A_2} \tag{7-5}$$

定量泵的多余油液经溢流阀流回油箱。液压缸的运动速度为

$$v = \frac{q_1}{A_1} = \frac{q_2}{A_2} \tag{7-6}$$

液压缸排出的流量 q_2 就等于通过节流阀的流量。

（3）旁油路节流调速回路 如图 7-37c 所示，在旁油路节流调速回路中，节流阀安装在液压缸并联支路上。定量泵输出流量 q_P 中，一部分流量 q_T 通过节流阀流回油箱，另一部分流量 q_1（$q_1 = q_P - q_T$）进入液压缸进油腔，使活塞杆得到一定的运动速度。只要调节节流阀流量 q_T，就能调节进入液压缸的流量 q_1，也就调节了活塞杆的运动速度。通过节流阀回油箱的流量多，进入液压缸的流量就少，活塞杆的运动速度就慢；反之，活塞杆的运动速度就快。活塞杆的运动速度为

$$v = \frac{q_1}{A_1} = \frac{q_P - q_T}{A_1} \qquad\qquad (7-7)$$

在旁油路节流调速回路中，溢流阀起安全阀的作用，节流阀直接调节了液压泵溢流回油箱的油液流量，从而实现调速作用。

上述三种节流调速回路的特性比较见表7-9。

表7-9　三种节流调速回路的特性比较

特性种类	调速方法		
	进油路节流调速	回油路节流调速	旁油路节流调速
速度负载特性（液压缸运动速度与承受负载关系特性）	速度负载特性较"软"	同进油路	比进油路、回油路更"软"
运动平稳性	平稳性较差	平稳性较好	平稳性较差
功率损耗	功率消耗与负载、速度无关。低速、轻载时效率低,发热大	同进油路	功率消耗较进油路、回油路小,效率较高
承受负值负载能力	不能承受负值负载	能承受负值负载	不能承受负值负载
发热及泄漏的影响	发热油进入液压缸,影响液压缸泄漏情况,从而影响活塞杆的运动速度;但液压泵的泄漏对液压传动系统性能无影响	发热油回油箱冷却,对液压缸泄漏的影响较小;液压泵的泄漏对液压传动系统性能无影响	液压泵的泄漏影响液压缸活塞杆的运动速度
停机后的起动冲击	冲击小	有冲击	有冲击

在液压传动系统中，采用节流阀调速，不论是采用进油路节流、回油路节流还是旁油路节流，执行元件的运动速度都会随负载的变化而变化，不能保持液压执行元件运动速度的稳定性，速度负载特性较"软"。因此，采用节流阀调速只适用于工作负载变化不大和对速度稳定性要求不高的场合。

为了克服上述缺点，使液压执行元件能获得稳定的运动速度，而且不产生"爬行"，应采用调速阀调速。调速阀和节流阀一样，也可以构成进油路、回油路和旁油路三种节流调速回路。采用调速阀节流调速回路时，其在性能上的改进是以加大整个流量控制阀的工作压差为代价的，调速阀的工作压差一般最小为 0.5MPa，高压调速阀则需达到 1MPa。这种调速回路适用于执行元件负载变化大，而对运动速度稳定性要求较高的场合。

疑难诊断

问题1：调节节流阀手柄，液压缸活塞杆的运动速度不变化，试分析原因并说明解决措施。

答：1）液压泵未供油；检查并排除。

2）节流口堵塞；检查、清洗或更换油液。

3）手轮故障；检查、调整或重新装配。

4）阀芯卡死；检修或更换零件。

问题2：液压缸活塞杆的运动速度不稳定，试分析原因并说明解决措施。
答：1）节流口处有污物，使其时堵时通；检查、清洗或更换油液。
2）液压缸承受的负载有变化；改用调速阀。
3）节流阀存在内泄漏，造成流量不稳定；检查、排除故障或更换元件。
4）油液品质变化；更换油液。

总结评价

通过以上学习，对任务实践的完成情况和相关知识的了解情况做出客观评价，并填写表7-10。

表7-10 节流调速控制回路的组建与调试任务评价

序号	评价内容	达标要求	自评	组评
1	节流阀、调速阀	熟悉节流阀、调速阀的工作原理、图形符号及性能特点等		
2	节流调速回路	熟悉分别由节流阀和调速阀组成的进油路节流、回油路节流和旁油路节流调速的应用特点，能识读、组建和调试节流调速回路		
3	两种进给速度的调节	熟悉并联和串联调速阀组成的两种节流调速回路及其应用场合，能判断回路中两调速阀所控制的速度		
4	简单故障的排除	能诊断调速回路中出现的常见故障，并予以排除		
5	文明实践活动	遵守纪律，按规程活动		
总体评价				
再学习评价记录				

知识拓展

其他调速回路简介

1. 容积调速回路

节流调速回路因存在溢流损失和节流损失，其主要缺点是效率低、发热大，故只适用于小功率液压系统。

根据液压泵和液压马达（或液压缸）组合方式的不同，容积调速回路有三种形式：变量泵和定量马达（或液压缸）组成的容积调速回路、定量泵和变量马达组成的容积调速回路，以及变量泵和变量马达组成的容积调速回路，分别如图7-38a、b、c所示。容积调速回路的调速原理是通过改变变量泵或变量马达的排量来调节液压马达或液压缸的转速或运动速度。

a) 变量泵和定量马达(或液压缸)组成的容积调速回路

b) 定量泵和变量马达组成
的容积调速回路

c) 变量泵和变量马达组成
的容积调速回路

图 7-38 容积调速回路

1、5—变量泵　2、6、7、10、12、14、16—溢流阀　3—液压缸　4、9、15—补油泵　8—定量液压马达
11—定量泵　13—变量液压马达　17—双向液压泵　18—双向液压马达　19—单向阀

2. 容积节流调速回路

容积调速回路虽然具有效率高、发热小的优点，但随着负载的增加，其容积效率将有所下降，于是使速度发生变化，尤其是在低速时速度稳定性更差。因此，为了减少发热并满足速度稳定性要求，常采用容积节流调速回路，即由变量泵供油，用流量阀控制进入或流出液压缸的油液流量，调节液压缸活塞杆的运动速度，并使变量泵的输出流量自动地与液压缸所需流量相适应的回路。这种调速回路没有溢流损失，效率高、速度稳定性好，常用在调速范围大的中、小功率场合。图 7-39 所示为由限压式变量泵和调速阀组成的容积调速回路。

课后思考

1. 若将任务实践中的节流阀改为调速阀，与原回路相比，其具有哪些特点？

2. 如图 7-40 所示，液压缸无杆腔的有效面积 $A_1 = 100\text{cm}^2$，有杆腔的有效面积 $A_2 = 50\text{cm}^2$，液压泵的额定流量为 10L/min。试确定：

1）若节流阀阀口允许通过的流量为 6L/min，则液压缸活塞杆向左、向右移动的速度 v_1、v_2 分别为多少？

2）若将此调速阀串接在回油路上（其开口不变），则 v_1、v_2 分别为多少？

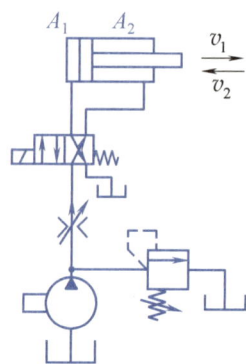

图 7-39　由限压式变量泵和调速阀组成的容积调速回路

图 7-40　题 2 图

1—液压泵　2、4—溢流阀　3—调速阀　5—压力继电器　6—液压缸

任务 5　差动快动回路的组建与调试

任务描述

为了提高生产率，减少辅助动作时间，机床工作部件常常要求实现空行程（或空载）的快速运动。

如何实现空行程的快速运动呢？根据液压缸速度的计算公式 $v = q/A$，要提高速度 v，最主要的方法是提高流入液压缸的油液流量 q。从现有液压传动系统看，提高流入液压缸的油液流量 q 的主要方法如下：

1）增大液压泵的供油量。

2）在液压传动系统中设置蓄能器，在快速运动时释放液压油。

3）采用差动快动。

本任务仍以本项目任务 1 中的钻孔加工为例，采用差动连接，实现钻头在钻削前的快速运动。

思维导图

任务实践

钻孔加工差动快动控制

1. 液压回路图及控制电路图（图 7-41 和图 7-42）

a) 液压回路图

b) 工况图

	1YA	2YA	3YA
差动快进	+	−	−
工进	+	−	+
快退	−	+	+
停止	−	−	−

c) 电磁铁动作顺序表

d) 控制电路图

图 7-41 钻孔加工差动快动控制方案 1

1—三位四通电磁换向阀 2—节流阀 3—二位三通电磁换向阀 4—液压缸

2. 回路（结构）分析

（1）控制方案 1 当 1YA 得电，2YA、3YA 失电时，换向阀 1 处于左位，换向阀 3 处于常态位置，液压泵输出的液压油进入液压缸 4 的无杆腔，液压缸有杆腔的液压油也流入无杆腔，实现了差动连接，使活塞杆快速向右运动（简称差动快进）；当 3YA 得电时，有杆腔中的液压油经单向节流阀 2 中的节流阀回油箱，实现了工作进给（简称工进）；当 1YA 失电，2YA、3YA 得电时，液压缸的活塞杆快速缩回（简称快退）。

从动作转换看，按下起动按钮 SB₁，1YA 得电，液压缸快进；快进结束后，压下行程开关 SQ₂，通知 3YA 得电，液压缸转入工进；工进结束后，压下行程开关 SQ₃，1YA 失

差动回路
（电磁阀）
仿真

a) 液压回路图

b) 工况图

	1YA	2YA	行程阀
差动快进	+	−	−
工进	+	−	+
快退	−	+	±
停止	−	−	−

c) 电磁铁动作顺序表

d) 控制电路图

差动回路
(行程阀)
仿真

图 7-42 钻孔加工差动快动控制方案 2

1—三位五通电磁换向阀 2—溢流阀 3—节流阀 4—液压缸 5—二位三通行程阀

电、2YA、3YA 得电，液压缸转入快退；快退结束后，压下行程开关 SQ_1，2YA 失电，一个工作循环结束。

（2）控制方案 2 与控制方案 1 相比，控制方案仅将二位三通电磁阀换成了二位三通行程阀，并取代了行程开关 SQ_2。当液压缸上的挡块压下行程阀时，便可实现差动快进向工进的转换。

3. 实施步骤

1）利用 FluidSIM-H 或 Automation Studio 液压仿真软件进行运动仿真。

2）在教师的帮助下，按液压回路图和控制电路图选择合适的液压元件和电气元件。

3）在实训平台上固定液压元件。

4）按液压回路图连接液压元件，按电气控制图连接控制电路，并检查连接是否正确。

5）起动液压泵，在教师的帮助下，设置压力阀的压力值和单向节流阀的开口大小。

6）先松开溢流阀调压旋钮，然后按下起动按钮，观察并比较液压缸活塞杆运动速度的变化，以及不同运动速度的转换情况。

7）在教师引导下进行讨论和总结，最后进行场地整理。

1. 差动连接与差动快动

如图7-43a所示，把单杆活塞缸左、右两腔连通的这种连接方式称为差动连接。差动连接时，液压缸左、右腔的油液压力相等，但是由于左腔（无杆腔）的有效面积大于右腔（有杆腔）的有效面积，故活塞杆向右运动，同时使右腔中排出的油液（流量为 q'）也进入左腔，加大了流入左腔的流量（$q+q'$），从而加快了活塞杆移动的速度。差动连接时，活塞推力 F_3 和运动速度 v_3 的计算公式为

$$F_3 = p(A_1 - A_2) = \frac{\pi d^2}{4} p \tag{7-8}$$

$$v_3 = \frac{4q}{\pi d^2} \tag{7-9}$$

图 7-43 液压缸与管路的连接

a) 差动连接　　b) 单独向无杆腔供油　　c) 单独向有杆腔供油

当单独向无杆腔或有杆腔供油时，如图7-43b、c所示，液压缸所获得的速度分别为

$$v_1 = \frac{q}{A_1} = \frac{4q}{\pi D^2} \tag{7-10}$$

$$v_2 = \frac{q}{A_2} = \frac{4q}{\pi(D^2 - d^2)} \tag{7-11}$$

比较 v_1、v_2 和 v_3 以及 F_1、F_2 和 F_3，采用差动连接时，液压缸的推力比采用非差动连接时小，但速度比采用非差动连接时大。利用这一点，可使在不加大液压源流量的情况下得到较快的运动速度。这种连接方式被广泛应用于组合机床的液压动力系统和其他机械设备的快速运动中。如果要求液压缸往返速度相等，则由式（7-9）和式（7-11）可得

$$\frac{4q}{\pi(D^2 - d^2)} = \frac{4q}{\pi d^2}$$

即 $D = \sqrt{2}\, d$，$A_1 = 2A_2$。

> **资料卡**
>
> 当液压缸活塞杆伸出速度和缩回速度相等时，有 $D = \sqrt{2}\, d$；当差动速度为缩回速度的2倍时，则 $D = \sqrt{3}\, d$。

2. 双联叶片泵与双泵供油的快速运动回路

图7-44a所示为双联叶片泵的结构原理图，它相当于由一大一小两个双作用叶片泵组

合而成，将两个尺寸不同的定子、转子和配油盘等安装在一个泵体内，泵体有一个公共的吸油口和两个独立的出油口，两个转子由同一根轴传动工作。图 7-44b、c 所示分别为双联叶片泵的实物图和图形符号。

a) 结构原理图　　　　　b) 实物图　　　c) 图形符号

图 7-44　双联叶片泵

图 7-45 所示为双泵供油的快速运动回路，图中件 1 为高压小流量泵，用以实现工作进给；件 2 为低压大流量泵，用以实现快速运动。快速运动时，低压大流量泵 2 输出的油液经单向阀 4 和高压小流量泵 1 输出的油液共同向系统供油。工作进给时，液压传动系统压力升高，打开液控顺序阀 3 使低压大流量泵 2 卸荷，此时单向阀 4 关闭，由高压小流量泵 1 单独向系统供油。溢流阀 5 控制高压小流量泵 1 的供油压力，该压力是根据系统所需的最大工作压力来确定的；而液控顺序阀 3 使低压大流量泵 2 在快速运动时供油，在工作进给时卸荷，因此其调整压力应比快速运动时系统所需的压力高，但比溢流阀 5 的调整压力低。

图 7-45　双泵供油的快速运动回路
1—高压小流量泵　2—低压大流量泵　3—液控
顺序阀　4—单向阀　5—溢流阀

双泵供油回路功率利用合理、效率高，并且速度换接较平稳，在快、慢速度相差较大的机床中应用很广泛；其缺点是需要使用双联泵，油路系统稍复杂。

3. 行程控制换向阀

行程控制换向阀也称行程阀、机动阀，它利用安装在工作台上的挡铁或凸轮来迫使阀芯移动，从而控制油液的流动方向。

图 7-46a 所示为滚轮式机动换向阀的结构原理图。在图示位置时，阀芯 2 被弹簧 1 压向上端，P 口与 A 口接通，B 口关闭；当挡块或凸轮压住滚轮 4，使阀芯 2 移动到下端时，P 口与 B 口接通，A 口关闭。图 7-46b 所示为机动换向阀的图形符号和实物图。

由图 7-46 可知，阀芯的移动速度，即换向阀的换向速度，取决于挡块的移动速度和挡块的斜角 α。相对于电磁阀来说，机动换向阀换向平稳且可调节，常用于机床液压系统的速度换接回路中。

行程阀阀芯的头部形式除滚轮式外，还有推杆式和滚轮杠杆式，滚轮杠杆式操纵方式如图 7-9 所示。

二位二通行程阀常与调速阀和单向阀组合成单向行程调速阀，如图 7-47 所示。

a) 结构原理图　　b) 图形符号　　c) 实物图

图 7-46　滚轮式机动换向阀

1—弹簧　2—阀芯　3—阀体　4—滚轮　5—挡块

a) 实物图　　　　　b) 图形符号

图 7-47　单向行程调速阀

4. 速度转换回路

设备工作部件在实现自动循环的过程中，需要进行速度的转换，如钻削加工中从钻头快速前进（快进）向钻削加工（工进）的转换。速度转换一般要求转换平稳、可靠，不出现前冲现象。常见的快速与慢速转换回路如下。

（1）采用电磁阀的速度转换回路　如图 7-41 所示，这种速度转换回路的速度转换快，行程调节比较灵活，电磁阀可安装在液压站的阀板上，便于实现自动控制，故应用很广泛。其缺点是平稳性较差。

（2）采用行程阀的速度转换回路　如图 7-42 所示。在这种回路中，行程阀的阀口是逐渐关闭或开启的，速度的转换比较平稳，比采用电气元件更加可靠。其缺点是行程阀必须安装在运动部件附近，有时管路接得很长，压力损失较大。因此，这种速度转换回路多用于大批量生产的专用液压系统中。

疑难诊断

问题1：对于任务实践，液压传动系统起动后无快进动作，试分析可能的原因。

答：1）液压泵未供油。

2）换向阀 1 未换向。

3）液压缸卡住或系统压力偏低。

4）相关电路接错。

问题2：对于任务实践，快进结束后不能进入工进，试分析可能的原因。

答：1）行程开关 SQ_2 未压下或出现故障。

2）换向阀未换向。

3）相关电路接错。

总结评价

通过以上学习，对任务实践的完成情况和相关知识的了解情况做出客观评价，并填写表7-11。

表7-11 差动快动回路的组建与调试任务评价

序号	评价内容	达标要求	自评	组评
1	差动连接与差动快进	熟悉差动连接及差动快进,熟知快进与快退速度相等的条件		
2	差动回路	能识读差动回路,能按回路图组建并调试差动回路		
3	其他快动方法	了解双泵供油,以及利用蓄能器的短时快动回路		
4	简单故障的排除	能诊断快动回路中出现的常见故障,并予以排除		
5	文明实践活动	遵守纪律,按规程活动		
总体评价				
再学习评价记录				

知识拓展

蓄能器及蓄能器短时快动回路

1. 蓄能器

蓄能器是用来储存油液多余的压力能,并在需要时将其释放出来的元件。在液压传动系统中,蓄能器的主要功能为向系统短时大量供油、作为系统保压或应急能源、减小液压冲击或压力脉动等。

蓄能器有弹簧式、重锤式和充气式三类。常用的是充气式,它利用气体的压缩和膨胀储存和释放压力能。在充气式蓄能器中,气体和油液被隔开,根据隔离的方式不同,又分为活塞式、囊式和气瓶式三种类型。下面主要介绍常用的囊式蓄能器。

图7-48a所示为囊式蓄能器的结构原理图。采用耐油橡胶制成的气囊2的内腔充入一定压力的惰性气体,气囊外部液压油经壳体3底部的菌形阀1通入,菌形阀还可保护气囊不被挤出容器之外。此蓄能器的气、液被完全隔开,气囊受压缩储存压力能,其惯性小、动作灵敏,适合储能和吸收压力冲击,工作压力可达32MPa。图7-48b所示为蓄能器的图形符号。

蓄能器属于压力容器,在安装和使用时有以下注意事项:

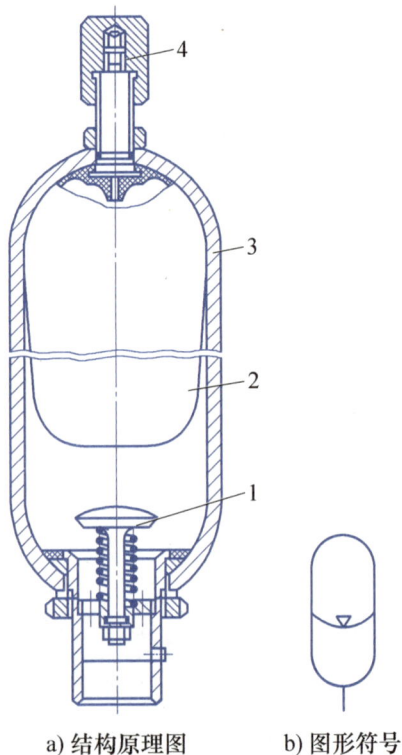

a) 结构原理图　　b) 图形符号

图7-48 囊式蓄能器

1—菌形阀 2—气囊 3—壳体 4—充气阀

1）充气式蓄能器中应使用惰性气体（一般为氮气），其允许工作压力视蓄能器的结构形式而定，如囊式蓄能器的允许工作压力为 3.5~32MPa。

2）不同的蓄能器有其各自适用的工作范围。例如，囊式蓄能器的皮囊强度不高，不能承受很大的压力波动，且只能在 -20~70℃ 的温度范围内工作。

3）囊式蓄能器原则上应垂直安装（油口向下），只有在空间位置受限制时才允许倾斜或水平安装。

4）装在管路上的蓄能器须用支板或支架固定。

5）蓄能器与管路系统之间应安装截止阀，以便在系统长期停止工作及充气、检修时，将蓄能器与主油路切断。蓄能器与液压泵之间应安装单向阀，以防止液压泵停车时蓄能器内储存的油液倒流。

图 7-49　采用蓄能器的短时快动回路

1—液控顺序阀　2—单向阀
3—蓄能器　4—电磁换向阀

2. 蓄能器短时快动回路

图 7-49 所示为采用蓄能器 3 与液压泵协同工作来实现快速运动的回路，它常用于在短时间内需要大流量的液压系统中。当电磁换向阀 4 处于中位时，进入液压缸的油路关闭，液压泵输出的油液经单向阀 2 向蓄能器 3 充油。当蓄能器内的压力达到液控顺序阀 1 的调定压力时，阀 1 打开，使液压泵卸荷。当电磁换向阀 4 左位或右位接入时，液压缸动作，液压泵和蓄能器同时向液压缸供油，使其实现快速运动。

🧠 课后思考

根据图 7-41，分别写出快进、工进、快退时，进、出液压油的流向。

任务6　多缸顺序动作回路的组建与调试

📋 任务描述

在液压传动系统中，一个液压源往往要驱动多个液压缸或液压马达工作。液压传动系统在工作时，要求这些执行元件或顺序动作，或同步动作，或互锁，或互不干扰。因而，需要有能够满足这些要求的多缸工作控制回路。

本任务仍以本项目任务 1 中的钻孔加工为例，要求实现对进给液压缸和夹紧液压缸顺序动作的控制，如图 7-50 所示。其动作顺序是：夹紧液压缸夹紧→进给液压缸进给→进给液压缸返回→夹紧液压缸松开。

图 7-50　钻削加工中进给液压缸、夹紧液压缸的动作控制

思维导图

任务实践

钻削加工多缸顺序动作回路控制

1. 液压回路图及控制电路图（图7-51～图7-53）

顺序动作回路（压力开关）仿真

a) 液压回路图　　　　　　b) 控制电路图

图7-51　钻削加工多缸顺序动作控制方案1

1、2—二位四通电磁阀　3、4—压力开关　5—夹紧液压缸　6—进给液压缸

a) 液压回路图　　　　　　b) 控制电路图

图7-52　钻削加工多缸顺序动作控制方案2

1、2—二位四通电磁阀　3—夹紧液压缸　4—进给液压缸

2. 回路分析

（1）控制方案1　方案1是采用压力开关进行控制的顺序动作回路。按下起动按钮，1YA得电，夹紧液压缸5做夹紧动作；夹紧动作结束后，夹紧液压缸无杆腔压力升高，压力开关3动作，并发出电信号通知2YA得电，进给液压缸做前进动作；前进动作结束后，进给液压缸无杆腔压力升高，压力开关4动作，并发出电信号通知2YA失电，进给液压缸做返回动作；返回动作结束后，按下停止按钮，夹紧液压缸做松开动作。至此，便完成了一个动作循环。

（2）控制方案2　方案2是采用行程开关进行控制的顺序动作回路。按下起动按钮，1YA得电，夹紧液压缸3做夹紧动作；夹紧动作结束后，挡块压下行程开关SQ_2，并发出电信号通知2YA得电，进给液压缸做前进动作；前进动作结束后，挡块压下行程开关SQ_4，并发出电信号通知2YA失电，进给液压缸做返回动作；进给液压缸返回动作结束后，按下停止按钮，夹紧液压缸做松开动作。至此，便完成了一个动作循环。

（3）控制方案3　方案3是采用顺序阀进行控制的顺序动作回路。按下起动按

a) 液压回路图

b) 控制电路图

图7-53　钻削加工多缸顺序动作控制方案3

1—三位四通电磁阀　2—单向顺序阀
3—液控单向顺序阀　4—进给液压缸　5—夹紧液压缸

钮 SB_1，1YA 得电，液压油经液控单向顺序阀 3 进入夹紧液压缸 5 的无杆腔，夹紧液压缸做夹紧动作；夹紧动作结束后，夹紧液压缸无杆腔的压力升高，打开单向顺序阀 2，液压油进入进给液压缸 4 的无杆腔，进给液压缸做前进动作；按下按钮 SB_2，1YA 失电、2YA 得电，电磁阀 1 换向，液压油进入进给液压缸的有杆腔，进给液压缸做返回动作；进给液压缸返回动作结束后，其有杆腔的油液压力升高，液控单向顺序阀 3 打开，夹紧液压缸回油路接通，夹紧液压缸做松开动作。至此，便完成了一个动作循环。

3. 实施步骤

1）利用 FluidSIM-H 或 Automation Studio 液压仿真软件进行运动仿真。

2）在教师的帮助下，按液压回路图和控制电路图选择合适的液压元件和电气元件。

3）在实训平台上固定液压元件。

4）分别完成控制方案 1、2、3 中液压元件的连接和电气元件的连接，并检查连接是否正确。

5）先松开溢流阀调压旋钮进行调压，再起动液压泵，按下起动按钮，观察两个液压缸活塞杆的动作顺序。

6）在教师的引导下进行讨论、总结，最后进行场地整理。

知识链接

1. 压力开关

压力开关是一种将系统中液体的压力信号转换成电信号的信号转换元件，或液控电路开关。图 7-54a 所示为压力开关的结构原理图。它由压力-位移转换部件和微动开关两部分组成。当控制口 K 的压力达到弹簧 3 的调定值时，液压油通过薄膜使柱塞 1 上升，柱塞 1 压向微动开关 4 的触头，接通或断开电气线路，此时，控制口的压力称为压力开关的开启压力。当液压力小于弹簧力时，微动开关复位，此时控制口的压力称为压力开关的闭合压力。由于压力开关开启和闭合时，柱塞所受摩擦力的方向正好相反，因此动作压力与复位压力并不相等，而是存在一个差值，此差值对压力开关的正常工作是必要的，但不宜过大。压力开关的图形符号和实物图分别如图 7-54b、c 所示。

压力开关的输入信号虽然是液体压力信号，但其输出信号为电信号，因此不仅可以用于液压传动系统，还可以更加广泛地应用在其他所有使用电气控制的地方。此外，压

a) 结构原理图　　　　b) 图形符号　　　　c) 实物图

图 7-54　压力开关

1—柱塞　2—杠杆　3—弹簧　4—微动开关

力开关还可用于设备的安全保护、系统的保压，以及控制液压泵的启停和卸荷等。

2. 顺序阀

顺序阀的主要作用是使两个以上的执行元件按压力高低实现顺序动作，因此称为顺序阀。相对于压力开关的液控电路开关功能，顺序阀可以理解为液控油路开关。顺序阀的结构和外形与溢流阀很相似。按结构不同，顺序阀可分为直动式和先导式；按压力控制方式不同，又可分为外控式和内控式。

图7-55a 和图7-56a 所示分别为直动式内控顺序阀和先导式内控顺序阀的结构原理图。其工作原理与直动式和先导式溢流阀相似，都是通过调节进油口的油液压力和弹簧的作用力相平衡，来控制阀进、出油口的通断。当顺序阀进油口的压力低于弹簧的预调压力时，阀口关闭；当顺序阀进油口的压力高于弹簧的预调压力时，进、出油口接通，出油口的液压油使下游的执行元件动作。顺序阀与溢流阀的主要差别在于：顺序阀的输出油液不接回油箱，因此弹簧侧的泄油口必须单独接回油箱。它们的图形符号分别如图7-55b 和图7-56b 所示。先导式内控顺序阀的实物图如图7-56c 所示。

a) 结构原理图　　　b) 图形符号

图 7-55　直动式内控顺序阀

a) 结构原理图(管式)　　b) 图形符号　　c) 实物图(板式)

图 7-56　先导式内控顺序阀

图7-57a 所示为单向顺序阀的结构原理图，它由单向阀和顺序阀并联而成。当液压油从 P_1 口流入，单向阀关闭，进油口的压力超过弹簧调定值时，阀芯移动，油液从 P_2 口流出；当液压油从 P_2 口流入时，油液经单向阀从 P_1 口流出。单向顺序阀的图形符号如图7-57b 所示。

图7-58 所示为直动式外控顺序阀。它与上述顺序阀的差别仅仅在于其下部有一控制口 K，阀芯的启闭利用通入控制口 K 的外部控制油来控制。直动式外控顺序阀常作为液压泵卸荷用，有时也称卸荷阀。

a) 结构原理图　　　　b) 图形符号

图 7-57　单向顺序阀

a) 结构原理图　　　　b) 图形符号

图 7-58　直动式外控顺序阀

3. 顺序动作回路

顺序动作回路按其控制方式不同，分为压力控制、行程控制和时间控制三类，其中前两类应用较多。

压力控制利用油路本身的压力变化来控制液压缸的先后动作顺序。它主要利用压力开关和顺序阀来控制顺序动作。

行程控制是指利用工作部件到达一定位置时发出的信号来控制液压缸的先后动作顺序。它可以利用行程开关、行程阀或顺序缸来实现对顺序动作的控制。

🔧 疑难诊断

问题1：对于控制方案1，夹紧动作完成后，进给液压缸活塞杆的前进动作未执行，试分析原因。

答：1）压力开关未动作，可能的原因有压力开关故障；压力开关的调整压力太高，高于溢流阀的调整压力。

2）电磁阀2未能换向，可能的原因是控制电路接错，或阀芯卡住。

3）进给液压缸故障，活塞或活塞杆被卡住。

问题2：对于控制方案2，夹紧动作完成后，进给液压缸活塞杆的前进动作未执行，试分析原因。

答：1）行程阀 SQ_2 未压下或故障，没有发出电信号。

2）电磁阀1未能换向，可能的原因是控制电路接错，或阀芯卡住。

3）进给液压缸故障，活塞或活塞杆被卡住。

问题3：对于控制方案3，夹紧动作完成后，进给液压缸活塞杆的前进动作未执行，试分析原因。

答：1）单向顺序阀2阀口不能打开，可能的原因是阀芯被卡住；或调整压力偏高，高于溢流阀的调整压力。

2）进给液压缸故障，活塞或活塞杆被卡住。

📄 总结评价

通过以上学习，对任务实践的完成情况和相关知识的了解情况做出客观评价，并填写表7-12。

表7-12　多缸顺序动作回路的组建与调试任务评价

序号	评价内容	达标要求	自评	组评
1	顺序动作信号发生元件	熟悉行程开关、压力开关、顺序阀(包括单向顺序阀、液控顺序阀等)的工作原理、图形符号及使用特点		
2	顺序动作回路	能识读顺序动作回路，能按回路图的要求组建并调试顺序动作回路		
3	其他多缸动作回路	了解同步回路等		
4	简单故障的排除	能对顺序动作回路出现的简单故障进行诊断和排除		
5	文明实践活动	遵守纪律，按规程活动		
总体评价				
再学习评价记录				

💼 知识拓展

1. 同步回路

使两个或两个以上的液压缸在运动中保持相同位移或相同速度的回路称为同步回路。

（1）机械刚性连接的同步回路　将两个（或若干）液压缸（或液压马达）通过机械装置（如杠杆、齿轮齿条等）将其活塞杆（或输出轴）连接在一起，使它们的运动相互受到牵制，这样，不必在液压系统中采取任何措施即可实现同步运动，如图7-59所示。这种同步方式常用于液压折弯机中。

（2）用调速阀控制的同步回路　如图7-60所示，在两个并联液压缸的进油路（或回油路）上分别串入一个调速阀，仔细调整两个调速阀的阀口开度，可使两个液压缸在一个方向上实现速度同步。显然，这种回路不能严格保证位置同步，而且调整比较麻烦，其同步精度一般为 5%~10%。

图 7-59　机械刚性连接的同步回路

2. 互不干扰回路

在一泵多缸的液压系统中，往往会由于其中一个液压缸快速运动时，大量的油液进入该液压缸，造成系统的压力下降，从而影响其他液压缸工作进给的稳定性。因此，在工作进给要求比较稳定的多缸液压传动系统中，必须采用快、慢速互不干扰回路。

在图 7-61 所示的液压回路中，各液压缸分别要完成快进、工进和快退的自动循环。该回路采用双泵供油系统，液压泵 1 为高压小流量泵，供给各缸工作进给所需的液压油；液压泵 2 为低压大流量泵，它为各缸的快进或快退输送低压油，它们的压力分别由溢流阀 3 和 4 调定。这样，两缸可各自完成"快进→工进→快退"的自动工作循环，而互不干扰。

图 7-60　用调速阀控制的同步回路

1—液压泵　2—溢流阀　3—三位四通电磁阀
4、5—单向调速阀　6、7—液压缸

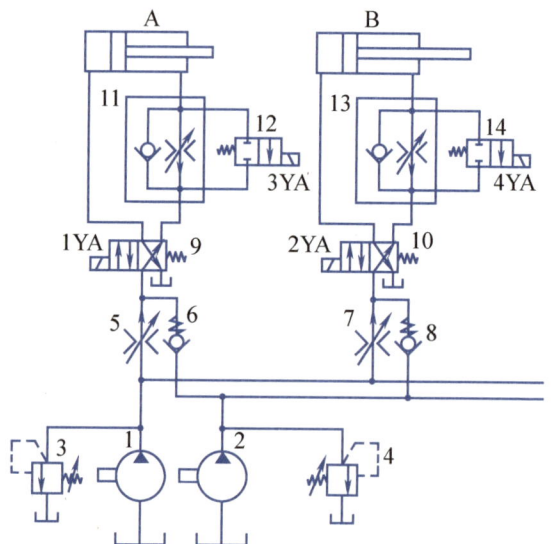

图 7-61　互不干扰回路

A、B—液压缸

1、2—液压泵　3、4—溢流阀　5、7—调速阀　6、8—单向阀
9、10—三位四通电磁换向阀　11、13—单向调速阀
12、14—二位二通电磁阀

🧠 课后思考

1. 对于任务实践中的控制方案 2，用 PLC 控制代替继电器控制实现液压缸活塞杆的动作顺序。

2. 试比较任务实践中三种控制方案的特点。

3. 以先导式结构为例，比较三大压力控制阀——溢流阀、减压阀和顺序阀，并将比较结果填入表 7-13。

4. 如图 7-62 所示，要求完成夹紧→快进→工进→快退→松开的动作顺序，试填写电磁铁动作顺序表（表 7-14）。

表 7-13　题 3 表

	油口设置	稳压特点	进、出油口的原始状态	图形符号	应用举例
先导式溢流阀					
先导式减压阀					
先导式顺序阀					

图 7-62 题 4 图

1—变量泵 2、4—单向阀 3—减压阀 5—三位四通电磁换向阀

6—二位四通电磁换向阀 7—压力继电器 8—调速阀 9—二位二通电磁换向阀

表 7-14 题 4 表

电磁铁	1YA	2YA	3YA	4YA
夹紧				
快进				
工进				
快退				
松开				

学习反思

1. 图形符号是具象的液压与气动元件的抽象表示，是该领域的图形交流语言。把图形符号与元件结合起来学习，符合从具体到一般、从抽象到具象的规律。

2. 安全无小事，液压传动系统和气压传动系统也是如此。关注系统安全措施，就是关注生产安全、财产安全、生命安全和国家安全。

3. 液压传动系统中的能量损失主要包括节流损失、溢流损失、泄漏损失、摩擦损失等，提高传动效率的关键就是找准能量损失点，各个击破。

4. 诊断、排除故障并不难，在于操作者的经验，也在于其做事的态度。

液压传动系统的识读与维护

✈ 项目描述

与气压传动系统相似，为了使液压设备实现特定的运动循环或工作，将实现各种不同运动的液压执行元件及其液压回路拼接、汇合起来，用液压泵组集中供油，形成一个网络，就构成了设备的液压传动系统，简称液压系统。

设备的液压传动系统图是用规定的图形符号绘制的。这种图表明了组成液压传动系统的所有液压元件，以及它们之间的相互连接情况，还表明了各液压执行元件所实现的运动循环及循环的控制方式等，从而表明了整个液压传动系统的工作原理。

本项目主要完成对动力滑台液压传动系统和汽车起重机液压传动系统的识读，以及相关维护知识的学习。

📖 学习目标

1. 提升对液压设备的使用和服务能力，建立客户至上的服务意识，进而树立责任感，形成敬业、乐业的职业态度，会用系统的、发展的、联系的观点解决工业生产过程中出现的问题。

2. 熟悉动力滑台液压系统的工况，能根据其液压传动系统原理图描述系统在不同工况下液压油的流向，理解两种进给速度的换接方法，了解液压设备维护的一般知识和动力滑台液压传动系统的特点。

3. 熟悉汽车起重机液压传动系统的工况，能根据其液压传动系统原理图描述系统液压油在不同工况下的流向，了解平衡回路、伸缩液压缸和起重机液压传动系统的特点。

任务 1 动力滑台液压系统的识读与维护

📋 任务描述

组合机床是用一些通用和专用部件组合而成的专用机床，其操作简便、效率高，被广泛应用于成批大量生产中。组合机床上的主要通用部件——动力滑台（图 8-1）是用来实现进给运动的，只要配以不同用途的主轴头，即可实现钻、扩、铰、镗、铣、刮端面、倒角及攻螺纹等加工。

　　动力滑台有机械滑台和液压滑台之分。液压动力滑台如图 8-2 所示，它利用液压缸将泵站所提供的液压能转变成滑台运动所需的机械能。它对液压传动系统性能的主要要求是速度换接平稳，进给速度稳定，功率利用合理、效率高、发热少。

　　本任务是识读 YT4543 型液压动力滑台的液压传动系统。该动力滑台要求进给速度为 6.6～600mm/min，最大进给力为 $4.5×10^4$N，其实现的工作循环为快进→第一次工作进给（一工进）→第二次工作进给（二工进）→固定挡块停留→快退→原位停止，如图 8-3 所示。

图 8-1　组合机床中的动力滑台

1—床身　2—动力滑台　3—动力头
4—主轴箱　5—刀具　6—工件　7—夹具
8—工作台　9—底座

图 8-2　液压动力滑台

图 8-3　YT4543 型液压动力
滑台的工作循环

思维导图

识读 YT4543 型液压动力滑台液压传动系统

1. 液压传动系统原理图

YT4543 型液压动力滑台的液压传动系统原理图如图 8-4 所示，其电磁铁和行程阀的动作顺序见表 8-1。

图 8-4　YT4543 型液压动力滑台液压传动系统原理图

1—变量泵　2、5、10—单向阀　3—溢流阀　4—顺序阀　6—电液动换向阀　7、8—调速阀
9—压力开关　11—行程阀　12—换向阀　13—液压缸

表 8-1　电磁铁和行程阀动作顺序表

液压缸工作循环	信号来源	电磁铁			行程阀 11
		1YA	2YA	3YA	
快进	起动按钮	+	−	−	−
一工进	挡块压行程阀	+	−	−	+
二工进	挡块压行程开关	+	−	+	+
固定挡块停留	固定挡块、压力开关	+	−	+	+
快退	时间继电器	−	+	−	±
原位停止	挡块压终点开关	−	−	−	−

注："+"表示电磁铁通电；"−"表示电磁铁断电。

2. 系统分析

该系统采用限压式变量泵供油、电液动换向阀换向，其快进由液压缸差动连接来实现；用行程阀实现快进与工进的转换，二位二通电磁换向阀用来进行两个工进速度之间

液压动力滑台的工作过程

的转换；为了保证进给的尺寸精度，采用了固定挡块停留来限位。结合系统的动作循环及各电磁铁和行程阀的动作顺序（表8-1），其各工况的进、回油路如下。

（1）快进　按下起动按钮，电磁铁1YA得电，电液动换向阀6的先导阀阀芯向右移动，从而引起主阀阀芯向右移，使其左位接入系统，其主油路为

进油路：变量泵1→单向阀2→电液动换向阀6（左位）→行程阀11（下位）→液压缸左腔。

回油路：液压缸的右腔→电液动换向阀6（左位）→单向阀5→行程阀11（下位）→液压缸左腔。从而形成差动连接。

（2）第一次工作进给　当滑台快速运动到预定位置时，滑台上的行程挡块压下行程阀11的阀芯，切断了该通道，使液压油须经调速阀7进入液压缸的左腔。由于油液流经调速阀，液压传动系统压力上升，打开液控顺序阀4，此时单向阀5的上部压力大于下部压力，因此单向阀5关闭，切断了液压缸的差动回路，回油经液控顺序阀4和溢流阀3流回油箱，使滑台转换为第一次工作进给。其主要油路为

进油路：变量泵1→单向阀2→电液动换向阀6（左位）→调速阀7→换向阀12（右位）→液压缸左腔。

回油路：液压缸右腔→电液动换向阀6（左位）→顺序阀4→溢流阀3→油箱。

因为工作进给时系统压力升高，所以变量泵1的输油量便自动减小，以适应工作进给的需要，进给量的大小由调速阀7调节。

（3）第二次工作进给　第一次工进结束后，行程挡块压下行程开关使3YA通电，二位二通换向阀12将通路切断，油液必须经调速阀7、8才能进入液压缸。此时，由于调速阀8的阀口开度小于阀7，因此进给速度再次降低，其他油路情况同第一次工作进给。

（4）固定挡块停留　当滑台工作进给完毕之后，碰上固定挡块的滑台不再前进，而是停留在固定挡块处，同时液压传动系统压力升高，当其升高到压力开关9的调定值时，压力开关动作，经过时间继电器的延时，再发出信号使滑台返回。滑台的停留时间可由时间继电器在一定范围内进行调整。

（5）快退　时间继电器经延时发出信号，2YA通电，1YA、3YA断电，主油路为

进油路：变量泵1→单向阀2→电液动换向阀6（右位）→液压缸右腔。

回油路：液压缸左腔→单向阀10→电液动换向阀6（右位）→油箱。

（6）原位停止　当滑台退回原位时，行程挡块压下行程开关，发出信号，使2YA断电，电液动换向阀6处于中位，液压缸失去液压动力源，滑台停止运动。液压泵输出的油液经电液动换向阀6直接回油箱，泵卸荷。

3. 实施步骤

1）读懂图8-4中各液压元件的图形符号，了解它们的名称及一般用途。

2）分析图8-4中的基本回路及其功用。

3）了解系统的工作程序及程序转换的发信元件。

4）按工作程序图逐个分析其程序动作。

5）归纳总结此液压系统的特点。

知识链接

1. 电液动换向阀

电液动换向阀是由电磁换向阀和液动换向阀组合而成的。电磁换向阀起先导作用，它可以改变控制液流的方向，从而改变液动换向阀阀芯的位置。由于操纵液动换向阀的液压推力可以很大，因此主阀阀芯的尺寸可以做得很大，允许有较大流量的油液通过，而推动液动换向阀阀芯的控制流量不必很大，这样就可以用较小的电磁阀控制较大的液流。

在图 8-5a 所示的电液动换向阀中，当先导阀的两个电磁铁均不通电时，先导阀阀芯处于中间位置，因采用 Y 型中位机能，控制液压油进油口 P′关闭，主阀两端控制液压油的压力为零，主阀阀芯在两端弹簧的作用下处于中间位置，P、A、B、T 口互不相通。当先导阀左边的电磁铁通电时，先导阀阀芯处于右位，控制液压油经 P′口到 A′口，再到主阀芯左端油腔，回油从主阀芯右端经 B′口到 T′口，然后回油箱。于是，主阀阀芯移至右端，即液动换向阀左位工作，此时 P 口与 A 口、B 口与 T 口相通。当先导阀右边的电磁铁通电时，P 口与 A 口、B 口与 T 口相通。图 8-5b、c、d 所示分别为电液动换向阀的详细图形符号、简化图形符号和实物图。

a) 结构原理图　　　　　b) 详细图形符号

c) 简化图形符号　　　　　d) 实物图

图 8-5　电液动换向阀

1、6—节流阀　2、7—单向阀　3、5—电磁铁　4—电磁阀阀芯　8—主阀阀芯

2. 两种工作进给速度换接回路

对于某些自动机床、注射机等，需要在自动工作循环中变换两种以上的工作进给速度，这时需要采用两种或两种以上工作进给速度的换接回路。为了获得两种进给速度，回路中应设置两个流量阀（一般采用调速阀），两个流量阀可以采用并联或串联两种形式安装在回路中。

图 8-6 所示为两个调速阀并联以实现两种工作进给速度的速度换接回路。当 1YA、2YA 得电时，液压泵输出的液压油经调速阀 2 和电磁阀 4 左位进入液压缸，获得第一种工作进给速度，其速度大小由调速阀 2 决定。当需要第二种工作进给速度时，电磁阀 4 失电，其右位接入回路，液压泵输出的液压油经调速阀 3 进入液压缸，其速度的大小由调速阀 3 决定。这种回路中两个调速阀的节流口可以单独调节，互不影响，即第一种和第二种工作进给速度相互间没有限制。

图 8-7 所示为两个调速阀串联以实现两种工作进给速度的速度换接回路。当 1YA 得电，2YA 失电时，液压泵输出的液压油经调速阀 2 和电磁阀 4 进入液压缸，获得第一种工作进给速度，速度大小由调速阀 2 决定。当需要第二种工作进给速度时，2YA 得电，其右位接入回路，则液压泵输出的液压油先经调速阀 2，再经调速阀 3 进入液压缸，速度大小由调速阀 3 控制。注意：要获得第二种工作进给速度，调速阀 3 的节流口应调得比调速阀 2 的节流口小，否则调速阀 3 将不起作用。这种回路在工作时调速阀 2 一直工作，它限制着进入液压缸或调速阀 3 的油液流量，因此在速度换接时不会使液压缸产生前冲现象，换接平稳性较好。在调速阀 3 工作时，油液需要经过两个调速阀，故能量损失较大。

图 8-6 两个调速阀并联式速度换接回路

1—二位四通电磁阀 2、3—调速阀 4—二位
五通电磁阀 5—单向阀 6—液压缸

图 8-7 两个调速阀串联式速度换接回路

1—二位四通电磁阀 2、3—调速阀 4—二位
二通电磁阀 5—单向阀 6—液压缸

3. 液压传动系统的使用与维护

液压传动系统使用得当、维护保养好，可以减少故障的发生，能有效延长系统的使用寿命。

（1）液压传动系统使用注意事项

1）操作者在使用液压设备前，要熟悉液压元件控制机构的操作要领，以及各液压元件所需控制的相应的执行元件和调节旋钮的转动方向、流量大小变换的关系等，严防调节错误而造成事故。

2）使用液压设备时，应随时注意油位和温升，一般油液的工作温度为 30~60℃ 较为合理，最高不超过 60℃；发现异常升温时，应停机检查。冬天气温低时，应使用加热器。

3）保持液压油清洁，定期检查更换。对于新使用的液压设备，使用三个月左右就应清洗油箱、更换油液；以后每隔半年至一年进行一次清洗和换油。

4）注意过滤器的使用情况，定期清洗和更换滤芯。

5）若设备长期不用，应将各调节手柄全部放松，以防止弹簧发生永久变形。

（2）液压传动系统的维护保养事项

1）日常检查。日常检查是减少液压系统故障的重要环节，主要是操作者在使用中经常通过目视、耳听及手触等比较简单的方法，在液压泵起动前后和停止运转前检查油量、油温、压力、泄漏、振动等。出现不正常情况应停机检查原因，及时排除。对重要的液压设备，应填写日检修卡。

2）定期检查。定期检查的内容包括：调查日常检查中发现而未及时排除的异常现象，发现潜在的故障预兆并查明原因和给予排除；对规定必须定期维修的基础部件，应认真检查并加以保养；对需要维修的部位，必要时应分解检修。定期检查的时间间隔一般与过滤器检修的时间间隔相同，大约为三个月。

3）综合检查。综合检查大约每年进行一次，其主要内容是检查液压装置的各元件和部件，判断其性能和寿命，并对产生的故障进行检修或更换元件。

疑难诊断

问题：液压传动系统由一工进向二工进转换不明显，试分析原因。

答：1）调速阀节流口被堵，两调速阀节流口大小相近。

2）速度转换电磁阀故障，未换向。

3）行程开关故障，未能使速度转换电磁阀动作。

4）控制电路故障，导致速度转换电磁阀未动作。

总结评价

通过以上学习，对任务实践的完成情况和相关知识的了解情况做出客观评价，并填写表8-2。

表8-2 动力滑台液压系统的识读任务评价

序号	评价内容	达标要求	自评	组评
1	动力滑台	熟悉动力滑台的结构及工作过程,了解其工作特点,熟悉动力滑台液压传动系统维护常识		
2	动力滑台液压系统	熟悉动力滑台液压传动系统原理图中各液压元件的功能,能按原理图及动作顺序表描述不同工况下油液的流向		
3	简单故障的排除	能判断简单故障,并予以排除		
4	文明实践活动	遵守纪律,按规程活动		
总体评价				
再学习评价记录				

知识拓展

叠加式液压阀

叠加式液压阀简称叠加阀，是近 20 年内发展起来的集成式液压元件。采用这种阀组成液压系统时，不需要另外的连接块，而是以阀体作为连接体直接叠合成所需的液压传动系统。叠加阀的工作原理与一般液压阀基本相同，但在具体结构和连接尺寸上则不相同。它自成系列，每个叠加阀既有一般液压元件的控制功能，又起到通道体的作用。每一种通径系列的叠加阀的主油路通道和螺栓连接孔的位置都与所选用的相应通径的控制阀相同。因此，同一通径的叠加阀都能按要求叠加起来组成各种不同控制功能的系统。用叠加阀组成的液压系统具有结构紧凑、体积小、重量轻、安装简便、装配周期短、外观整齐、维护保养容易等特点。

叠加阀的分类与一般液压阀相同，同样分为压力控制阀、流量控制阀和方向控制阀三大类，图 8-8a 所示为叠加溢流阀的结构原理图，其上有五个主油路通道和四个螺栓连接孔。图 8-8b 所示为其图形符号，图 8-8c 所示为其实物图。

a) 结构原理图

b) 图形符号

c) 实物图

图 8-8 叠加溢流阀

1—推杆 2—弹簧 3—锥阀 4—阀座 5—主弹簧 6—主阀芯

a、b、c、d、e—主油路通道

课后思考

1. 动力滑台液压传动系统有哪些特点？

2. 任务实践中阀 4 和阀 5 在系统中起什么作用？

3. 图 8-9 所示为一组合机床的液压传动系统图，要求完成"快进→工进→快退→停止"的工作循环，要求：

（1）说出序号 1、3、6、7 所代表的液压元件的名称。

（2）根据图示的工作循环要求，填写电磁铁动作顺序表（表 8-3）。

表 8-3 题 3 表

动作	电磁铁		
	1YA	2YA	3YA
快进			
工进			
快退			
停止			

图 8-9 题 3 图

（3）写出快进时的进油路线和回油路线。

4. 图 8-10 所示回路需实现"快进→工进Ⅰ→工进Ⅱ→快退→停止"的工作循环，工进Ⅰ的速度比工进Ⅱ的速度快。要求：

（1）说出序号 1、2、7、9 所代表的液压元件的名称。

（2）根据图示的工作循环要求，填写电磁铁动作顺序表（表 8-4）。

表 8-4 题 4 表

动作	电磁铁			
	1YA	2YA	3YA	4YA
快进				
工进Ⅰ				
工进Ⅱ				
快退				
停止				

图 8-10 题 4 图

（3）写出快退时的进油路线和回油路线。

任务 2　汽车起重机液压系统的识读

📋 任务描述

汽车起重机（图 8-11）是一种使用广泛的工程机械，这种机械能以较快的速度行走，其机动性好，适应性强，自备动力、不需要配备电源，能在野外作业，操作简便灵活，因此在交通运输、城建、消防、大型物料场、基建、急救等领域得到了广泛的使用。在汽车起重机上采用液压起重技术，具有承载能力大，可在有冲击、振动和环境较差的条件下工作等优点。由于系统执行元件需要完成的动作较为简单、位置精度要求较低，因此系统以手动操作为主，对于起重机械液压系统，设计中确保工作可靠与安全最为重要。

图 8-12 所示为汽车起重机的结构原理图，它主要由如下五个部分构成。

图 8-11 汽车起重机

图 8-12 汽车起重机的结构原理图

（1）支腿装置 进行起重作业时，使汽车轮胎离开地面，架起整车，不使载荷压在轮胎上，并可调节整车的水平度，一般为四腿结构。

（2）吊臂回转机构 使吊臂实现 360°任意回转，在任何位置都能够锁定停止。

（3）吊臂伸缩机构 使吊臂在一定尺寸范围内可调，并能够定位，用以改变吊臂的工作长度。一般为三节或四节套筒伸缩结构。

（4）吊臂变幅机构 使吊臂在 15°～80°范围内可调，用以改变吊臂的倾角。

（5）吊钩起降机构 使重物在起吊范围内任意升降，并在任意位置负重停止，起吊和下降速度在一定范围内无级可调。

本任务是完成 Q2—8 型汽车起重机液压系统的识读，以及相关知识的学习。

🌱 思维导图

任务实践

识读汽车起重机液压传动系统

1. 液压传动系统图和工作情况（图 8-13 和表 8-5）

表 8-5　Q2—8 型汽车起重机液压系统的工作情况

手动换向阀位置						系统工作情况						
阀A	阀B	阀C	阀D	阀E	阀F	前支腿液压缸活塞杆	后支腿液压缸活塞杆	回转液压马达	伸缩液压缸活塞杆	变幅液压缸	起升液压马达	制动液压缸
左位	中位	中位	中位	中位	中位	活塞杆伸出	不动	不动	不动	不动	不动	制动
右位						活塞杆缩回						
中位	左位					不动	活塞杆伸出					
	右位						活塞杆缩回					
	中位	左位					不动	正转				
		右位						反转				
		中位	左位					不动	活塞杆缩回			
			右位						活塞杆伸出			
			中位	左位					不动	减幅		
				右位						增幅		
				中位	左位					不动	正转	松开
					右位						反转	

2. 液压传动系统分析

结合汽车起重机液压传动系统的工作情况表（表 8-5），其液压传动系统各部分的具体工作情况如下。

（1）支腿缸收放回路　该汽车起重机的底盘前后各有两条支腿，通过机械机构可以使每一条支腿收起和放下。在每一条支腿上都装着一个液压缸，支腿的动作由液压缸驱动。两条前支腿和两条后支腿分别由多路换向阀 1 中的三位四通手动换向阀 A 和 B 控制其伸出或缩回。换向阀均采用 M 型中位机能，并且油路采用串联方式。确保每条支腿伸出去的可靠性至关重要，因此每个液压缸均设有双向锁紧回路，以保证支腿被可靠地锁住，防止在起重作业时发生"软腿"现象或在行车过程中支腿自行滑落。此时，液压传

图 8-13 Q2—8 型汽车起重机液压系统图

1、2—多路换向阀 3—安全阀 4—双向液压锁 5、6、8—平衡阀（液控单向顺序阀） 7—单向节流阀

9—多路旋转接头 10—开关 11—过滤器 12—压力表 13—液压泵 14—节流器

A、B、C、D、E、F—手动换向阀

动系统中油液的流动情况为

1）前支腿。

进油路：液压泵→多路换向阀1中的阀A→两个前支腿缸的进油腔。

回油路：两个前支腿缸的回油腔→多路换向阀1中的阀A→阀B中位→多路旋转接头9→多路换向阀2中阀C、D、E、F的中位→多路旋转接头9→油箱。

2）后支腿。

进油路：液压泵→多路换向阀1中阀A的中位→阀B→两个后支腿缸的进油腔。

回油路：两个后支腿缸的回油腔→多路换向阀1中阀A的中位→阀B→多路旋转接头9→多路换向阀2中阀C、D、E、F的中位→多路旋转接头9→油箱。

（2）吊臂回转回路 吊臂回转机构采用液压马达作为执行元件。液压马达通过蜗杆减速箱和一对内啮合的齿轮传动来驱动转盘回转。由于转盘的转速较低（1～3r/min），故液压马达的转速也不高，因此没有必要设置液压马达制动回路。液压传动系统中用多路换向阀2中的一个三位四通手动换向阀C来控制转盘的正、反转和锁定不动三种工况。此时，液压传动系统中油液的流动情况为

进油路：液压泵→多路换向阀1中的阀A、阀B中位→多路旋转接头9→多路换向阀2中的阀C→回转液压马达的进油腔。

回油路：回转液压马达的回油腔→多路换向阀2中的阀C→多路换向阀2中阀D、E、F的中位→多路旋转接头9→油箱。

（3）伸缩回路　起重机的吊臂由基本臂和伸缩臂组成，伸缩臂套在基本臂之中，用一个由三位四通手动换向阀D控制的伸缩液压缸来驱动吊臂的伸出和缩回。为防止自重使吊臂下落，油路中设有平衡回路。此时，液压传动系统中油液的流动情况为

进油路：液压泵→多路换向阀1中阀A、阀B的中位→多路旋转接头9→多路换向阀2中阀C的中位→换向阀D→伸缩液压缸进油腔。

回油路：伸缩液压缸回油腔→多路换向阀2中的阀D→多路换向阀2中阀E、F的中位→多路旋转接头9→油箱。

（4）变幅回路　吊臂的变幅是通过一个液压缸改变起重臂的俯角角度来实现的。变幅液压缸由三位四通手动换向阀E控制。同样，为防止在变幅作业时因自重而使吊臂下落，在油路中设有平衡回路。此时，液压传动系统中油液的流动情况为

进油路：液压泵→阀A中位→阀B中位→多路旋转接头9→阀C中位→阀D中位→阀E→变幅缸进油腔。

回油路：变幅缸回油腔→阀E→阀F中位→多路旋转接头9→油箱。

（5）起降回路　起降机构是汽车起重机的主要工作机构，它由一个低速大转矩定量液压马达来带动卷扬机工作。液压马达的正、反转由三位四通手动换向阀F控制。起重机起升速度的调节是通过改变汽车发动机的转速，从而改变液压泵的输出流量和液压马达的输入流量来实现的。在液压马达的回油路上设有平衡回路，以防止重物自由落下；在液压马达上还设有单向节流阀平衡回路，设有由制动液压缸组成的制动回路，当系统不工作时，通过制动液压缸中的弹簧力实现对卷扬机的制动，防止起吊重物下滑；当吊车负重起吊时，利用制动液压缸延时张开的特性，可以避免卷扬机起吊时发生溜车下滑现象。此时，液压传动系统中油液的流动情况为

进油路：液压泵→阀A中位→阀B中位→多路旋转接头9→阀C中位→阀D中位→阀E中位→阀F→起升液压马达进油腔。

回油路：起升液压马达回油腔→阀F→多路旋转接头9→油箱。

3. 实施步骤

1）看懂液压传动系统图中各液压元件的图形符号，了解它们的名称及一般用途。

2）分析液压传动系统图中的基本回路及其功用。

3）了解液压传动系统的工作程序及程序转换的发信元件。

4）按工作程序图逐个分析其程序动作。

5）归纳总结系统特点。

📚 **知识链接**

1. 多级缸

多级缸由两个或多个活塞缸套装而成，前一级活塞缸的活塞杆内孔是后一级活塞缸

的缸筒，伸出时可获得很长的工作行程，缩回时可保持很小的结构尺寸。多级缸被广泛应用于起重运输车辆、起重机、挖掘机等机械设备。多级缸可以是图 8-14a 所示的单作用式，也可以是图 8-14b 所示的双作用式，前者靠外力回程，后者靠液压回程。图 8-14c 所示为多级缸的实物图。

a) 单作用式

b) 双作用式

c) 实物图

图 8-14 多级缸图形符号

多级缸活塞杆的外伸动作是逐级进行的。首先是最大直径的缸筒活塞杆以最低的油液压力开始外伸，当其到达行程终点后，直径稍小的缸筒活塞杆开始外伸，直径最小的末级缸筒活塞杆最后伸出。随着工作级数的增大，外伸缸筒活塞杆的直径越来越小，工作油液压力随之升高，工作速度变快。多级缸活塞杆缩回时，与其伸出时的顺序相反，先是小直径缸筒的活塞杆缩回，然后是大直径的活塞杆缩回。

2. 平衡回路

平衡回路的功用在于防止垂直或倾斜放置的液压缸和与之相连的工作部件因自重而自行下落。

图 8-15 所示为采用单向顺序阀的平衡回路。调整顺序阀，使其开启压力 p_x 与液压缸下腔有效面积 A 的乘积稍大于垂直运动部件的重力 G，即满足 $p_x A \geqslant G$。当 1YA 通电后活塞下行时，活塞就可以平稳地下落；当换向阀处于中位时，活塞就停止运动，不再继续下移，处于平衡状态。在这种回路中，当活塞向下快速运动时，功率损失大。活塞锁住时，活塞和与之相连的工作部件会因单向顺序阀和换向阀的泄漏而缓慢下落。因此，这种回路只适用于工作部件重量不大且不变化，活塞锁住时对定位精度要求不高的场合。

图 8-15 采用单向顺序阀的平衡回路

1—液压泵 2—溢流阀 3—三位四通电磁阀
4—单向顺序阀（平衡阀） 5—液压缸

图 8-16 所示为采用液控顺序阀的平衡回路。当 1YA 得电时，控制液压油打开液控顺序阀，背压消失，活塞下行；当停止工作时，由于换向阀采用了 H 型（也可用 Y 型）中位机能，因此液控顺序阀控制口的压力为零，液控顺序阀关闭，活塞和工作部件处于平衡状态。由于液控顺序阀的启闭仅与控制口的压力有关，因此当负载发生变化时，活塞和工作部件仍处于平衡状态。这种平衡回路的优点是只有上腔进油时活塞才下行，比较

安全可靠；其缺点是活塞下行时平稳性较差。这种回路适用于运动部件重量有变化的液压系统。

3. 多路换向阀

多路换向阀也称多路阀（图8-17），它将两个以上的阀块组合在一起，用以操纵多个执行元件的运动。多路换向阀可根据液压系统不同的要求，把溢流阀、过载阀、补油阀、分流阀、制动阀、单向阀等组合在一起，其结构紧凑、管路简单、压力损失小且安装简单，因此多用于工程机械、运输机械和其他要求操纵多个执行元件运动的行走机械。多路换向阀有整体式和分片式（组合式）两种；按照油路连接方式不同，多路阀可分为并联、串联、串并联及复合油路；其卸载方式有中位卸载和安全阀卸载两种方式。

图 8-16　采用液控顺序阀的平衡回路

1—液压泵　2—溢流阀　3—三位四通电磁阀
4—液控单向顺序阀（平衡阀）　5—液压缸

图 8-17　多路换向阀

疑难诊断

问题 1：液压传动系统压力不上升，试分析可能的原因并说明解决措施。

答：1）油箱：油位低（吸空），液压油变质、污染或油温过高；视情况补充或更换液压油。

2）液压泵：转速不正常，零件磨损或损坏使其容积效率下降；视情予以修理。

3）溢流阀：由于调节螺钉松动使其调定压力降低，阀座表面损坏或有灰尘，阀门卡在打开位置，针阀磨损，弹簧变形或损坏；视情进行调整或修复。

4）多路旋转接头：密封圈损坏，套筒及中心轴损坏；视情修理或更换。

5）压力表：读数不准确；更换压力表。

问题 2：起吊时，吊臂变幅系统动作缓慢或不动，试分析可能的原因并说明解决措施。

答：1）溢流阀：由于调节螺钉松动使其调定压力降低，阀座表面损坏或有灰尘，阀门卡在打开位置，针阀磨损，弹簧变形或损坏；视情况进行调整或修复。

2）手动控制阀：阀杆磨损，阀内部损坏；视情况进行修复。

3）多路旋转接头：密封圈损坏，中心轴及套筒损坏；视情况更换或修理。

总结评价

通过以上学习，对任务实践的完成情况和相关知识的了解情况做出客观评价，并填写表8-6。

表8-6 汽车起重机液压系统的识读任务评价

序号	评价内容	达标要求	自评	组评
1	汽车起重机	熟悉汽车起重机的工作过程,了解其工作特点,熟悉汽车起重机液压传动系统维护常识		
2	汽车起重机液压系统	熟悉汽车起重机液压传动系统原理图中各液压元件的功能,能按液压传动系统原理图及动作程序表描述不同工况下油液的流向		
3	简单故障的排除	能判断简单故障,并予以排除		
4	文明实践活动	遵守纪律,按规程活动		
总体评价				
再学习评价记录				

知识拓展

插 装 阀

插装阀也称逻辑阀或插装式二位二通阀，是近年来发展起来的一种新型液压控制元件，在高压大流量的液压系统中应用广泛。其优点主要有：通流能力大，特别适用于大流量的场合；阀芯动作灵敏、抗堵塞能力强；密封性好，泄漏小，油液流经阀口压力损失小；结构简单，易于实现标准化。

插装阀的基本核心元件是插装元件。如图8-18所示，A、B、C口有效面积之间的关系为：$A_a + A_b = A_c$。设F_s为弹簧力，p_a、p_b、p_c分别为A、B、C口的油液压力，则

1）当$p_a A_a + p_b A_b < p_c A_c + F_s$时，阀口关闭，A、B口不通。

a) 结构原理图　　　　b) 图形符号　　c) 实物图(去掉控制盖板)

图 8-18 插装元件

1—控制盖板 2—阀套 3—弹簧 4—阀芯 5—阀体

2）当 $p_a A_a + p_b A_b > p_c A_c + F_s$ 时，阀口打开，A、B 口接通。

由此可见，改变控制口 C 的油液压力 p_c，可以控制 A、B 口的通断：

1）控制口 C 接油箱（卸荷），当 $p_a > p_b$ 时，液流由 A 口至 B 口；当 $p_a < p_b$ 时，液流由 B 口至 A 口。

2）控制口 C 接通压力油，且 $p_c \geqslant p_a$、$p_c \geqslant p_b$ 时，在阀芯上、下端压差和弹簧的作用下关闭 A 口和 B 口。

将一个或若干个插装元件进行不同组合，并配以相应的先导控制级，可以组成方向控制、压力控制、流量控制或符合控制等控制单元（阀），如图 8-19 所示。

a) 插装普通单向阀　　　b) 插装液控单向阀

c) 插装二位三通阀

图 8-19　插装阀

课后思考

1. 汽车起重机液压传动系统包括哪些基本回路？

2. 汽车起重机液压传动系统具有哪些性能特点？

学习反思

1. 工程实例通常会涵盖各门课程的主要内容，涉及机械原理、机电传动控制、可编程控制器等。学习工程实例有助于学习者将多门知识融会贯通，掌握知识间的联系，锻炼综合运用所学知识解决工程问题的能力，培养适应社会发展需求的复合型应用人才。

2. 实践中出现的问题总是意想不到，但万变不离其宗。读好书才能用好书，把书读活才不会把活儿做"死"。

常用液压与气动元件图形符号（摘自 GB/T 786.1—2021）

常用液压与气动元件图形符号见附表 1~附表 9。

附表 1　图形符号的基本要素

描　述	图　形	描　述	图　形
供油/气管路、回油/气管路、元件框线、符号框线	0.1M	内部和外部先导（控制）管路、泄油管路、冲洗管路、排气管路	0.1M
组合元件框线	0.1M	端口（油/气口）	2M
两个流体管路的连接	0.75M	两个流体管路的连接（在一个元件符号内表示）	0.5M
带控制管路或泄油管路的端口	2M	位于溢流阀内的控制管路	2M 1M 3M 45°
位于减压阀内的控制管路	45° 4M 1M 2M	软管、蓄能器囊	2.5M 4M
封闭管路或封闭端口	1M 1M	流体管路中的堵头	1M 1M
流体流过阀的通道和方向	4M		

（续）

描　述	图　形	描　述	图　形
阀内部的流动通道		顺时针方向旋转的指示	
流体的流动方向		压力指示	
气压力的作用方向		能量转换元件的框线（泵、压缩机、马达）	
液压力的作用方向		活塞杆	
双方向旋转的指示		缸的活塞	
单向阀的运动部分，小、大规格		排气口	
		永磁铁	
摆动泵或摆动马达的框线		节流（小规格）	
缸筒			
膜片、囊			

（续）

描　述	图　形	描　述	图　形
弹簧（嵌入式）	1M 2.5M	推力控制要素	0.75M 2M
拉力控制要素	0.75M 2M	控制要素：推杆	1M 1M
控制要素：弹簧	2.5M 2M	直动式液控、气控机构（用于方向控制阀）	3M 3M
控制要素：线圈，作用方向指向、背离阀芯（电磁铁、力矩马达、力马达）	2M 1M 2M 1M	可调节（弹簧或比例电磁铁）	30° 1M 4.5M 1M
		**—输出信号 *—输入信号	
可调节（节流）	1M 30° 5M 3M	可调节（节流）	1M 30° 3.5M 1.5M
机械连接（如轴、杆）	1M 3M	流量指示	3M 1M
节流（流量控制阀，取决于黏度）	1M 3M 4.5M	滤芯	5.65M
节流（锐边节流，很大程度上与黏度无关）	1M 2M 1M	回油箱	1M 2M

（续）

描　述	图　形	描　述	图　形
气源		下列元件的要素： 压力容器 压缩空气储气罐 蓄能器 气瓶 纹波管执行器软管缸	
截止阀		液压油源	
油箱			

附表 2　控制机构

描　述	图　形	描　述	图　形
带有可拆卸把手和锁定要素的控制机构		带有一个线圈的电磁铁（动作背离阀芯）	
带有定位的推/拉控制机构		带有一个线圈的电磁铁（动作指向阀芯）	
电控气动先导控制机构		带有两个线圈的电气控制装置（一个动作指向阀芯，另一个动作背离阀芯）	
使用步进电动机的控制机构		带有一个线圈的电磁铁（动作背离阀芯，连续控制）	
用于单向行程控制的滚轮杠杆		带有可调行程限位的推杆	
外部供油的电液先导控制机构		带有手动越权锁定的控制机构	

附表 3　单向阀、梭阀和方向控制阀

描　述	图　形	描　述	图　形
单向阀（只能在一个方向自由流动）		二位三通方向控制阀（单向行程滚轮杠杆控制，弹簧复位）	
单向阀（带有弹簧，只能在一个方向自由流动，常闭）		三位四通方向控制阀（电液先导控制，先导级电气控制，主级液压控制，先导级和主级弹簧对中，外部先导供油，外部先导回油）	
梭阀（逻辑为"或"，压力高的入口自动与出口接通）		三位四通方向控制阀（双电磁铁控制，弹簧对中）	
二位二通方向控制阀（双向流动，推压控制，弹簧复位，常闭）		三位四通方向控制阀（液压控制，弹簧对中）	
二位二通方向控制阀（电磁铁控制，弹簧复位，常开）		二位四通方向控制阀（双电磁铁控制，带有锁定机构，也称脉冲阀）	
二位四通方向控制阀（电磁铁控制，弹簧复位）		二位三通方向控制阀（电磁控制，无泄漏）	
二位三通方向控制阀（单电磁铁控制，弹簧复位，手动越权锁定）		比例方向控制阀（直动式）	
液控单向阀（带有弹簧，先导压力控制，双向流动）		二位五通方向控制阀（双向踏板控制）	
双压阀（逻辑为"与"，两进气口同时有压力时，低压力输出）		伺服阀（主级和先导级位置闭环控制，集成电子器件）	

（续）

描　述	图　形	描　述	图　形
三位五通方向控制阀（手柄控制，带有定位机构）		双液控单向阀	
二位五通方向控制阀（单作用电磁铁控制，外部先导供气，手动辅助控制，弹簧复位）		快速排气阀（带消声器）	

附表 4　压力控制阀

描　述	图　形	描　述	图　形
溢流阀（直动式，开启压力由弹簧调节		减压阀（内部流向可逆）	
顺序阀（直动式，手动调节设定值）		减压阀（远程先导可调，只能向前流动）	
二通减压阀（直动式，外泄型）		顺序阀（外部控制）	
二通减压阀（先导式，外泄型）			
电磁溢流阀（由先导式溢流阀与电磁换向阀组成，通电建立压力，断电卸荷）		直动式比例溢流阀（通过电磁铁控制弹簧来控制）	
		直动式比例溢流阀（电磁铁直接控制，带有集成电子器件）	
顺序阀（带有旁通单向阀）		比例溢流阀（带电磁铁位置反馈的先导控制，外泄型）	

附表 5　泵和马达

描　述	图　形	描　述	图　形
变量泵(顺时针单向旋转)		变量泵(双向流动,带有外泄油路,顺时针单向旋转)	
空气压缩机		定量泵/马达(顺时针单向旋转)	
变量泵/马达(双向流动,带有外泄油路,双向旋转)		手动泵(限制旋转角度,手柄控制)	
变量泵(先导控制,带有压力补偿功能,外泄油路,顺时针方向旋转)		摆动执行器/旋转驱动装置(带有限制旋转角度功能,双作用)	
		摆动执行器/旋转驱动装置(单作用)	
连续增压器(将气体压力 p_1 转换为较高的液体压力 p_2)		真空泵	
气马达		气马达(双向流通,固定排量,双向旋转)	

附表 6　流量控制阀

描　述	图　形	描　述	图　形
节流阀		流量控制阀(滚轮连杆控制,弹簧复位)	
二通流量控制阀(开口度预设置,单向流动,流量特性基本与压降和黏度无关,带旁路单向阀)		分流阀(将输入流量分成两路输出流量)	

（续）

描　述	图　形	描　述	图　形
单向节流阀		比例流量控制阀（直控式）	
三通流量控制阀（开口度可调节,将输入流量分成固定流量和剩余流量）		集流阀(将两路输入流量合成一路输出流量)	

附表7　插装阀

描　述	图　形	描　述	图　形
压力控制和方向控制插装阀插件（锥阀结构,面积比1:1）		方向控制插装阀插件（带节流端的锥阀结构,面积比≤0.7）	
方向控制插装阀插件（带节流端的锥阀结构,面积比>0.7）		方向控制插装阀插件（锥阀结构,面积比≤0.7）	
方向控制插装阀插件（锥阀结构,面积比>0.7）		方向控制插装阀插件（单向流动,锥阀结构,内部先导供油,带可替换的节流孔）	
溢流插装阀插件（滑阀结构,常闭）		减压插装阀插件（滑阀结构,常闭,带有集成的单向阀）	
带有先导端口的控制盖板		带有先导端口的控制盖板（带可调节行程限位装置和遥控端口）	
带有溢流功能的控制盖板		二通插装阀（带有行程限制装置）	

220

附表 8　缸

描　述	图　形	描　述	图　形
单作用单杆缸(靠弹簧力回程,弹簧腔带连接油/气口)		双作用单杆缸	
双作用双杆缸(活塞杆直径不同,双侧缓冲,右侧缓冲带调节)		双作用膜片缸(带有预定行程限位器)	
单作用柱塞缸		单作用膜片缸(活塞杆终端带有缓冲,带排气口)	
单作用多级缸		双作用多级缸	
行程两端带有定位的双作用缸		双作用磁性无杆缸(仅右边终端带有位置开关)	
双作用双杆缸(左终点带有内部限位开关,内部机械控制,右终点带有外部限位开关,由活塞杆触发)		单作用气-液压力转换器(将气体压力转换为等值的液体压力)	
		单作用增压器(将气体压力 p_1 转换为更高的液体压力 p_2)	

附表 9　附件

描　述	图　形	描　述	图　形
软管总成		离心式分离器	
快换接头(不带有单向阀,断开状态)		气源处理装置(FRL 装置,包括手动排水过滤器、手动调节式溢流阀减压阀、压力表和油雾器)上图为详细示意图,下图为简化图	
压力开关(机械电子控制,可调节)			
温度计			
压力表,压差表		三通旋转式接头	

（续）

描　述	图　形	描　述	图　形
快换接头（带有两个单向阀，连接状态）		隔膜式蓄能器	
电调节压力开关（输出开关信号）		活塞式蓄能器	
流量指示器,流量计		真空发生器	
过滤器		带有手动排水分离器的过滤器	
带有光学阻塞指示器的过滤器		吸附式过滤器	
手动排水过滤器与减压阀的组合元件（通常与油雾器组成气动三联件，手动调节，不带有压力表）		油雾器	
		手动排水式油雾器	
手动排水分离器		囊式蓄能器	
自动排水分离器		气瓶	
空气干燥器			
气罐		吸盘	

附录 B | FluidSIM 液压气动仿真软件简介

一、FluidSIM 软件设计界面（附图 1）

附图 1　FluidSIM-H 软件设计界面

FluidSIM 软件的设计界面简单易懂，窗口顶部的菜单栏列出了仿真和新建回路图所需的功能，工具栏给出了常用菜单功能，窗口左边显示出 FluidSIM 的整个元件库。状态栏位于窗口底部，用于显示操作 FluidSIM 软件期间的当前计算和活动信息。在 FluidSIM 软件中，操作按钮、滚动条和菜单栏与大多数 Microsoft Windows 应用软件相似。

二、液压与气动回路的设计与仿真

1. 对现有回路进行仿真

FluidSIM 软件中含有许多回路图，作为演示和学习资料。单击 🗁 按钮或在"文件"菜单下执行"浏览"命令，弹出包含现有回路图的浏览窗口，如附图 2 所示。双击要选择的回路，即可打开该回路，单击 ▶ 按钮或在"执行"菜单下执行"启动"命令，即可对该回路进行仿真。

2. 对自行设计回路进行仿真

单击 🗋 按钮或在"文件"菜单下执行"新建"命令，可新建空白绘图区域，以打开一个新窗口，如附图 1 所示；然后可以使用鼠标将元件从元件库中"拖动"和"放置"在绘图区域中。以附图 3 所示为例，回路中采用了一个双作用液压缸、一个二位四通电磁换向阀和一个溢流阀，双击各液压元件可改变它们的属性，换向阀电磁铁的通断电靠左侧图中的电气开关来控制，右侧的状态图用来记录液压缸和换向阀的状态。

附图2　包含现有回路图的浏览窗口

三、演示文稿

在 FluidSIM 软件提供了许多演示文稿，还可以通过 FluidSIM 软件编辑或新建演示文稿。在"教学"菜单下执行"演示文稿"命令，可以找到所有演示文稿，如附图4所示。

四、播放教学影片

FluidSIM 软件光盘中含有 15 个教学影片，每个影片的长度为 1~10min，其中覆盖了电气-液压技术的一些典型应用领域。在"教学"菜单下执行"教学影片"命令，即可弹出附图5所示的"教学影片"对话框。

附图3　自行设计回路仿真

附图4　演示文稿

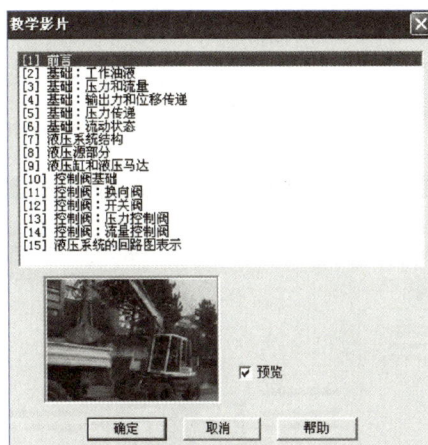

附图5　教学影片

附录C　Automation Studio 仿真软件的使用

1. Automation Studio 软件界面

Automation Studio 是一款具有设计和动态模拟功能的软件，其界面如附图6所示。

附图6　Automation Studio 软件界面

1—标题栏　2—菜单栏　3—工具栏　4—库管理器　5—仿真演示区　6—快捷菜单

2. 液压与气动系统仿真步骤

（1）从元件库中提取相应的液压或气动元件

1）元件的参数设置。双击元件设置元件的参数，弹出附图7所示对话框，可以对元件的主要参数进行设置。设置参数时要注意参数的单位。

2）元件的标识设置。

① 一种情况是，当将元件拖至绘图区时，弹出附图 8 所示对话框，在对话框中填入合适的元件标识。可以在"Tagname"文本框中输入"M"来标识电动机。

附图7　元件的参数设置

附图8　元件标识设置

② 另一种情况是，当将元件拖至绘图区时，无对话框弹出，只显示"?"，如附图 9 所示的电磁阀中电磁铁的标识。为了能设置电磁铁的标识，必须先设置电磁铁对应的电气线圈的标识，如附图 10 所示，然后双击电磁阀，弹出附图 11 所示对话框，分别选择"2YA""3YA"选项，单击"Apply"按钮即可，如附图 12 所示。

附图9　未设置电磁阀的电磁铁标识

附图10　电磁铁对应的电气线圈标识

附图11　电磁铁标识设置

附图12　已设置标识的电磁铁

不能直接设置标识的元件还有液压回路中的液压马达、常开常闭触点等。它们的共同特点是滞后线圈动作。

（2）按原理图连接各元件　连接方式：按住鼠标左键将元件从一个元件进出口（出现圆圈状）拖动到另一个元件进出口（出现圆圈状），松开鼠标即可，如附图 13 所示。按同样的方法，从元件库中提取电气元件，并连接，结果如附图 14 所示。

需要注意的是，液压或气动元件的标识与相应电气控制元件标识一致（但遗憾的是，教育版不支持此项功能）。

附图 13　连接元件

附图 14　连接电气控制元件

（3）仿真运行　通过下拉菜单或者仿真工具条（附图 15），即可运行液压或气动回路，用鼠标可以切换换向阀的位置，改变回路的工作状态（附图 16）。单击可调元件，可进行元件参数调节，如调节调速阀开口大小、液压泵流量大小、液流阀工作压力（附图 17）或系统的工作状态。

附图 15　下拉菜单和仿真工具条

附图 16　回路仿真示意图

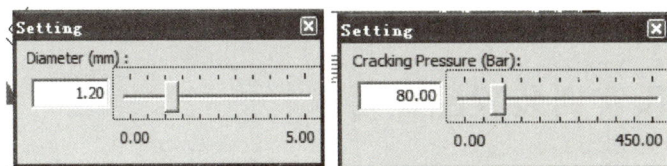

附图 17　元件参数调节

（4）其他功能

1）元件动画仿真。在仿真运行过程中右击任一元件，在快捷菜单中选择"Animation"命令即可动态仿真该元件的工作过程。附图 18 所示为液压缸、液压泵、溢流阀、油箱工作过程。

附图 18　液压缸、液压泵、溢流阀、油箱工作过程

2）动态记录测试参数。在附图 19 所示的仿真工具条中打开 Plotter 窗口，选择附图 20 所示的图表，将需要表示工作进程的液压或气动元件拖至图表，选择需要的参数，如液压缸速度、液压泵流量等，在运行时，即可动态显示元件参数的变化状况。

附图 19　图表工作条

附图 20　图表

附录 D 气动与液压实训装置配置要求

1. 小型液压泵站

小型液压泵站包括定量和变量叶片液压泵各 1 台，以及油箱、过滤器、加热器、冷却器、调压阀及阀座、压力表、控制电路。

2. 小型空气站

小型空气站包括空气压缩机 1 台、冷却器 1 个、排水分离器 1 个、气罐 1 个、空气干燥器、控制电路、气源调节装置 1 组。

3. 继电控制模块

4. PLC 控制模块

PLC 控制模块的输入输出要求在 24 点以上。

5. 其他液压元件

1）直动式溢流阀、先导式溢流阀、先导式减压阀、顺序阀、单向顺序阀、液控顺序阀、压力开关。

2）单向阀、液控单向阀、双向液压锁、三位四通手动换向阀（O 型）、三位四通电磁换向阀、三位五通电磁换向阀、三位四通液动换向阀、三位四通电液动换向阀、二位二通电磁换向阀、二位三通电磁换向阀、二位四通电磁换向阀、二位三通行程阀、多路换向阀。

3）节流阀、调速阀、单向调速阀、单向节流阀。

4）管接头、铜管、软管、压力表及转换开关、蓄能器、流量计。

5）活塞式单杆双作用液压缸、液压马达、摆动执行器、伸缩缸。

6）行程开关。

7）齿轮泵、柱塞泵。

6. 其他气动元件

1）消声器、气管及管接头。

2）快速排气阀、梭阀、双压阀。

3）二位手动换向阀（带定位、自动复位；二通、三通、五通），二位行程阀（二通、三通），单电控二位换向阀（二通、三通、五通），双电控二位换向阀（二通、三通、五通），单气控二位换向阀（二通、三通、五通），双气控二位换向阀（二通、三通、五通）。

4）节流阀、单向节流阀、快速排气阀、延时阀、排气节流阀。

5）压力顺序阀、压力开关、减压阀。

6）真空发生装置、真空计。

7）单作用气缸、双作用单杆气缸、气马达、摆动执行器、无杆气缸、真空吸盘、气爪。

8）压力表、流量计。

9）接近开关。

10）气动机械手系统。

参 考 文 献

［1］ 雷天觉. 新编液压工程手册 ［M］. 北京：北京理工大学出版社，1998.

［2］ 薛祖德. 液压传动 ［M］. 北京：中央广播电视大学出版社，1995.

［3］ 左健民. 液压与气压传动 ［M］. 5 版. 北京：机械工业出版社，2016.

［4］ 沈向东，沈宁. 液压与气动 ［M］. 3 版. 北京：机械工业出版社，2020.

［5］ SMC（中国）有限公司. 现代实用气动技术 ［M］. 4 版. 北京：机械工业出版社，2024.

［6］ 徐炳辉. 气动手册 ［M］. 上海：上海科学技术出版社，2005.

［7］ 徐永生. 液压与气动 ［M］. 2 版. 北京：高等教育出版社，2007.

［8］ 张忠狮. 液压与气压传动 ［M］. 南京：江苏科学技术出版社，2006.

［9］ 手嶋力. 液压机构 ［M］. 徐之梦，翁翎，译. 北京：机械工业出版社，2010.

［10］ 潘玉山. 液压与气动技术 ［M］. 2 版. 北京：机械工业出版社，2015.